纪念吴文俊先生诞辰100周年

国家出版基金项目
NATIONAL PUBLICATION FOUNDATION

The Complete Works of Wu Wen-Tsun

History of Mathematics

吴文俊全集·数学史卷

吴文俊 著

李文林 编订

科学出版社
龍門書局

北京

内 容 简 介

本书收载了吴文俊的全部数学史论文，包括作者的第一篇数学史论文——《中国古代数学对世界文化的伟大贡献》、被引用频率最高的数学史论文之一——《出入相补原理》，以及在国际数学家大会上的邀请报告等. 这些论文中一个贯穿始终的主题是关于数学发展的两种主流的观点：以希腊数学为代表的演绎式数学和以中国古代数学为代表的算法式数学，它开启了中国数学史研究的新阶段. 这些论文中反复运用的由作者首次概括陈述的"出入相补原理"，已成为解释中国古代几何中许多疑难问题的一把"金钥匙". 本书一系列文章中提炼和阐发的"古证复原原则"，是对数学史研究方法论的经典贡献. 吴文俊的数学史论文提供了古为今用的典范，是吴文俊宝贵的科学文化遗产.

本书对数学与数学史工作者乃至一般科学史工作者具有重要学术参考价值，同时也适合相关领域的大学教师、本科生、研究生和广大科学爱好者阅读.

图书在版编目（CIP）数据

吴文俊全集. 数学史卷/吴文俊著；李文林编订. —北京：龙门书局，2019.5
国家出版基金项目
ISBN 978-7-5088-5556-1

Ⅰ. ①吴…　Ⅱ. ①吴…　②李…　Ⅲ. ①数学史-中国-古代-文集
Ⅳ. ①O1-53

中国版本图书馆 CIP 数据核字(2019) 第 074599 号

责任编辑：李　欣　赵彦超 / 责任校对：邹慧卿
责任印制：吴兆东 / 封面设计：无极书装

科 学 出 版 社
龍 門 書 局　出版
北京东黄城根北街 16 号
邮政编码：100717
http://www.sciencep.com
北京虎彩文化传播有限公司 印刷
科学出版社发行　各地新华书店经销
*
2019 年 5 月第 一 版　开本：720 × 1000　1/16
2022 年 6 月第三次印刷　印张：14 3/4
字数：298 000

定价：128.00 元

(如有印装质量问题，我社负责调换)

编 者 序

中国现代数学的崛起，开始于20世纪初，经历了几代人艰苦卓绝的努力. 在这百年奋战中涌现出来的数学家中，吴文俊是最杰出的代表之一. 他早年留学法国，留学期间就已在拓扑学方面做出了杰出贡献，提出了后来以他的名字命名的“吴公式”和“吴示性类”. 回国后提出了“吴示嵌类”等拓扑不变量，发展了统一的嵌入理论. 他关于示性类与示嵌类的研究，已成为20世纪拓扑学的经典，至今还在前沿研究中使用. 20世纪70年代以来，吴文俊院士在汲取中国古代数学精髓的基础上，开创了崭新的现代数学领域——数学机械化. 他发明的被国际上誉为“吴方法”的数学机械化方法，改变了国际自动推理的面貌，形成了自动推理的中国学派，已使中国在数学机械化领域处于国际领先地位. 上述工作无疑属于 20 世纪中国数学赶超国际先进水平的标志性成果，而吴文俊院士博大精深的科学研究，除了拓扑学与数学机械化以外，还跨越了代数几何、博弈论、中国数学史、计算图论、人工智能等众多领域，并在每个领域都留下了这位多能数学家的重要贡献.

吴文俊先生是一位具有强烈爱国精神的数学家. 自 1950 年谢绝法国师友的挽留回到祖国后，半个世纪如一日，为在他深爱的中华故土发展数学事业而鞠躬尽瘁. 除了第一流的科研成果，吴文俊先生长期身处中国数学界领导地位，在团结带领整个中国数学界赶超世界先进水平方面，也做出了不可磨灭的贡献. 特别是，吴文俊先生在担任中国数学会理事长期间，领导中国数学最终成功地加入了国际数学联盟，此举大大提高了我国数学界的国际地位，同时也为我国成功举办 2002 年国际数学家大会铺平了道路.

吴文俊治学严谨，学术思想活跃，无论获得多么高的声誉，他总是勤奋地在科研第一线工作，一生积极进取，锲而不舍，不断取得新的成就. 在开始从事机器证明时，他已近花甲之年，从零开始学习编写计算机程序，每天十多个小时在机房连续工作，终于在几何定理机器证明这一难题上取得成功.

吴文俊先生为中国现代数学的发展建立了丰功伟绩，而他本人却始终淡泊、谦逊. 他处事公正豁达，待人充满善意，受过他帮助的人可以说不计其数. 正因如此，这位有着崇高国际声望而平易近人的学者，受到了每一个认识他的人格外的爱戴与尊敬.

2019 年 5 月 12 日是吴文俊先生百年诞辰. 为了纪念这个特殊的日子，我们编辑出版了《吴文俊全集》，通过系统地收录、整理吴文俊先生的学术著作和论文，纪念吴先生的学术思想及学术成就. 全集共计 13 卷, 包括拓扑学 4 卷、数学机械化 5 卷以及数学史、博弈论与代数几何、数学思想各 1 卷; 同时, 全集还设有附卷, 收录吴文俊先生的同事、学生和其他社会各界人士发表过的与吴先生有关的各类文献资料.

最后, 我们对在全集编辑中给予帮助的各位同事表示衷心感谢; 感谢国家出版基金对于全集出版的资助; 感谢科学出版社编辑人员在出版全集时认真细致的专业精神; 感谢相关出版与新闻机构在版权方面提供的帮助.

李邦河　高小山　李文林

2019 年 3 月

前　言

吴文俊院士从 20 世纪 70 年代中开始其影响深远的中国数学史研究, 为我们留下了宝贵的数学史遗产. 本卷按时间顺序辑录吴文俊先生的数学史研究论文.

开宗明义第一篇, 也是吴文俊发表最早的数学史论文 ——《中国古代数学对世界文化的伟大贡献》. 这篇文章首次明确指出数学发展的主流并不像以往有些西方数学史所描述的那样只有单一的希腊演绎模式, 实际上还有与之相平行的以中国为主的算法式数学, 而就近代数学的产生而言, 后者的意义至少不亚于前者. 在此后大约四分之一个世纪里吴文俊发表了一系列的数学史论文, 其中一个贯串始终的主题, 正是中国古代数学对世界主流数学的贡献. 这方面的研究在国内外引起了巨大反响, 因此可以说, 这篇纲领性的数学史文献不仅开启了吴文俊个人的数学史研究, 同时也开启了中国数学史研究的一个新阶段.

本卷的第二篇文章《出入相补原理》, 最初发表在《中国古代科技成就》一书中, 后来被译成英文, 已成为被引用频率最高的数学史论文之一. 针对某些西方学者认为中国古代没有几何学的偏见, 该文从几何学入手, 揭示了一个与欧几里得几何风格迥异的中国古代几何体系. 这一体系不是采用 "定义 — 公理 — 证明 — 定理" 那种演绎系统, 而是从几条简明的原理出发, 在此基础上推导出各种不同的几何结果. 吴文俊提到的简明原理有 "出入相补原理""祖暅原理" 等. 其中出入相补原理是他在研究刘徽著作的基础上首次概括出来, 已成为解释中国古代几何中许多疑难问题的一把 "金钥匙". 为便于有不同需要的读者查阅, 本卷同时收载了《出入相补原理》的中、英文两种文本.

吴文俊在数学史领域中创造性见解的获得, 是与他所提倡的科学的研究方法 —— 古证复原原则分不开的. 古证复原原则首次提出于《出入相补原理》一文中, 以后吴文俊又在多篇文章中加以阐发、运用. 古证复原原则已被越来越多的数学史同行所认同, 并引导了丰硕的研究成果, 它本身就是吴文俊对数学史领域的经典贡献. 关注科学史方法论的读者, 还可以重点阅读本卷中的《我国古代测望之学重差理论评介 —— 兼评数学史研究中某些方法问题》《〈海岛算经〉古证探源》等文章.

到 20 世纪 80 年代中, 吴文俊在数学史方面的研究结果、观点及研究方法在国际上产生了广泛的影响. 1986 年, 在美国伯克利举行的国际数学家大会上, 他应邀作了题为 *Recent studies of the history of Chinese mathematics* (《近年来中国数学史的研究》) 的 45 分钟报告. 该报告不仅总结性地向国际同行报告了吴文俊自己的数学史研究成果, 阐述了他的数学史观与方法论, 同时还概括性地介绍了近期中国学者在中国数学史领域的研究进展, 该报告对于推动国际范围的中国数学史研究、促进中外学者在中国数学史领域的相互了解与合作有着高屋建瓴的作用. 这篇文章后来又被译成中文, 本卷也同时收载了中、英两种文本.

吴文俊的第一篇数学史论文发表时使用了笔名 "顾今用", 这表明他从事数学史研究的重要目的之一是古为今用 —— 从历史的发展中获得借鉴和汲取教益, 促进现实的数学研究. 吴文俊的数学史研究从一开始就贯彻了这种古为今用的精神, 其最丰硕的成果就是数学机械化理论的创立. 正如吴文俊本人在《几何定理机器证明的基本原理》一书的导言中所说的, "几何定理证明的机械化问题, 从思维到方法, 至少在宋元时代就有蛛丝马迹可寻. 虽然这是极其原始的, 但是, 仅就著者本人而言, 主要是受中国古代数学的启发." 本卷收载的 *A survey of developments of mathematics mechanization in China* 和 *On the development of polynomial equations solving in China* 等文章, 可以帮助读者了解中国宋元数学家解方程理论与数学机械化 "吴 (文俊) 方法" 的联系, 引导读者欣赏历史借鉴与现代创新的完美结合. 当然, 体现吴文俊古为今用、自主创新的典范教材是他的数学机械化理论著作, 有专业兴趣和需求的读者可以去进一步研读这些著作.

从 20 世纪 80 年代初开始大约 20 多年间, 吴文俊参与了国内几乎所有重要的数学史会议, 本卷收录了他在部分会议上所做的开幕词或讲话, 这些讲话言简意赅, 包含了他对数学发展历史及其研究意义的精辟见解, 是我们了解吴文俊数学史观不可不读的资料.

本卷最后两篇文章都与 2002 年北京国际数学家大会 (ICM-2002) 有关. 吴文俊是 ICM-2002 的大会主席, 他在 Springer 出版社 *Intelligencer* 杂志 ICM 特辑上发表的专题文章 *A tentative comparative study of mathematics developments in ancient China and ancient Greece*, 用英语论述了数学发展史上的两条主线, 是作者在时隔 30 多年后对其首篇数学史论文的更系统、更深层次的呼应.《中国古算与实数系统》, 原为吴文俊在 ICM-2002 期间所作的公众报告, 后正式发表于《科学》杂志. 笔者以为, 在文化史上, 对实数的认识可以被看作一个民族数学乃至文化发展水平的标志之一. 中国古代有没有实数理论? 这是一个有争议的问题. 吴文俊通过对中国古代数学文献的深入严谨而又目光敏锐的解读, 揭示了中国古代数学中实数系统的存在. *A tentative comparative study of mathematics developments in ancient China and ancient Greece* 和《中国古算与实数系统》, 可谓是吴文俊数学史研究的铿锵有力的收官之作.

自吴文俊第一篇数学史论文问世将近半个世纪以来, 国内外学术界对中国古代数学史的认识已发生了深刻的变化, 这种变化在很大程度上与吴文俊本人的数学史研究有关. 在纪念吴文俊先生诞生 100 周年之际, 我们以崇敬怀念的心情和继承发扬的决心, 向读者呈献这部作为吴文俊宝贵的数学史遗产记录的《吴文俊全集 · 数学史卷》.

李文林

2019 年 4 月 10 日

目　录

中国古代数学对世界文化的伟大贡献 *

公元前 221 年, 秦始皇灭六国, 建立了中国历史上第一个中央集权的封建国家. 汉承秦制, 自秦至西汉中期这两百来年间, 是新兴地主阶级专政巩固发展与上升的时期, 法家路线占着主导地位. 法家对工农业生产与科学技术比较重视, 由此促进了数学的迅猛发展, 出现了一批高水平的数学家, 如张苍、耿寿昌等.《周髀算经》《许商算术》与《杜忠算术》(后二者已失传), 都在这时期出现. 我国最主要的一部传于后世的数学著作《九章算术》, 也基本上成书于西汉初年, 其内容为以后一千多年的辉煌成就奠定了基础. 从西汉以迄宋元, 虽然有儒家思想不断干扰, 但随着儒法斗争的过程, 唯心论与唯物论斗争的过程, 随着我国社会经济和劳动人民创造性发展, 数学人才与数学创作仍世代不绝, 中国的数学, 在世界上可以说一直居于主导地位并在许多主要的领域内遥遥领先, 直到宋末明初, 宋明理学成为垄断一切的统治思想, 明代并以八股取士, 以及其他一些原因, 科学技术的发展受到扼杀, 除了民间的计算技术还有重要发展外, 数学已相应地大为衰落. 从明末利玛窦怀着不良企图以介绍西方数学为名打入我国统治集团内部以来, 我国数学上与古代相比已谈不上什么创造, 基本上依靠国外的技术输入, 在外国人屁股后面爬行了. 正如毛主席批评的那样**"言必称希腊, 对于自己的祖宗, 则对不住, 忘记了"**. 西方的大多数数学史家, 除了言必称希腊以外, 对于东方的数学, 则歪曲历史, 制造了不少巴比伦神话与印度神话, 把中国数学的辉煌成就尽量贬低, 甚至视而不见, 一笔抹煞, 对于在已成为半封建半殖民地社会中生活过来的一些旧知识分子, 接触的数学都是"西方"的, 看到的数学史都是"西方史家"的, 对于祖国古代数学又十分无知, 因而对于西方数学史家的一些捏造与歪曲无从辨别, 不是跟着言必称希腊, 就只好不吭声.

但是, 被颠倒了的历史必须颠倒过来!

作为中国古代数学成就的具体例子, 不妨看一看至少直到本世纪五六十年代中小学的中外数学教本.

有一本西方数学史 ([12], 这基本上是一本比较好的数学史) 说:"在许多中学中, 代数学现仍被教成一堆公式而不是一种演绎的科学".

在谈到代数学的东方起源时又说:

"今日学校中的代数学和几何学仍然保持这些不同来源的标志."

这里所谓东方起源或东方数学, 乃是针对"由一些定义、假定和公理到定理的

---

* 本文摘自《数学学报》, 1975,18(1):18-23. 署名 "顾今用", 系吴文俊笔名.

一种严格逻辑的演绎法”作为根据的所谓“欧几里得的处理”这种西方 (或希腊) 式数学来说, 这本书所说的东方, 原意是指巴比伦或是印度, 而我们将会看到这个东方应指中国才算确当. 诚然, 中小学数学教本中的几何课程有一种特殊的表达形式, 与其他算术、代数 (甚至三角与解析几何) 的表达形式显然有别. 我们不难想到, 如果抽掉了东方色彩 (也就是中国色彩) 的算术、代数的这些部分, 只保留所谓希腊式的几何部分, 我们的中小学数学将成什么局面?

中小学数学中的算术、代数这些部分, 从记数、以至解联立线性方程与二次方程, 实质上都是中国古代数学家的发明创造, 早就见之于中国的《九章算术》甚至是《周髀算经》等书, 据钱宝琮考证 ([3]),《九章算术》刘徽作注是在公元 263 年, 全书完成则在公元 50—100 年间. 但除个别片段外, 基本内容应完成于公元前 200 年或更前一些 (这是某些西方数学史家的意见. 有的甚至提早到公元前 1000 年, 例如 [9]), 九章的前身是张苍、耿寿昌的著作, 张苍在秦时就已做官, 耿寿昌也是西汉宣帝时人. 西方的某些说法是有一定依据的. 但我们仍不妨依钱说, 认为是公元 50—100 年间写成的著作. 另一部《周髀算经》则据钱宝琮考证 ([3]) 成书于公元前 100 年前后.

下面是关于算术代数部分发明创造的一张中外对照表, 这里应该指出, 表中虽列有印度的发明, 但诚如一位印度数学史专家 Kaye 所说的那样: 印度与中国的数学有很多平行之处, 而印度是欠了中国的债 (参阅例如 Cajori, [6], 页 97 与 84, 又如 Scott [9]). 而且, 表中所列是依据两位竭力为印度数学辩护的印度数学史家 Datta 以及 Singh ([7]) 自己的说法, 这些说法即使不考虑中国的因素, 也是大有疑问的.

中国的劳动人民, 在长期的实践过程中, 创造与发展了从记数、分数、小数、正负数以及无限逼近任一实数的方法, 实质上达到了整个实数系统的完成. 特别是自古就有了完美的 10 进位位值制的记数法. 这是中国的独特创造, 是世界其他古代民族都没有的. 这一创造对世界文化贡献之大, 如果不能与火的发明相比, 也是可以与火药、指南针、印刷术一类发明相媲美的.

代数学无可争辩地是中国的创造, 从《九章》以至宋元的秦九韶与朱世杰发展的线索甚为分明, 甚至可以说在 16 世纪以前, 除了阿拉伯某些著作之外, 代数学基本上是中国一手包办了的. 但中国古代数学的成就决不止于算术与代数方面, 以几何而论, 希腊欧几里得几何的拱心石是毕达哥拉斯定理 (语出 Bourbaki, [5]) 或即勾股定理. 这一定理我国古代自然也早已有之. 但中外数学史家提到中国的勾股定理时, 或则引述《周髀》而只及勾三股四弦五这一特例, 或则虽引述一般定理而最早只及《九章》, 其实在《周髀》中就已有一般定理的叙述:

“若求邪至日者, 以日下为勾, 日高为股, 勾、股各自乘, 并而开方除之, 得邪至日.”

不仅如此, 勾股定理还被具体用于勾股弦的直接互求, 甚至应用于测日之高远这一类复杂问题. 这与欧几里得几何中理论脱离实际的情况是迥不相同的. 中国的几何学与希腊的几何学有许多不同之处, 其详细比较有待阐发.

	中国	外国
位值制十进位记数法	最迟九章时已十分成熟	印度最早在 6 世纪末
分数运算	周髀已有, 九章时已成熟	印度最早在 7 世纪
十进位小数	刘徽注中引入, 宋秦九韶 1247 年时已通行	西欧 16 世纪时始有之, 印度无
开平方、立方	周髀已有开平方, 九章中开平、立方已成熟	西方在 4 世纪末始有开平方, 但还无开立方, 印度最早在 7 世纪
算术应用	九章中有各种类型的应用问题	印度 7 世纪后的数学书中有某些与中国类似的问题与方法
正负数	九章中已成熟	印度最早见于 7 世纪, 西欧至 16 世纪始有之. 所谓公元 3—4 世纪 Diophantus 有正负数规则之说是有问题的
联立一次方程组	九章中已成熟	印度 7 世纪后开始有一些特殊类型的方程组, 西方迟至 16 世纪始有之
二次方程	九章中已隐含了求数值解法 三国时有一般解求法	印度在 7 世纪后 阿拉伯在 9 世纪有一般解求法
三次方程	唐初 (公元 7 世纪初) 有列方程法、求数值解已成熟	西欧至 16 世纪有一般解求法、阿拉伯 10 世纪有几何解
高次方程	宋时 (12—13 世纪) 已有数值解法	西欧至 19 世纪初始有同样方法
联立高次方程组与消元法	元时 (14 世纪初) 已有之	西欧甚迟, 估计在 19 世纪

对于三角学中国也是最早发明者之一. 西方数学史家一般都把《天文书》(*Almagest*) 的作者托雷米 (Ptolemy, 公元 150 年左右) 作为三角术的创始人, 而把中国的三角术视为是受了他的影响, 例如, 在西方数学史 [12] 中说:

中国 "有一些三角学, 主要是在《海岛算经》中, 但是, 由于这算经被归之于纪元后第三世纪, 我们就不可以不考虑西方影响了."

诚然, 《海岛算经》的作者刘徽是公元三世纪时人, 但据刘徽《九章注》自序, 《海岛算经》本是《九章注》第十卷《重差》, 而东汉末郑玄《周礼注》引郑众注周礼 "九数" (约公元 50 年) 语云 "今有重差、勾股". 可见刘徽《海岛》的前身乃是汉时的重差术. 如果把《海岛》测高远之法具体分析, 可见重差之法由来已久, 《周髀》中:

"周髀长八尺, 夏至之日晷一尺六寸. …… 正南千里, 勾一尺五寸. 正北千里,勾一尺七寸. …… 从此以上至日, 则八万里.”

这正与《海岛算经》中“今有望海岛”的第一题是一样的. 诚然《周髀》视地为平地是一种错误, 但它所依据的三角测量原理是正确无误的, 也正因为如此,《周髀》以之观天者, 刘徽以之测地, 而建立了以重差为基础的三角测量术. 这种三角测量术的目的与方法在《周髀》中都早已有所说明,《周髀》引陈子之言“望高起远”是它的目的, 引商高之言“平矩以正绳, 偃矩以望高, 复矩以测深, 卧矩以知远”是它的方法. 刘徽把“度天圆穹之象”改为度“泰山之高与江海之广”, 又触类而长为“度高者重表, 测深者累矩, 孤离者三望, 离而又旁求者四望”, 无非是《周髀》立两表以测日高这一三角测量术的发展与推演而已.

西方的三角术是先有球面三角后有平面三角. 托雷米的《天文书》主地球中心说, 他的三角术由测天而来, 因而是球面三角术. 至于平面三角术则迟至公元 1250 年才由波斯天文学家纳速剌丁所建立. 但在我国则不论是《周髀》观天还是《海岛》测地, 一开始就是平面三角术. 东西方三角术的发展途径是刚巧相反的, 很难谈到有什么相互影响. 如果说有影响, 那么《周髀》早于《天文书》有好几百年, 只有说托雷米受到中国的影响才更合情理. 前引西方数学史家关于中国三角学之说显然是颠倒了历史事实.

在西欧, 16 世纪中出现了不少描述三角测量的图画, 其中有一张名“鼓皮三角法”, 所画正如《周髀》赵爽注所附的日高图 (也即重差原理图) 的一个翻版, 这也可以见到我国三角测量术的先进程度 (画见 Smith, [10], 页 355).

到西欧 17 世纪以后才出现的解析几何与微积分, 乃是通向所谓近代数学的主要的两大创造, 一般认为这些创造纯粹是西欧数学的成就. 但是中国的古代数学决不是不起着重大作用 (甚或还是决定性的作用).

先说解析几何, Smith([11], 页 316) 曾认为解析几何的发展有三个主要步骤: (1) 坐标系统的发明; (2) 几何与代数间一一对应的认识; (3) 函数 $y = f(x)$ 的图形表示. 第一步属于古代, 第二步属于中世纪, 第三步则是近代的.

西方向来认为 17 世纪的 Descartes (以及 Fermat) 是解析几何的创始人, 但实际上 Descartes 的有关主要著作中既无坐标也无坐标轴的概念, 更无所谓直线与曲线的方程. Descartes 的贡献是在第二步, 即几何与代数建立关系方面, 在他的主要著作中, 给出了二次方程的几何解法, 但阿拉伯最早的代数学即 Al-Khowarizmi(花剌子模) 的著作 (公元 9 世纪) 也早已用另一种较 Descartes 更好的方法给出了二次方程的几何解. 事实上几何与代数的统一处理乃是我国古代数学的一个传统特色, 从《九章》以来就向来如此, 花剌子模的著作据 Cajori [6] 与希腊印度无关, 如果不是阿拉伯自己的发明创造, 则必然渊源于中国, 从著作的风格看来, 后者是不无可能的. 这一段历史自然是值得重视并予以澄清的. 现已知花剌子模在 842—847 年曾出使波斯以北当东西方商业要冲的西突厥可萨国 (可萨汗国), 而可萨通中国语,

朝廷依中国礼仪 ([13], Addenda), 详情有待进一步调查.

至于第一步, 西方数学史家比较一致地认为真正的坐标概念出现于 14 世纪中叶 Oresme 关于以“经度”“纬度”来表示点的位置的一个著作. 据 Smith 指出 ([11], 页 320 注), Oresme 的著作可能导源于 10 世纪时的一个作品. 这里 10 世纪的作品估计应是阿拉伯的. 在我国, 则《周髀》中已有“分度以定则正督经纬”以及“游仪所至之尺为度数”等语, 注中并屡言“引绳至经纬之交, 以望之.”中国又有世界上最早的星表 (《甘石星经》, 战国中叶, 公元前三百五六十年), 公元 2 世纪张衡就作星图与浑天仪, 又有世界上最早的石刻星图 (宋, 公元 1247 年, 在苏州). 由此可以看到以经纬度表星的位置的这种坐标概念我国是最早的创始人之一. 我国的天文数学历来紧密结合. 我国又是罗盘的发明者并曾经是航海最发达的国家之一. 用经纬度表位置的概念与方法在后来必然有所发展, 其演变以及与阿拉伯西欧的关系, 是值得把它追查清楚的.

微积分, 这是使西欧数学一跃而居世界领导地位的重大发明创造, 在我国似乎是没有份的. 但是微积分的发明从 Kepler 到牛顿有一段艰难的过程. 在作为产生微积分所必要的准备条件中, 有些是在我国早已有之, 而为希腊式的数学所力所不及的. 例如 (见 Scott, [9], 页 138):

“极限的概念, 作为微分学的真正基础, 对于希腊头脑来说完全像是一个外国人.”

希腊数学中被认为最辉煌的创造之一的无理数论, 对于极限来说是华而不实的, 而从刘徽以至宋代的我国十进位小数的记数法, 却与极限概念一衣带水. 十进位小数迟至 16 世纪在西欧重被发明以来, 直接导致了对数的发明. 作为微积分先驱者之一的 Kepler, “广泛应用了对数与十进位分数, 且热情地传播这方面的知识.” (Cajori, [6], 页 160), 是有一定的道理的. 面积体积的计算乃是导致微积分发明的另一重要问题. 然而, 原来希腊欧几里得以至阿基米德所使用的“穷竭法”是很不得力的, Kepler 用之劳而少功, 直到伽利略的学生 Cavalieri 放弃了严密的穷竭法改用粗糙的不可分量法才取得了重大的突破. 在微积分的创造过程中起了如此重大作用为西方数学史家盛称的所谓 Cavalieri 原理, 事实上早就见之于祖冲之、祖暅父子的著作, 即所谓“幂势既同则积不容异”并具体用之于球体积的计算, 比 Cavalieri 的发现要早了 1100 多年.

微积分的发明从 Kepler 与 Galileo 以至 Newton 与 Leibniz 经历过一段艰苦漫长的过程. 上面所举两个例子可以说明发明过程中中国古代数学的作用远优于希腊式的数学, 我们甚至不无理由可以这么说, 微积分的发明乃是中国式数学战胜了希腊式数学的产物.

我们还可以指出, 所谓插值法 (以及二项式系数) 在整个 17 世纪中受到重视, 从 Kepler 以至 Huygens 与 Newton 这些最著名的数学家都参加了这一工作. 在实际应用上这是编造各种表格 (三角表、对数表、航海用表以及天文表) 所必需, 在理论上又为求得精密逼近而为通向微积分的重要途径之一, 它的受到重视是应当的 (参阅 Bourbaki, [5]). 然而, 插值法即我国古代数学中的招差术, 从《九章算术》盈不足术的直线内插法历经东汉刘洪、隋刘焯、唐僧一行与徐昂, 到元郭守敬与朱世杰的四次招差术, 实质上已到达了所谓 Newton 的一般插值公式, 而后者出现于 1676 年, 朱世杰则是公元十三四世纪时人, 早于 Newton 约 300 年. 从插值公式通过极限即得 Taylor 公式, 原来 Taylor 即是通过这一方式来得到所谓 Taylor 展开的.

中国古代数学至少自秦汉有记载以来, 许多方面一直居于世界上的遥遥领先的地位, 发展到宋元之世, 已经具备了西欧 17 世纪发明微积分前夕的许多条件. 不妨说我们已经接近了微积分的大门, 尽管历代都有儒法斗争, 儒家思想的阻扰放慢了数学发展的速度, 甚至使许多创造湮没不彰或从此失传, 但我们还是有可能先于欧洲发明微积分的. 然而, 宋朝的程朱理学已使当时的一些优秀数学家 (例如杨辉) 浪费精力于纵横图之类的数学游戏, 陷入神秘主义, 违反了我国自古以来的优良传统, 到了明朝八股取士, 理学统治了学术界的思想, 我国的数学也就从此一落千丈了.

西方数学史家往往以希腊式的严密推理相标榜, 并以中国数学从来没有达到演绎科学的形式相指责. 然而, 我们已经看到, 在微积分的发明上希腊形式的那种脆弱性以及与之相较中国式数学的生命力. 某些数学史家例如 Bourbaki ([5]) 也曾指出欧几里得的那种系统阻碍了代数学的发展并使之瘫痪, 在将 Cavalieri 与阿基米德作比较时, Bourbaki 又指出阿基米德只能得到 Cavalieri 原理很特殊的情况, 而与 Cavalieri 作出他的原理用了不很科学的所谓"证明"相仿, 阿基米德为了获得他的特殊情况的"证明", 也不得不把他著名的所谓阿基米德严密性弃之脑后. 我国古代数学并没有发展出一套演绎推理的形式系统, 但却另有一套更有生命力的系统. 刘徽《九章注》序中说"析理以辞, 解体用图". 刘徽《海岛算经》本来有注有图, 注以析理, 图以解体, 只是已失传而已, 这是古代数学用以分析矛盾解决矛盾的一种辩证思维方法. 中国古代的劳动人民向来重视实际, 善于从实际中发现问题提炼问题, 进而分析问题解决问题, 在深入广泛实践的基础上往高里提, 建立了世界上最先进的我国古代数学. 中国的数学是牢牢扎根于广大劳动人民之中, 是导源于劳动人民长期实践经验的基础之上的, 这与希腊几何学脱离实际脱离群众走到纯逻辑推理的形式主义道路是有别的. 这正是直至 16 世纪以前我国数学在许多最主要的领域内一直居于最先进地位的根本原因, 也是在微积分的发明上中国式的数学远远优越于希腊式数学的根本原因. 明清以来我国数学的落后, 乃是宋明理学八股取士堵塞了数学的发展道路, 是儒家的思想统治所造成. 西方数学史家把它归之于我国数学的缺少演绎推理与历史事实完全不符. 恩格斯曾经说过 (见 [1]):

"数学演算适合于物质的证明, 适合于检验, 因为它们是建立在物质直观 (尽管是抽象的) 的基础上的; 而纯逻辑演算只适合于推理证明, 因此没有数学演算所

具有的实证的可靠性 —— 而且其中许多还是错误的!”

这是我国数学对希腊式数学来说具有极大优越性的一个很好的说明.

钱宝琮在《中国古代数学的伟大成就》一文 ([4]) 中曾说:

“第五世纪以后, 大部分印度数学是中国式的, 第九世纪以后, 大部分阿拉伯数学是希腊式的, 到第十世纪中这两派数学合流, 通过非洲北部与西班牙的回教徒, 传到欧洲各地, 于是欧洲人一方面恢复已经失去的希腊数学, 一方面吸收有生力量的中国数学, 近代数学才得开始辩证的发展.”

这段数学发展过程可概括为下面的简图 (c 表示世纪):

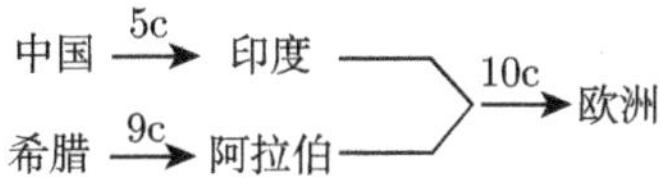

根据前面的论证, 我们认为有理由可以进一步说: 近代数学之所以能够发展到今天, 主要是靠中国的数学, 而非希腊的数学, 决定数学历史发展进程的主要是中国的数学而非希腊的数学.

以上抛砖引玉, 论证粗疏不全之处, 希望进一步补充阐发. 论证偏激不当之处, 则希望引起争鸣.

参 考 文 献

[1] 马克思数学手稿. 北京大学学报专刊, 1974 年 5 月.
[2] 钱宝琮校点. 算经十书. 中华书局, 1963.
[3] 钱宝琮. 中国数学史. 科学出版社, 1964.
[4] 钱宝琮. 中国古代数学的伟大成就. 科学通报, 1951, 2(10): 1041–1043.
[5] Bourbaki N. Eléments d’histoires des Mathematiques, 1969.
[6] Cajori F. A History of Mathematics, 2nd ed, 1919.
[7] Datta B, Singh A N. History of Hindu Mathematics, 1962.
[8] Mikami Y (三上义夫). The Development of Mathematics in China and Japan, 1913.
[9] Scott. A History of Mathematics, 1958.
[10] Smith D E. Source Book in Mathematics, 1929.
[11] Smith D E. History of Mathematics, 1925.
[12] Struik D J. A Concise History of Mathematics, 1948.
[13] Needham J. Science and Civilization of China, V. 3, 1971.

出入相补原理 *

我国古代几何学不仅有悠久的历史, 丰富的内容, 重大的成就, 而且有一个具有我国自己的独特风格的体系, 和西方的欧几里得体系不同. 这一几何体系的全貌还有待于发掘清理, 本文仅就出入相补原理这一局部方面, 就所知提出几点, 主要根据是流传至今的以下各经典著作:

《周髀算经》(简称《周髀》),

《九章算术》(简称《九章》),

刘徽《九章算术注》(简称《刘注》),

《海岛算经》(简称《海岛》),

赵爽《日高图说》和《句股圆方图说》(简称《日高说》和《句股说》).

田亩丈量和天文观测是我国几何学的主要起源, 这和外国没有什么不同, 二者导致面积问题和勾股测量问题. 稍后的计算容器容积、土建工程又导致体积问题. 我国古代几何学的特色之一是, 依据这些方面的经验成果, 总结提高成一个简单明白的一般原理 —— 出入相补原理, 并且把它应用到形形色色多种多样的不同问题上去. 以下将列举这些不同的应用.

一、简单应用和比例理论

所谓出入相补原理, 用现代语言来说, 就是指这样的明显事实: 一个平面图形从一处移置他处, 面积不变. 又若把图形分割成若干块, 那么各部分面积的和等于原来图形的面积, 因而图形移置前后诸面积间的和、差有简单的相等关系. 立体的情形也是这样.

应用这一原理, 容易得出三角形面积等于高底相乘积的一半这一通常公式, 由此以定任意多角形的面积. 作为另一简单实例, 可以观察图 1, 如果看作把 $\triangle ACD$ 移置 $\triangle ACB$ 处, 又把 I、II 各移置到 I′, II′, 那么依出入相补原理, 有

$$\mathrm{III} = \mathrm{III}', \quad \sqsubset\!\sqsupset PC = \sqsubset\!\sqsupset RC, \cdots\cdots \text{(指面积相等)}$$

由此得

$$OP \times OS = OR \times OQ, \quad PQ \times QC = RB \times BC, \cdots\cdots$$

∗ 本文摘自《中国古代科技成就》. 中国青年出版社, 1978 年.

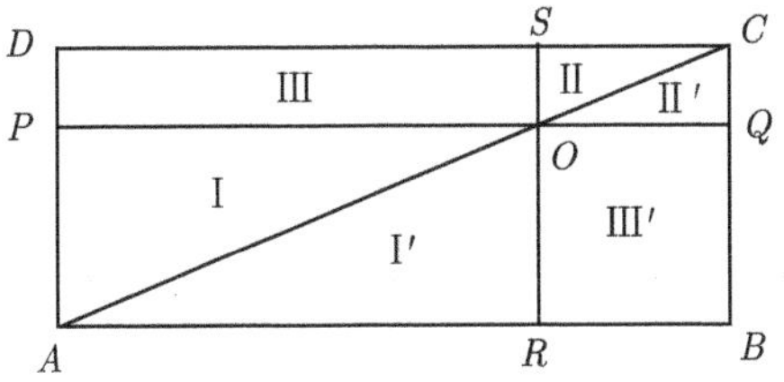

图 1

因而

$$AR{:}OQ = OR{:}CQ, \quad AB{:}OQ = BC{:}QC, \cdots\cdots$$

就是相似勾股形 ARO 和 OQC、ABC 和 OQC 的相应勾股成比例. 并且可以导出其他相应部分的比例关系.

以上这些极简单的结果虽然没有在《九章》中明确说出, 但是《九章》中曾经多处用这些关系来解决各种具体问题, 参看《刘注》.

二、测望术和重差理论

在《周髀》中, 就有用两表测日影以求日高的方法, 公式是

$$日高 = \frac{表高 \times 表距}{影差} + 表高.$$

如图 2, 其中 A 是日, BI 是地平面, ED、GF 是先后两表, DH 和 FI 是日影.《海岛》改测日的高为测海岛的高, 同图 AB 是海岛, H、I 是人目望岛顶和两表上端相参合的地方, 于是日高公式成为

$$岛高 = \frac{表高 \times 表距}{表目距的差} + 表高.$$

刘徽证明和所用的图都已经失传, 但是据现存《日高说》和残图以及其他佐证, 原证当大致如下:

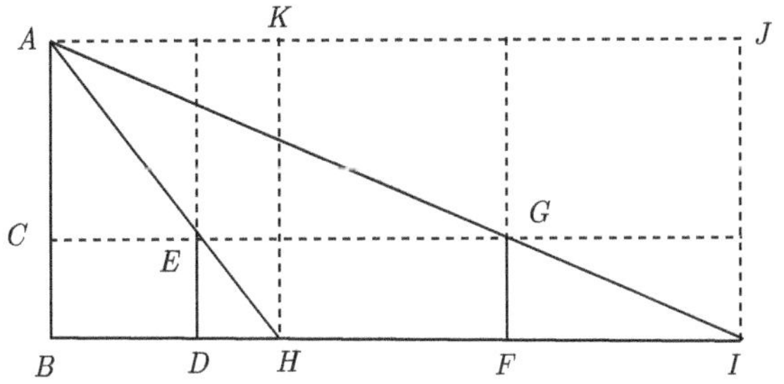

图 2

由出入相补原理, 得

$$\square JG = \square GB, \tag{1}$$

$$\square KE = \square EB, \tag{2}$$

相减得

$$\square JG - \square KE = \square GD,$$

所以

$$(FI - DH) \times AC = ED \times DF,$$

即

$$\text{表目距的差} \times (\text{岛高} - \text{表高}) = \text{表高} \times \text{表距}.$$

这就得到上述公式.

按《海岛》共九题都属测望之类, 所得公式分母上都有两测的差, 重差这一名称可能由此而来, 其余八题公式都可依出入相补原理用和上面类似的方法证明, 从略.

元朱世杰《四元玉鉴》中有和《海岛》完全类似的几个题, 朱世杰对这些题的解法应该有古代相传下来的一定来历. 依照朱对海岛一题的解法, 我们认为原证比上面所示的可能稍复杂一些. 如图 3, 现在重作证明如下:

由出入相补原理, 除 (1)、(2) 外, 又有

$$\square PG = \square GD, \tag{3}$$

由 (1)、(2)、(3), 得

$$\square JN = \square EB = \square KE, \tag{4}$$

所以

$$IM = DH,$$

$$FM = FI - IM = FI - DH = \text{表目距的差}.$$

由 (3) 式就得到海岛公式.

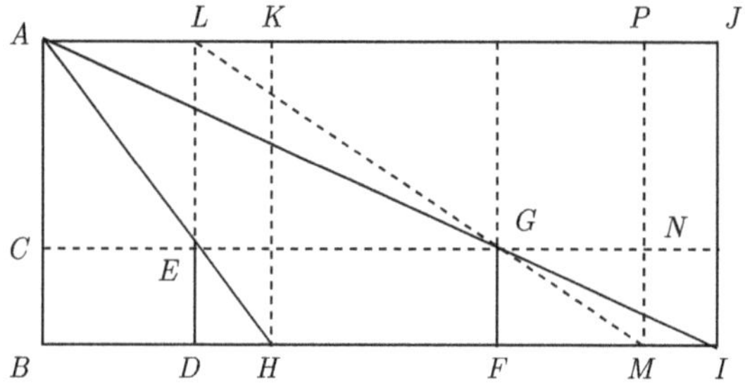

图 3

如果依照欧几里得几何体系的习惯证法，那就自然应该添一平行线 $GM'//AH$, 如图 4, 再利用相似三角形和比例理论作证. 清代李潢以及近代中外数学史家大都依这法补作海岛公式证明, 这当然不是刘徽的原意, 也和我国古代几何传统相违背. 注意作平行线的时候, 应有 $FM'=DH$, 和前面 (4) 式相比, M 和 M' 的位置完全不同.

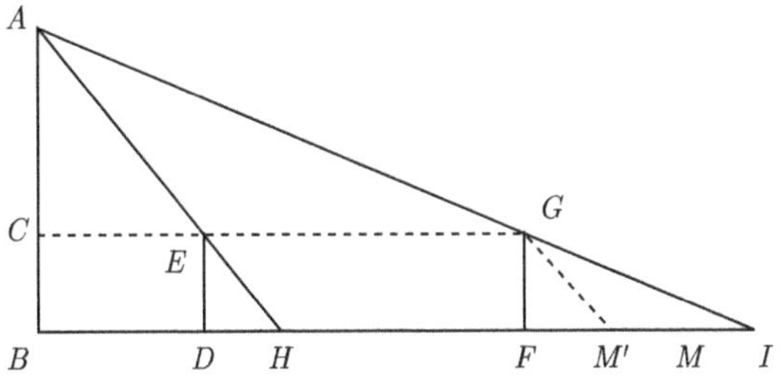

图 4

明末利玛窦来我国, 他的主要学术工作之一是介绍欧几里得几何体系. 他曾口授《测量法义》一书, 其中载有和海岛题完全类似的一题. 在他所作的证明中, 需要在 FI 上取一点 M 使 (4) 式成立, 再用比例理论作证, 如图 4. 按常理来说, 利玛窦应该作平行线而取 M', 使得 $FM'=DH$, 但是他一反欧几里得惯例, 而和我国古代传统不谋而合, 颇使人迷惑不解. 现在提出这一问题, 希望大家共同探讨.

三、勾 股 定 理

在《周髀》和《九章》中, 都已经明确给出了勾股定理的一般形式: 勾 ^{2} + 股 ^{2} = 弦 ^{2}. 虽然原证不传, 但是据《句股说》以及《刘注》, 都依出入相补原理证明, 并且有遗留到现在可以用来作证的赵爽残图, 这几方面互相参照, 原证应该大致如下: 如图 5, 勾股形是 ABC, $BCDE$ 是勾方, $EFGH$ 是股方, 把二者的和 $DBCFGH$ 的 $\triangle BDI$ 移到 $\triangle ABC$, $\triangle GHI$ 移到 $\triangle AFG$, 就得到 $ABIG$ = 弦方 ^{2}, 由此得到勾股定理.

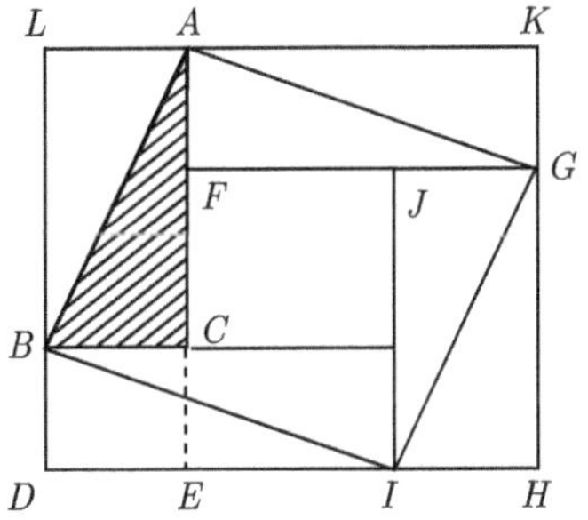

图 5

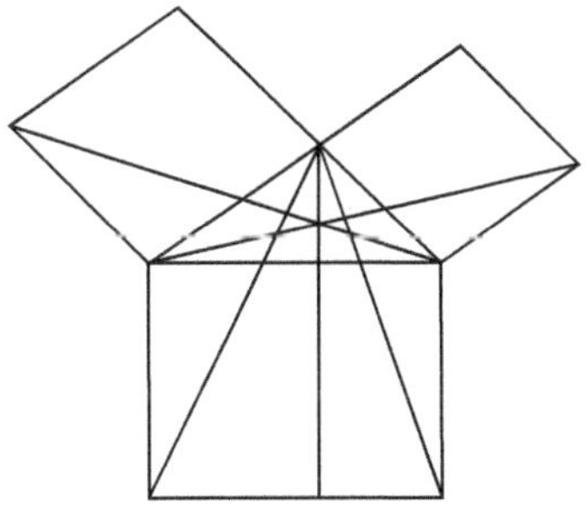
图 6

欧几里得《几何原本》中勾股定理的证明如图 6 所示, 其中要先证有关三角形全等形以及三角形面积的一些定理, 为此要做不少准备工作, 因而在《几何原本》中直到卷一之末出现这一定理, 而在整个《几何原本》中几乎没有用到. 而在我国, 勾股定理在《九章》中已经有多种多样的应用, 成为两千来年数学发展的一个重要出发点, 参阅以下各节和文末附表. 在东西方的古代几何体系中, 勾股定理所占的地位是颇不相同的.

四、勾、股、弦及其和差互求

勾、股、弦和它们之间的和差共九个数, 只须知道其中的两个就可以求得其他几个. 除勾、股、弦互求就是开平方之外,《九章》勾股章中有不少这方面的问题.

1. 知股弦差、勾, 求股、弦 (五题).
2. 知勾股差、弦, 求勾、股 (一题).
3. 知股弦差、勾弦差, 求勾、股、弦 (一题).
4. 知股弦和、勾, 求股、弦 (一题).

各题都列出了一般公式,《句股说》的许多命题也属这一类,《刘注》还给出了证明, 公式的来历和证明的方法都依据出入相补原理, 有的也用比例原理作别证. 试以勾股章第十三折竹题为例. 题设竹高已知, 竹在某处折断, 竹梢着地, 着地处和竹根距离也已知. 求折断处的高度, 如图 7. 如果以着地处和竹根的距离作为勾, 就是从股弦和、勾求股的问题,《九章》原文给出的公式是

$$\text{股弦差} = \text{句}^2/\text{股弦和},$$

《刘注》又给出了另一公式:

$$\text{股} = \frac{\text{股弦和}^2 - \text{句}^2}{2 \times \text{股弦和}}.$$

为了证明前一公式, 可以考虑图 8, 其中正方形 $ABCD$ 和 $AEFC'$ 的边各是勾股形的弦和股. 依勾股定理曲尺形 $EBCDC'F$ 的面积应该等于勾 2. 现在把 ▭ FD 如图移到 ▭ CH, 那么依出入相补原理, ▭ BH 的面积是 勾^2, 而它的边长各是股弦和、股弦差, 就得到上面的前一公式.

另一公式的刘徽证明也相类似. 试考察图 9, 其中右下角曲尺部分面积依勾股定理等于勾 ^{2}, 所以粗黑线围成部分等于股弦和^2 − 勾^2. 把长方形 I 移到 II, 依出入相补原理, 这一面积是斜线部分的两倍, 就是 $2\times$ 股 $\times$ 股弦和, 由此就得到另一公式.

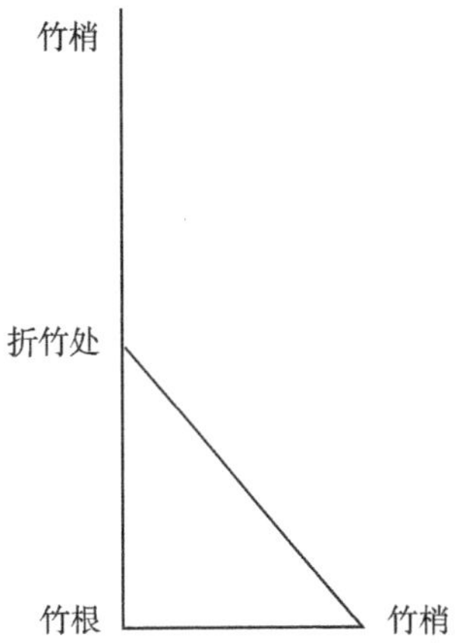

图 7

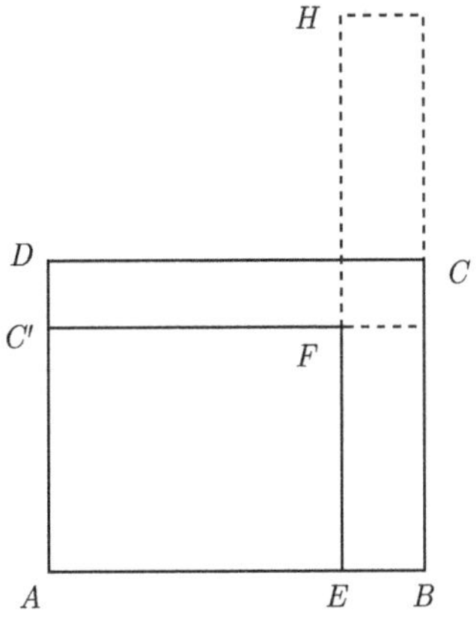

图 8

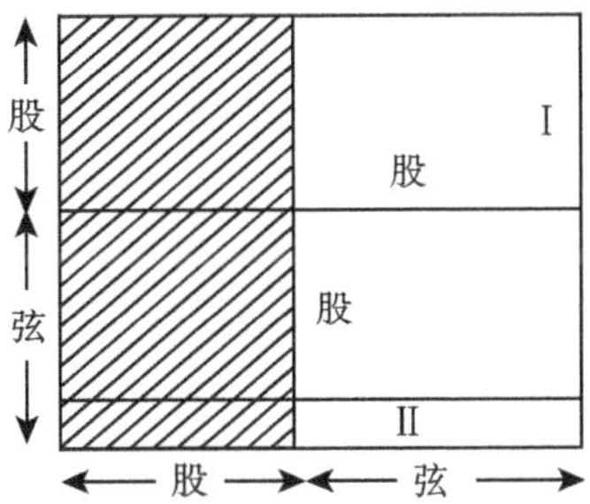

图 9

五、秦九韶公式

秦九韶《数书九章》中有一题是已知不等边三角形田地三边的长 (称大斜、中斜、小斜, 以下简记为大、中、小), 求田地面积. 秦九韶的解法相当于下面的一般公式:

$$\text{面积}^2=\frac{1}{4}\left[\text{小}^2\cdot\text{大}^2-\left(\frac{\text{大}^2+\text{小}^2-\text{中}^2}{2}\right)^2\right].$$

秦的公式来历不明, 证明也失传了. 现在补作一证如下:

作大斜上的高分大斜成两部分, 作为勾股形的股和弦, 如图 10. 由于《九章》已给出三角形面积等于 $1/2\times$ 高 $\times$ 大, 所以问题归结为怎样求高, 或怎样求股. 由于

$$\text{股弦和}=\text{大},$$

$$\text{勾}^2=\text{弦}^2-\text{股}^2=\text{中}^2-\text{小}^2,$$

所以问题归结为怎样从股弦和、勾求股. 依上节的刘徽公式, 得

$$股 = \frac{股弦和^2 - 勾^2}{2 \times 股弦和} = \frac{大^2 - (中^2 - 小^2)}{2 \times 大},$$

$$高^2 = 小^2 - 股^2 = 小^2 - \left(\frac{大^2 + 小^2 - 中^2}{2 \times 大}\right)^2.$$

由此就得到秦的公式.

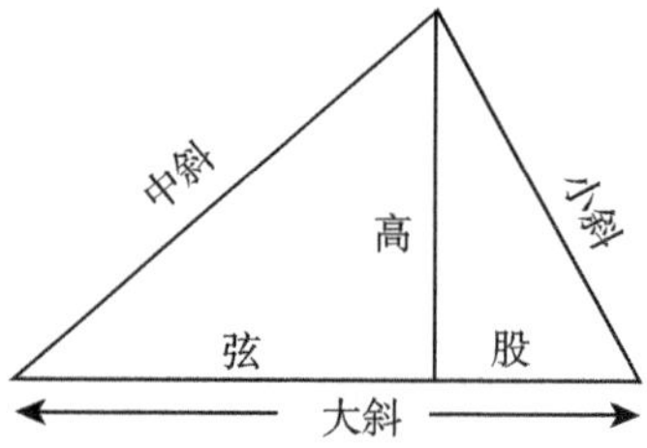

图 10

按秦公式的形式十分古怪, 当是依某种思路自然引导到这一形式的. 上面的证法颇为自然, 也符合我国古代几何的传统特色, 说它是原证, 也是不无可能的.

在西方有所谓海伦公式 (a、b、c 是三角形三边的长): 三角形面积 $= \frac{1}{4}\sqrt{(a+b+c)(b+c-a)(c+a-b)(a+b-c)}$, 这一公式形式十分漂亮. 正因为这样, 如果已知海伦公式而再来推出秦的公式, 将是不可思议的, 相反, 从秦的公式化简成海伦的公式, 乃是比较自然的发展.

据此我们至少可以断言, 秦的公式是独立于海伦公式而得来的.

关于海伦的生平, 从公元前 2 世纪到公元后 10 世纪以后, 数学史家聚讼纷纭. 至于海伦留传到现在的著作, 历代都重新编纂过, 有所增改, 已经不是本来面目. 这是熟悉希腊数学史的应予澄清的事, 这里就不考虑了.

六、开平、立方

从勾、股求弦, 先把勾、股平方后相加, 再开平方就得弦. 因而勾股定理的应用自然导致开平方的问题. 事实上,《周髀》中已经给出了若干具体数目的平方根, 而在《九章》中, 更详细说明了开平方的具体方法和步骤. 这一方法的根据是几何的, 就是出入相补原理. 试以求 55225 的平方根为例. 这相当于已知正方形 $ABCD$ 的面积是 55225, 求边 AB 的长, 如图 11. 按我国记数用十进位位值制, 因 AB 显然是一个百位数, 所以求 AB 的方法就是依次求出百位数字、十位数字和个位数字. 先

估计 (《九章》中用“议”字) 百位数字用 2, 因而在 AB 上截取 $AE = 200$, 并且作正方形 $AEFG$, 它的边 EF 的两倍称为“定法”. 把 $AEFG$ 从 $ABCD$ 中除去, 所余曲尺形 $EBCDGF$ 的面积是 $55225 - 200^2 = 15225$. 其次估计十位数字是 3, 在 EB 上截取 $EH = 30$, 并且补成正方形 $AHIJ$. 从 $AEFG$ 所增加的曲尺形 $EHIJGF$ 可以分解成三部分: $\square\ FH$, $\square\ FJ$, $\square\ FI$, 面积依次是 $30 \times EF$, $30 \times FG$, 30^2, 其中 $EF = FG = 200$, 所以从 $ABCD$ 中除去 $AHIJ$, 所余曲尺形 $HBCDJI$ 的面积是

$$15225 - (2 \times 30 \times 200 + 30^2) = 2325.$$

现在再估计个位数字是 5, 在 HB 上截取 $HK = 5$, 并补作正方形 $AKLM$, 从 $ABCD$ 中除去后所余曲尺形面积, 和前同法应该是

$$2325 - (2 \times 5 \times 230 + 5^2) = 0.$$

由此知 K 和 B 重合, 而 55225 的平方根恰好是 235.

求立方根的方法和步骤和这相似, 但是要把一立方体逐步进行分解, 比平方根求法稍复杂, 所依据的仍是出入相补原理. 这在《九章》中也有详细叙述.

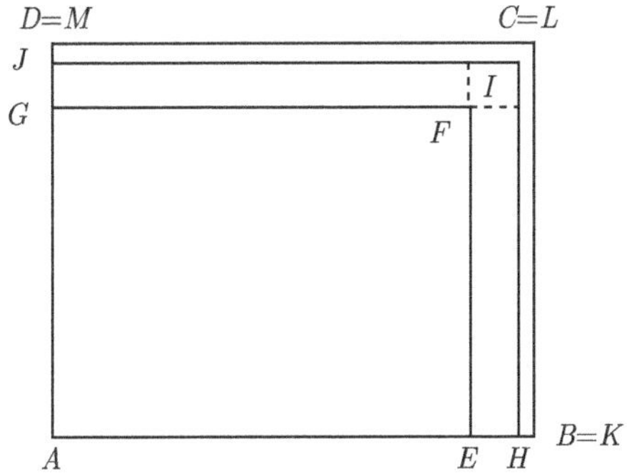

图 11

我国开平立方法来源很古, 它的几何本质十分清晰, 而且从方法上可以看出我国独有而世界古代其他民族所无的位值制记数法的高度优越性. 不仅这样, 至迟到 11 世纪中叶, 我国就已经把开平立方法推广到开任何高次幂, 就是所谓“增乘开方法”, 并且出现了有关的二项式定理系数表, 就是所谓“开方作法本源图”. 从这一方法的几何渊源看来, 如果说当时的我国数学家已经有高维方体和高维几何的雏影, 似乎不是全无根据的.

七、解二次方程

在开平方的过程中, 曾经出现像图 8 中黑线部分那样的图形, 其中 $2 \times EF$ 称

定法. 开平方在求得 AE 后, 其次几步在于从曲尺形 $EBCDC'F$ 的已知面积求得 EB. 现在把 ▭ DF 移到 ▭ CH, 那么依出入相补原理, ▭ BH 面积已知, 此外 ▭ BH 的两边 EH 和 EB 的差就是定法 $2 \times EF$, 也有已知数值. 因而求 EB 的问题可以转化为下面的问题:

(A) 已知一长方形 (▭ BH) 的面积、长阔差, 求长阔.

反过来, 这一问题的解法, 可依开平方中第二步以下的方法求得, 称为“开带从平方”. 自《九章》以来用下面的语句来表达:

(B) 以 (长方形面积) 为实, (长阔差) 为从法, 开方除之, 得 (阔).

以上“从法”一名, 当来自开平方过程中的“定法”, “开方”一词也说明了它的来历.

下面的例取自《九章》, 如图 12. 图中 $ABCD$ 是一方城, 出北门北行若干步到 G 有木, 出南门南行若干步到 F 再西行若干步到 H, 恰可望见木 G, 问题是求方城每边的长. 据《刘注》的方法是依出入相补原理得 ▭ $EJ = 2$ ▭ $EG = 2$ ▭ $KG = 2 \times$ 北步 $\times$ 西步. 又 ▭ EJ 的长阔差是南步 $+$ 北步. 所以解法是以 $2 \times$ 北步 $\times$ 西步为实, 以南步 $+$ 北步为从法, 开平方除之, 得 EI, 也就是方城边长.

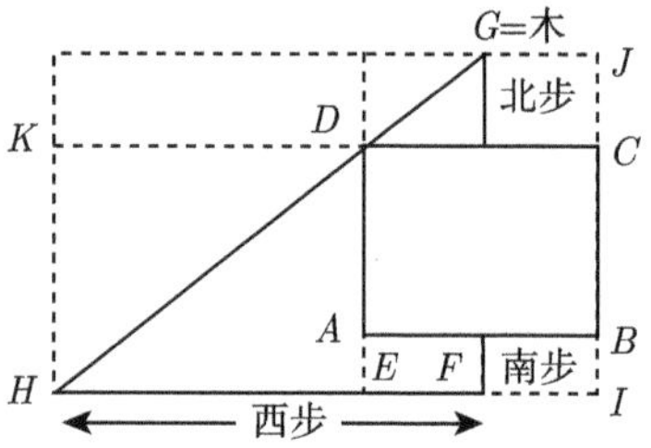

图 12

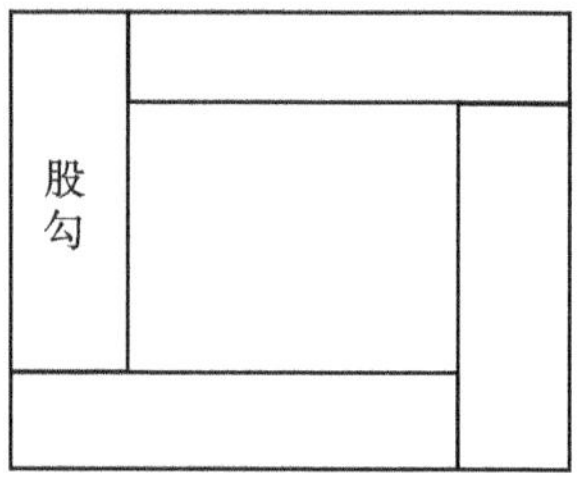

图 13

不仅应用开平方法可得问题 (A) 的数值解, 而且应用出入相补原理, 还可以求得解答的精确表达式. 如果以长方形的阔为勾, 长为股, 那么问题 (A) 相当于:

(C) 已知勾股积、勾股差, 求勾、股.

为此考虑赵爽残图如图 13. 图中大小两正方形的边长各是勾股和、勾股差, 所以得

$$\text{勾股和}^2 = 4\text{勾股积} + \text{勾股差}^2.$$

由此得勾股和, 因而得勾和股. 同样也可从勾股和、勾股积求得勾和股, 这一方法可以参阅《句股说》的末一命题.

宋元时期明确引入了未知数的概念. 如果以 x(当时称为天元一) 表长方形阔, 那么问题 (A) 相当于解一个二次方程

$$x^2 + ax = b,$$

其中 a 相当于从法, b 相当于实. 所以在古代实质上已经给出了这一形式二次方程 (a、b 都是正数) 的近似解和精确解, 前者在宋元时期发展为求任意高次方程的数值解法, 后者虽文献散佚不可查考, 但是据唐初王孝通的著作以及史书关于祖冲之引述看来, 不能排除我国曾经对三次方程用几何方法求得精确表达式的可能性. 参阅钱宝琮《中国数学史》关于祖冲之开差幂、开差立的讨论.

在其他各国, 9 世纪花剌子模的代数学名著中列举了各种类型二次方程的精确解法, 它的方法是几何的, 它的精神实质和出入相补原理颇相类似. 16 世纪意大利数学家关于三次方程解法, 也完全是几何的.

八、体积理论和刘徽原理

如果规定长方形的面积是长阔的积, 那么依据出入相补原理, 容易得到

(1) 三角形面积 $= \dfrac{1}{2} \times$ 高 $\times$ 底.

由此可以完全奠定平面多角形的面积理论. 但是在空间情形, 如果规定长方体的体积是长、广、深的积, 是否依据出入相补原理, 可以推得

(2) 四面体体积 $= \dfrac{1}{3} \times$ 高 $\times$ 底面面积.

由此以建立多面体的体积理论, 就不是那么明显而是极为困难的问题. 欧洲直到 19 世纪末, 才把它作为一个难题明确地提出来. 1900 年希尔伯特在国际数学家大会上所作著名讲演中, 把体积理论列为 23 个问题之一. 这一问题立即为德恩所解决, 答案是否定的: 两个多面体要分割成彼此重合的若干多面体, 必须满足某些条件, 通称德恩条件. 自此以后直到 1965 年, 一位瑞士数学家西德勒才证明了德恩条件也是充分的. 但是问题决不能认为已经彻底解决. 从希尔伯特直到晚近, 多面体体积理论仍不断成为一些知名数学家讨论的课题. 德恩条件叙述复杂, 也难以认为是合宜的最后形式.

在这种情势下, 看看中国古代对这一问题的处理方式是不无有启发性的.

《九章》以至《刘注》解决体积问题的出发点是把一般的多面体分解为一些基本的立体. 先把一长方体斜剖为二, 如图 14 (1), 得两堑堵, 如图 14(2), 再把堑堵斜剖为二, 一个是阳马, 如图 15 (1), 一个是鳖臑, 如图 15(2), 其中鳖臑的特征是 AB 和平面 BFG 垂直, FG 和平面 ABF 垂直. 由于任一多面体可以分割为四面体, 而任一四面体可以分割为 6 个鳖臑, 如图 16, 所以问题归结为求鳖臑 (以及阳马) 的体积. 依刘徽原话, 就是所谓阳马、鳖臑, “功实之主也”.

其次的问题是怎样求得阳马和鳖臑的体积. 如果长方体成为立方体, 那么分解所得的阳马的体积是鳖臑的两倍. 刘徽作了长篇的分析, 得出结论是: 这个论断普

遍成立, 用刘的原话是:“阳马居二, 鳖臑居一, 不易之率也.” 我们把它称为

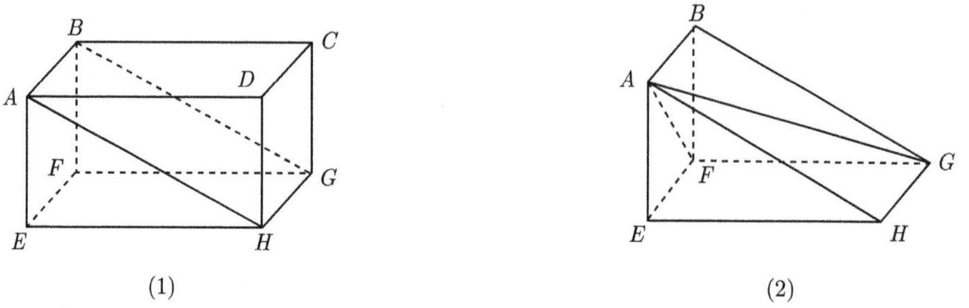

图 14

图 15

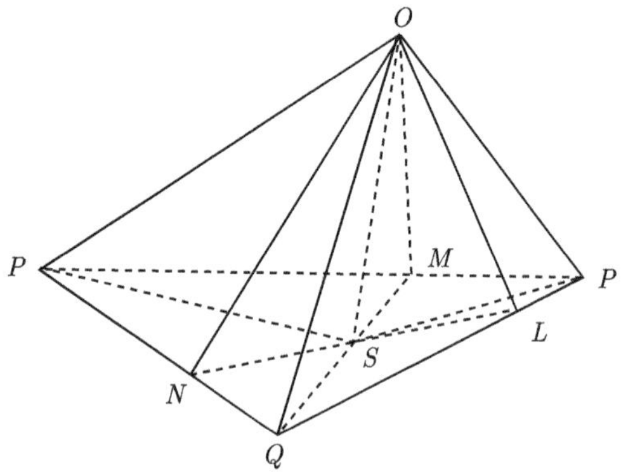

图 16

刘徽原理　斜解一长方体, 所得阳马和鳖臑的体积的比恒是二比一.

从这一原理容易得到鳖臑和阳马的体积公式. 由此又容易得到 (2) 式, 因而整个多面体的体积理论可奠基于刘徽以及出入相补这两个原理之上.

刘徽对自己原理有详细的分析说明, 实际上就是这一原理的证明. 遗憾的是因为年代久远, 文字有错误脱落, 已经难以索解, 但是无疑是一极限过程的证法. 把这

一段彻底弄清, 将是一件很有意义的工作①. 按希尔伯特和他的后继者们的研究指出, 体积理论和面积理论不同, 除要有出入相补原理外, 必须辅以连续一类公理. 也有人 (例如沙顿诺斯基, 1903 年) 提出排除连续公理, 直接应用 (2) 式作为建立体积理论的基础. 但是这样就要先证明 (2) 式中高和底面积的乘积凡四都彼此相等, 这既不明显也不简单, 似不如刘徽原理和出入相补原理的显豁自然.

总之, 多面体的体积理论到现在还余蕴未尽, 估计中国古代几何中的思想和方法, 或许对进一步的探讨还不无帮助.

九、羡 除 公 式

《九章》中列举了各种多面体的体积, 依据的就是出入相补原理和阳马鳖臑公式. 现在以羡除即隧道 (图 17) 为例, 图中 $ABCD$ 是地面, 成一梯形, $CDEF$ 是隧道的一端, 成垂直平面中的梯形. 整个隧道依剖面 IJK 对称. EG、FH 和 CD 垂直是隧道的深, IJ 是隧道地面的长, CD、EF、AB 各称上广、下广、末广. 《九章》给出的公式是

$$\text{羡除体积} = \frac{1}{6}(\text{上广} + \text{下广} + \text{末广}) \times \text{深} \times \text{长}.$$

《刘注》的证法是先把羡除分解, 如在图 17 中 $CD > AB > EF$ 的情形, 分解成一个堑堵 $EFGHLM$, 两个小鳖臑 $AGEL$ 和 $BFHM$, 两个不正规大鳖臑 $ACEG$ 和 $BDFH$, 再应用堑堵、鳖臑公式和上一节公式 (2), 就得到这一公式. 这一方法在《九章》中用来求得例如当甍、刍童、盘池、冥谷等多面体的体积公式.

如果依 IJK 剖面取羡除的一半, 所得 $IJKACE$ 如图 18 是一斜截直柱体, 是把一个以勾股形为底面的直柱体斜截而成, 它的体积是三高平均值和底面面积的积. 因由任意曲面所围成的立体可以看作近似地由这样的斜截直柱体构成, 所以据此可以得出函数 $f(x, y)$ 的积分近似公式, 犹之微积分中求曲线下面积的辛普森积分近似公式. 因而羡除公式具有重要意义.

在西方, 斜截直柱体的体积公式最早见于 1794 年勒根德尔 (Legendre) 所著《几何原理》一书, 因此也称为勒根德尔公式. 勒根德尔一书是从欧几里得《几何原本》以后最早可以代替《几何原本》的名著, 它的有关公式的证明同样依据四面体体积公式, 但是它的分解方法和《刘注》不同. 此外某些多面体西方也有不同的分解法和证法, 不妨中外参照, 加以比较.

---

① 这一段事实上早已弄清楚, 参阅近年来丹麦华道安与自然科学史研究所郭书春的一些论著以及有关论文.

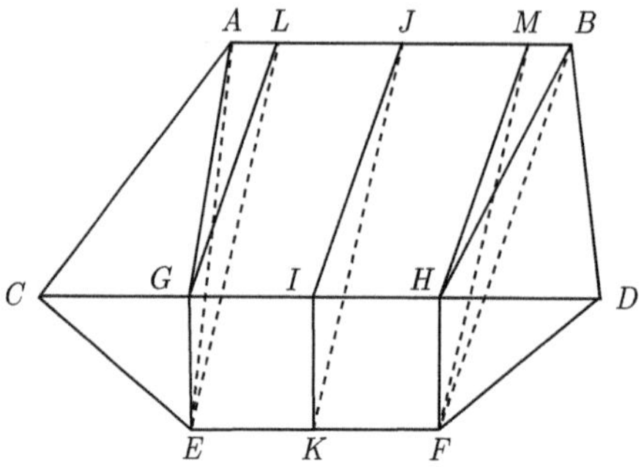

图 17

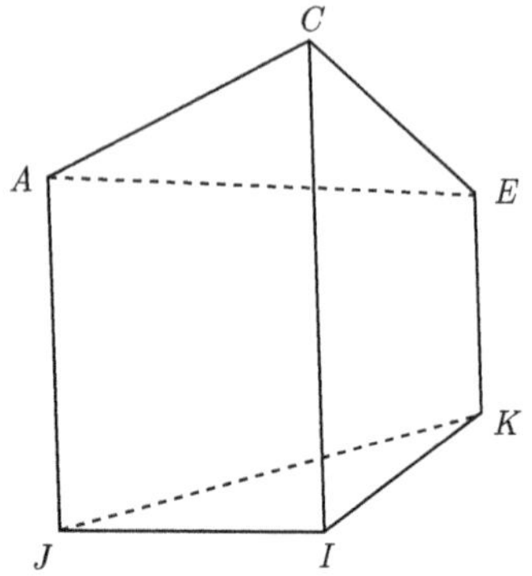

图 18

十、球体积和祖暅原理

从《九章》到《刘注》, 我国对多面体的体积已经建立了相当完整的理论体系. 但是对于求曲面围成的立体, 特别是球的体积问题, 却遇到了困难. 这一球体积问题, 直到南北朝祖暅才完全解决, 为此并且提出了所谓

祖暅原理 幂势既同, 则积不容异.

这一原理在公元 17 世纪以卡瓦利里原理的形式重见于欧洲, 成为微积分得以创立的关键性的知识.

祖暅关于球体积公式的证明见于《九章》的唐李淳风注, 论证极其详细清晰. 证明分三步:

(1) 在一立方体中依两不同方向作两内切圆柱体, 它的共同部分称"牟合方盖". 取立方体的 $\frac{1}{8}$, 其中方盖部分称内棋, 此外三部分称外棋. 依祖暅原理可得

$$\frac{1}{8}\text{球体积}:\frac{1}{8}\text{方盖体积} = \pi:4.$$

(2) 从立方体的 $\frac{1}{8}$ 割出一倒立的阳马, 应用勾股定理证得三外棋等高处截面积的和跟阳马同高处的截面积相等.

(3) 再应用祖暅原理, 知三外棋体积的和跟阳马体积相等.

由阳马的体积公式, 就可以从上述三步得球体积公式.

按牟合方盖是刘徽所引入的, 第一步的结果实质上也已经为刘徽所求得. 事实上, 在《刘注》中, 他已经多次应用了祖暅原理来求曲面围成立体的体积, 例如从方堡垿求圆堡垿, 从方锥求圆锥, 从方亭求圆亭, 都已经使用这方法. 祖暅的功绩, 不仅在于具体求出了牟合方盖因而求出球的体积, 更在于把实际上已知并且已经广泛

应用的实践经验总结提高到一般原理的形式. 是否应该把祖暅原理改称为刘祖原理, 是可以商讨的.

从祖暅原理可以立即得出前面讲到的刘徽原理, 因而多面体的体积理论也可以建立在出入相补原理和祖暅原理这两个浅显易明的基本原理之上. 在欧洲, 直到希尔伯特的《几何基础》问世以后, 20 世纪初年, 才有人 (例如绪思) 考虑依卡瓦利里原理以建立体积理论的问题.

十一、其　他

《九章》中有丰富的几何学内容, 即使局限于出入相补原理, 除了已经见于前面的各节的以外, 还有一些成果成为我国数学以后发展的重要出发点. 例如所谓勾股容圆问题, 在李冶的《测圆海镜》中已经有了很大的发展. 又如前面提到过的所谓方城问题, 在秦九韶、李冶等著作中已经把方城改成了圆城, 这是旧有方法所不能解的. 为此宋元时期创立了所谓天元术一类新的理论和方法, 不仅可以用来解决许多新问题, 对老的问题 (所谓古问) 也提供了新的有力工具, 和老的方法 (所谓古法) 相比可以"省功数倍". 这些新理论新方法的实质在于几何的代数化, 乃是解析几何的前奏, 也是近代代数学的前驱.

出入相补、刘徽、祖暅等一般原理的建立, 说明我国古代学者具有高度的抽象概括能力, 善于在深入广泛的实践基础上往高里提. 这些原理之简单易明正可和它们的应用之广互相辉映. 这是我国古代数学的一种独特风格, 着重在问题的解决以及解决的一般方法和一般原理原则. 同样的风格也可见之于几何的代数化、位值制记数法等等. 这和西方数学之偏重于概念和概念之间的相互逻辑关系, 是异其旨趣的.

我国数学经典著作散佚的多而保存的少, 就像祖暅原理, 也只靠李淳风一注才得以留传下来. 像这一类重要成果而失传无从考查的, 当不在少数. 尽管如此, 只从留传至今的典籍看来, 我国数学的生产实践方面的渊源和发展演变的线索, 仍旧很分明, 参见下面两个附表.

表一

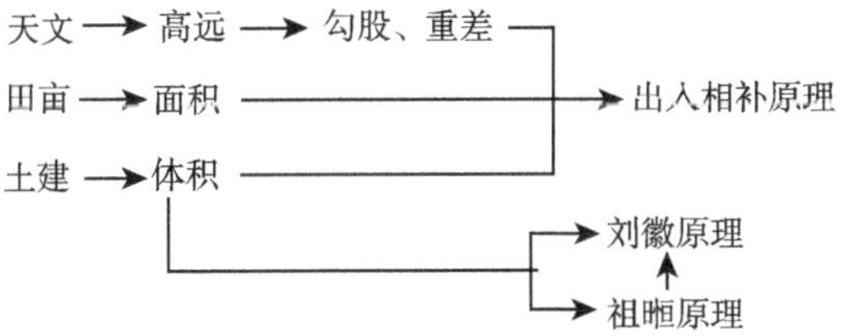

表二

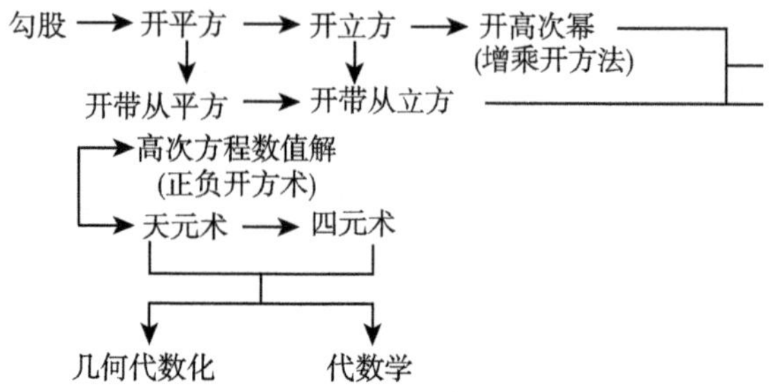
勾股
开平方
开立方
开高次幂
(增乘开方法)
开带从平方
开带从立方
高次方程数值解
(正负开方术)
天元术
四元术
几何代数化
代数学

对中国传统数学的再认识 *

(一)

中国传统数学源远流长, 贡献巨大, 对数学的发展有不可磨灭的作用, 但自宋元时期出现最后一次高峰后, 明代以来即趋衰微, 至明末已几成绝学. 从明清以至今日, 实质上已退出了数学舞台. 历代中外算家, 也曾尝试阐释幸存至今的中国经典算书, 但一些抱着轻蔑成见妄加诋毁者姑置不论, 即使出于善意克服古文字的阻碍而从事认真钻研的学者, 也往往或拘泥于西方数学的先入之见, 或着眼于以现代的数学方法与成就理解古人著作, 以西释中, 以今议古, 致使面目全非, 掩盖甚至歪曲了中国传统数学的真实面目. 试举数例如下.

西方早在欧几里得的《几何原本》中就已出现了素数的概念并证明了素数个数无穷. 19 世纪以来又出现了复域中整数、素数与因子分解等概念, 并用解析方法研究素数的分布. 由此创立的代数数论、解析数论等领域, 都已成为现代纯粹数学的核心部分. 与之相反, 我国传统数学中从来没有出现过素数与因子分解一类概念, 妄论其他. 但是, 我们不能因此就认为中国古时没有数论.

欧几里得几何中平行线公设的独立性一直是西方数学家们所关注的问题, 也是几何发展的一个重要动力, 19 世纪时终于摆脱了这一公设, 创立了非欧几何等领域. 与之相反, 我国传统数学中从来就没有平行线概念的明显痕迹. 但我们不能因此就认为中国古时没有几何学.

16 世纪以来, 西方出现了以符号代表数字的作法, 到 19 世纪发展起遵守各种运算规律的不同代数系统. 对于方程, 则阐明了根与系数间的关系, 证明了必有复数解的代数基本定理, 建立了能否用系数根式表达式求解的 Galois 理论. 与之相反, 我国古时未曾出现过用文字代表数字以及讨论根的性质一类工作. 但我们不能因此就认为我国古时没有代数学.

欧几里得《几何原本》建立了由定义、公理、定理、证明构成的演绎系统, 成为近代数学推理论证的典范. 与之相反, 我国典籍中从未出现过这种演绎证明的方式. 但是, 我们不能因此就认为我国古代数学没有逻辑思维, 也不用逻辑推理.

早在古希腊时, 西方就论证了不能用两整数之比表达的所谓无理数的存在. 19 世纪又明确了实数概念与复数概念. 与之相反, 我国古代数学从未考虑过无理数或实数这样的概念, 更没有复数的痕迹. 但是, 我们不能因此就认为我国古代没有数

---

* 本文摘自《百科知识》, 1980 年第 7、8 期.

系统甚至没有数学.

因此, 要真正了解中国的传统数学, 首先必须撇开西方数学的先入之见, 直接依据目前我们所能掌握的我国固有数学原始资料, 设法分析与复原我国古时所用的思维方式与方法, 才有可能认识它的真实面目. 这一尝试自然并非易事. 首先是资料问题, 我国古籍散失者多而幸存者少. 我国最重要的经典算书是《九章算术》, 按钱宝琮说这最迟是在公元 50 至 100 年间的汉代定型成书. 较之稍早见之于《汉书》本来还有许商、杜忠等算术, 但只存其名. 5 世纪南北朝祖冲之的《缀术》是一部名著, 唐时被列为《算经十书》之一, 为国子监算学生所必读, 后终因难学而废黜, 至宋元时即已失传而不详其内容. 宋元时期曾刊行过大量算书, 但杨辉的某些著作只剩残卷. 朱世杰的《算学启蒙》在我国本土已经绝迹而于 19 世纪初复得之于朝鲜. 在杨辉、李冶、朱世杰的著作中曾提到过的当时的许多算书, 更久已荡然无存. 虽然如此, 尽管古籍存者不多, 但它们还是提供了一个足够清晰的轮廓, 足以使人们看出我国传统数学固有的体系、方法与内容, 以及一条相当清晰的发展途径. 近年来, 国内外学者对此论者颇多, 笔者将随意引用他们的研究成果, 但文中所表述的各种观点, 则概由笔者本人负其全责.

中国传统数学的体系

西方的欧几里得体系着重抽象概念与逻辑思维以及概念与概念之间的逻辑关系. 与之相反, 我国的传统数学则基本上是一种从实际问题出发, 经过分析提高而提炼出一般的原理、原则与方法以最终达到解决一大类问题的体系. 与欧几里得体系相适应, 它有一个以定义、公理、定理、证明所构成的表达形式. 同样, 我国的传统数学与它的独特体系相适应, 也有一种独特的表达方式. 大体说来, 中国数学的经典著作大都以依据不同方法或不同类型分成章节的问题集的形式出现. 每一个别问题又都分成若干个条目. 条目一是“问”, 提出有具体数值的问题. 条目二是“答”, 给出这一问题的具体数值答案. 条目三称为“术”, 一般说来乃是解答与条目一同种类型问题的普遍方法, 实际上就相当于现在计算机科学中的“算法”, 但有时也相当于一个公式或一个定理. 条目四是“注”. 说明“术”的依据与理由, 实质上相当于一种证明. 宋元以来, 可能是由于印刷术的发达, 往往加上条目五“草”, 记述依据“术”得出答案的详细计算过程.

这里应该特别提出条目三“术”的作用. 虽然条目一、二中的问与答都以具体数值表达, 有时甚至术文本身也是如此, 但不难看出所有术文都具有普遍意义. 术文中即使带有具体数值, 这些数值并不起重要作用. 如果以其他同类型的数值来代替, 术文也依然行之有效. 条目四的“注”或即证明也是如此. 论证的正确性完全不依赖于原设数值的特殊性. 例如,《九章算术》第九章勾股的第一、二、三的三个问题, 都是以勾三、股四、弦五为例, 知其二求其第三者. 求法名为勾股术, 术文说:“句、股各自乘, 并而开方除之, 即弦.” 显然, 这是从勾股求弦的一般方法, 与具体数值三、四、五无关. 勾股术的注或即证明也是如此. 因此, 问、答甚或术文中的具体数值只起着一种举例说明作用, 同时也指出了术即一般方法的来历与动机.

西方古代数学中也并非没有以问题集形式出现的著作. 值得一提的是, 推测出现于 3 世纪的《丢番图集》一书. 这本书也是以问题集的形式出现的, 分成 6 卷, 其中搜集了 189 个关于整数的问题. 它是西方近代数论的源泉. 所谓费马大问题, 即是因 17 世纪时费马在该书边缘上写下了一个注解, 但有关问题迄今未能解决而得名. 丢番图一书不含有任何一般的方法. 它所包罗的 189 个问题中所出现的特殊数字是有特殊作用的, 每一个问题要用只适用于它自身特殊数字的特殊而往往又很奇特的办法, 来求得其答案. 因此, 19 世纪德国著名的数学史家汉克尔 (H. Hankel) 在他的名著《上古与中古时期数学史》一书中曾经这样评论丢番图这本书:“在研究了丢番图 100 个解答以后, 对于第 101 个问题依然无所措手.” 所论或许失之过苛, 但不论如何, 丢番图一类的问题集, 与中国古时以追求普遍适用于解决一大类问题的一般方法为主的问题集相比, 是不能相提并论的.

实数系统的建立

实际问题的解答通常需要通过数量来表达. 因此, 达到这一目标的先决条件是要有一个良好的数系统以及简易的运算工具与运算法则. 首先是一个可以表达任意大整数的方法. 中国远古时就为此而创立了完善的 10 进位值制. 世界古时各个民族, 都有不同形式不同程度的进位制记数法, 如巴比伦的 60 进位制、埃及与希腊的 10 进制以及中美与南美玛雅民族的 20 进位制等. 但是, 它们的进位制有时是不完全的, 更谈不上位值制. 至于印度, 至少在 6 世纪以前, 其以位值制表达的记数方法, 即使是个别数字也还没有发现过. 当时的记数方法是杂乱无章荒谬绝伦的, 不妨参阅印度人 Datta-Singer 的《印度数学史》以及范德瓦尔登 (van der Waerden)《科学的觉醒》等著作. 没有一个像样的进位制或即使有但没有完善的位值制, 则哪怕是简单的算术运算也是难以完成的. 要在这样的基础上建立数学大厦, 就更是匪夷所思了.

在我国, 由于古黄河流域气候温暖, 遍地多竹, 人们可就地取材, 采取以竹为筹, 置筹于盘来进行各种运算. 在盘上, 不同位置的同型算筹不仅代表某一绝对数值, 而且还代表不同的位置数值, 由此从 10 进制进化为具有位值的 10 进位位值制记数法是颇为自然的. 在这种记数法中, 自然出现以空格表零的法则, 这与后世书写方式中印度之以“.”或“•”、我国之以“□”和玛雅民族之以眼形符号表示零者并无实质上之不同. 早在《九章算术》中已经有开平、立方根的算法, 其中位值制以及空位作零的作用极为明显, 更不用说其他算术运算了. 正是由于这种位值制的发明, 才使古时中国的数学有可能蓬勃发展, 为至少从秦汉至宋元一千数百年间数学的繁荣奠定了基础.

位值制的数字表示方法极其简单, 因而也掩盖了它的伟大业绩. 它的重要作用与重要意义, 非但为一般人们所不了解, 甚至众多数学专家对它的重要性也熟视无睹. 而法国的数学家拉普拉斯则独具慧眼, 提出算术应在一切有用的发明中列于首位. 中华民族是这一发明当之无愧独一无二的发明者. 这一发明对人类文化贡献之巨, 纵然不能与火的发明相比, 至少是可与文化史上我国四大发明相媲美的. 中华民族应以出现这一发明而引以自豪.

在整数位值制表达的基础上, 我国又逐步扩大数的系统.《九章算术》在方田第一章与少广第四章中详细叙述了分数各种运算与大小比较的法则. 在方程第八章中则引进了负数. 同在少广章中, 又叙述了非位值制无从进行的开平、立方法的详细步骤. 在开方不尽时, 则附加一分数以为其余, 即所谓命分. 刘徽在《九章注》中, 对开方不尽以及求圆周率的问题提出以十进小数逼近的想法. 遗憾的是, 在刘徽以后的数百年间, 这一重要主张未为学者们所认识. 但至宋元之际, 这种正负十进小数已被普遍使用. 而在欧洲, 则直至 1584 年才由斯蒂文 (S. Stevin, 1548—1620) 引入十进位小数, 又迟至 18 世纪才获得通行, 并被认为是进位值制之后的又一重大创造. 至于西方数学史家历来把这些都归之于印度的发明, 则自然是张冠李戴了, 这是一种历史性的错误, 在此不能不辩.

整数位值制的建立、负数以及分数与小数的引入, 使整个实数系统得以完满地完成. 而有无实数无理数之类的概念与名称, 则是另一问题. 对于实数的现代认识, 本来还是 19 世纪中叶才有的事. 完善而使用方便的数系统, 创造了十分优越的条件, 使我国的传统数学一千数百年间大放异彩.

数论的辉煌成就

中国从来没有素数与分解因子的概念, 但这并不妨碍我国以自己独有的方式发展数论.

中国虽没有素数与分解因子的概念, 但有最大公因子的概念及其求法. 只是当时称两数的最大公因子为“等”, 求法是“以少减多, 更相减损, 求其等也”. 这一方法见于《九章算术》方田章的约分术并不是偶然的. 现代为了求分数之和而先通分时, 往往先将诸分母分解成素因子的乘积, 但是分解因子在整数较大时并非易事, 相反求“等”即求两数的最大公因子则要容易得多. 《九章算术》少广术就避开了分解因子这一步, 巧妙地只利用求等得出了分数之和, 这比现行方法要简便许多.

勾股形 (即直角三角形) 的三边何时成整数比, 自然是数论中颇具代表性的问题.《九章算术》勾股第九章中出现这样可能的分数比有 8 组之多. 由求等法容易化分数比成整数比, 即刘徽《九章注》中所谓“如是或有分, 当通而约之乃定”. 出现这样多的整数比决非偶然, 事实上勾股章已提出了构造这种比的一般方法与一般公式, 刘徽《九章注》中还给出了公式的几何证明. 至于中国以外, 则上述问题最早是在 12 世纪也以分数比的形式出现于印度婆什迦罗 (Bhaskara, 1114—1185) 的著作中.

我国在数论上的又一杰作是大衍求一术, 即现代通称的中国剩余定理, 用现代术语相当于一组同余式的解法. 大衍求一术初见于宋时秦九韶 1247 年的《数书九章》一书, 但其来源则是天文历法中的上元积年计算问题, 且从汉以来历代的历法中均有一条颇为清晰的发展路线. 至秦书时则不仅有详细的算法, 还把应用推广到历法计算以外的河堤修筑. 财物计算、租税分配、谷物出售、军队计点、土木建筑等问题上, 甚至还有一个盗窃追赃的案例. 现代解决这一同余式问题通常限于各同余式诸模数两两互素的情形. 方法是先将诸模数分解成素因子的乘积, 并求出其欧拉数, 最后得出所求的解. 因为分解因子比较繁难, 所以对于秦书诸题中出现的天文数字般的大数, 这种方法由于计算量的庞大, 即使用现代的计算机要完成其计算也是不容易的. 对于根本没有素数概念的中国传统数学, 秦九韶却利用了求等的方法, 首先将模数的一般情形化成模数两两无等即两两互素的情形, 再用与求等类似的方法巧妙地得出其解法, 这在世界数学史上也是很了不起的一举. 当时计算用等, 即使如此, 对于有着天文数字般大数的各个问题, 也都轻易地获得了答案. 秦书中并记载了所有计算过程的详章.

(二)

代数学的蓬勃发展

代数学是中国传统数学中又一个值得骄傲与自豪的领域. 与现代理解的代数学有所不同, 它完全可以等同于方程求解. 而且, 即使是方程, 着眼点也是求出解答, 至于解答的存在唯一、解答的性质、解答与系数间的关系以及解答可否用系数的开方式来表示一类问题, 都非关注所在.

早在《九章算术》中, 第八方程章全章就是线性联立方程组的解法. 依刘徽注:“并列为行, 故谓之方程.” 又说:“令每行为率, 二物者再程, 三物者三程, 皆如物数程之.” 当时以筹作算, 依题意将数据按物数排成各行, 然后进行运算.《九章算术》中还载有某些具体实例的详细计算过程, 完全类似于现在的所谓矩阵运算与消去法. 列方程时需要相当于移项一类的手续, 因此引进了负数以及相当于正负数加减运算法则的正负术. 刘徽在注中又引入了新术与义术, 对同一问题还指出了不同方法的不同计算步数以相互比较算法的复杂程度. 中学教科书解线性方程组的消元法, 最早即见之于《九章算术》.

在现代, 这种解法通称为高斯消元法. 它的最早来源是高斯在 1826 年所著的关于天文观测误差估计的一篇文章, 文中提到的线性方程组具有特殊形式. 此外,

Cramer 在 1750 年也曾发现过后来以他命名的公式. 有趣的是 Cramer 发现在前而高斯在后. 而且, 在计算机发展的早期, 一位计算机科学家曾撰文举例指出：在计算机上求解一个 26 个未知数的线性方程组, 如果用 Cramer 方法需时将近 10^{17} 年, 而用消去法则 3 秒钟就够了. 以 Cramer 法则与中国传统数学中的消去法相比较, 一尚优美, 一尚实效, 两者旨趣各异, 代表了两种不同的风格. 这样的例子并不少见.

从勾股术求弦需要开平方, 这相当于解一个最简单形式的二次方程. 在中国古籍中历来称解方程为开方, 可能即导源于此. 《九章算术》中不仅有开平、立方的详细算法, 并有一题涉及较一般形式的二次方程, 称为开带从平方. 约在三国时期赵爽的现存残文中即有解一般二次方程的痕迹. 南北朝祖冲之, 按《隋书》有开差幂、开差立之设, 称为“算氏之最”, 有可能是开带从立方即解某种形式三次方程的方法, 可惜已完全失传. 唐初王孝通的《缉古算经》则是关于三次方程的专门著作. 我国传统数学以解决问题为主要目标, 对方程的要求是求出数值解答, 而不在形式上的一般公式. 而后者据近代的数学研究本来就是无法实现的. 王孝通的著作在说明如何对诸问题列出三次方程后, 求具体答案只用“开立方除之”一语带过. 由此可以想见, 三次方程的数值求解问题已为当时仕人所熟知, 故已不必多加辞费. 此外, 在历法与河防的典籍中, 也出现过需要求解三次或四次方程的问题. 至宋代, 出现贾宪“增乘开方”、刘益“正负开方”等术, 到秦九韶已完成了一般方程的数值解法. 笔者在袖珍计算器上依据这一方法解高至五次的方程, 其效率是极为显著的.

宋元时期天元一概念的引入以及天元术的创立, 是我国传统数学的又一重大成就. 天元一即是现在的未知数. 这一概念的引入提供了依题意建立方程的简便而系统的方法, 较之旧法“省功数倍”. 由此逐步发展至元朱世杰的四元术, 已可解多至四个未知数的高次联立方程组. 由于当时用筹算, 方程各不同类型项的系数须布置在算盘的特定位置来进行运算, 因而未知数的个数只能限于四个. 如果改用纸笔运算, 则四个未知数的限制完全可以打破. 至于原来四元术的原理与方法, 则仍可以适用于解任意多个未知数的高次联立方程组.

在近代, 解高次联立方程组的方法直到近一二十年才有重大进展. 据笔者所知, 在去年曾出现过一些文章, 对当前某一最有成效的方法加以改进, 并在计算机上进行了试验. 其中至少有两个经过不同改进看来很简单的方程组, 竟然在计算器上有一个未能解出, 另一个也要动用计算机很大容量和花费很长时间才能勉强算出. 笔者依据本人创立的方法, 对这两个方程组在一些小得多的机器上即可容易地求解. 这里所谓本人创立的方法, 实质上无非是朱世杰四元术的现代化推广形式. 上述两个方程组论次数不过二三次, 论未知数或方程个数也只有三个 (附带若干个参数, 其中一个方程组只有一个参数), 鉴于朱世杰著作中就出现过有三个未知数高至三次的方程组, 可以想见中国古代算家着眼解题, 重视实效, 其思想之深邃与效率之高是为一般人所难以想象的.

别具一格的几何学

几何学乃是中国传统数学中最不为人所理解的一个领域. 其根本原因是人们对欧几里得几何已经先入为主, 而我国古时的几何却与欧几里得几何大相径庭, 有着一个迥然不同的体系.

与欧几里得几何不同, 我国传统几何从来不考虑平行线的问题. 与之相反, 以垂直性为其特征的勾股形, 在我国古代几何学的研究中却始终占据着中心位置. 数学概念来自现实世界. 过直线外一点可以作几条平行线的问题, 至少在当时的现实经验看来是近于"无病呻吟"毫无意义的. 对于重视解决实际问题的中国古代算家来说, 完全排除这一类考虑是理所当然的.

与欧几里得几何不同, 我国古代几何极少考虑角度, 而把距离与长度放在首要地位. 如果考虑到现代黎曼几何的从无限小距离 $\mathrm{d}s^2$ 出发, 可以导出角度的概念与性质, 则中国古时把距离的位置置于角度之上也就不足为奇了.

对欧几里得几何来说最有代表性的是它首次建立了在公理系统基础上的演绎体系, 成为现代数学的一种典范, 这在多方面具有重大意义. 但也不能不注意到, 这种体系与方法即使在纯粹数学的研究中, 其作用也是颇有局限性的. 就是对几何学来说, 公理系统的建立也基本上局限于初等几何. 对于现代研究中极为活跃的代数几何与微分几何, 并没有什么公理系统. 拓扑学虽然出现过某些成功的公理系统, 但拓扑学中的重大成果, 并非单纯地从这些公理系统经过逻辑推导而得. 现代数学家们已经严格证明, 要单纯地从某一公理系统出发去证明系统中的定理, 不仅实际上难以做到, 在理论上也无此可能.

中国的传统几何历来遵循着与欧几里得几何完全不同的发展道路, 有着自己的问题与方法, 以及自己的理论体系.

首先, 我国古代几何重视的是实际问题的解决, 因而测量、面积、体积以及圆周率等都是几何学研究的中心问题. 对于圆周率知者甚多, 可以置之不论. 对于测量, 则由于我国古时重距离而不重角度, 因而所用仪器与方法与西方大不相同. 至迟在汉初, 我国即已出现用距离两测以测角的方法求得太阳高度这样的困难问题. 至三国刘徽, 更发展成一般的重差方法, 所著《海岛算经》包括了多种复杂测量的漂亮公式. 即使在现代, 要设计某种测量方案以获得答案, 恐怕也不是那么轻而易举的.

我国古代几何成就中最值得骄傲的是体积理论. 欧几里得体系以许多定义与公理为出发点, 然后据此进行逻辑推理求体积. 与之不同, 我国古代几何着眼于总结经验, 综合事实, 提炼出寥寥几条普遍而平凡的一般原理, 然后用逻辑推理推导出多种多样求体积的结果来. 这种方法正与整个经典力学可以建立在三条牛顿定律上者相类似. 在这种思想指导下, 在三国时期刘徽与赵爽的著作中即已出现了出入相补原理. 据此即可建立测量理论与多角形的面积理论. 开平、立方的算法以及勾股形三边整数比公式的证明也都奠基于这一原理.《海岛算经》诸公式形式奇特,其证明早已失传,但依据出入相补原理可以轻而易举地推导出这些公式. 如果用那种添平行线甚至用三角术等方法来证明,则不仅违背历史,尽失古意,还要费不少心机才能迂迴曲折地求得那些公式.

多面体的体积比之多角形的面积是一个艰深的问题. 依据现代的数学研究,当时要建立体积理论,不可避免地要引入相当于今日极限、连续这类的概念,因之与面积理论有本质上的区别. 我国古代算家敏锐地认识到这一点,并由刘徽予以彻底解决. 刘徽依据任意多面体由某些基本形体阳马、鳖臑等拼合而成,并从长方体的解体剖析,通过极限过程建立了"阳马居二、鳖臑居一,不易之率也"这一二比一原理. 这一原理与出入相补原理相结合,即可奠定多面体体积理论的基础,并正如《九章算术》所示,可容易地获得各种多面体的体积公式. 整个理论简单优美,与古希腊处理同类问题用穷竭法之拖沓繁琐者相比,优劣判然. 这是我国古代几何学的一项杰作.

曲体特别是球体的体积,显然不能仅仅用上面两个原理来解决. 刘徽指出了某一特异曲体所谓"牟合方盖"在这一问题中的作用以及解决整个问题的途径. 后终于在南北朝时由祖冲之之子祖暅提炼出"缘幂势既同,则积不容异"这一原理以作为求曲体体积的基础,并且彻底解决了球体体积问题. 我们称这一原理为刘祖原理. 至 17 世纪时,它又为意大利 Cavalieri 所重新发现而被称为 Cavalieri 原理,成为微积分得以建立的基石之一.

结束语

数学是一门研究现实世界中的空间形式与数量关系,即研究数与形的科学. 几何学致力于形的研究,因而也可称为形学. 欧几里得几何脱离形来自现实世界的实质,而着眼于抽象出来的概念与性质及其相互间的逻辑关系. 与之相反,我国古代几何的对象都直接来自现实世界,问题也大都来自实际需要. 欧几里得几何形数脱节,实际上排斥了数量关系. 与之相反,在我国几何学的整个发展过程中,始终形数合一,互助互益. 开平、立方与解二次方程,都以出入相补原理为其几何背景,即其一例.

宋元之际,引进了天元一的概念. 各种几何量都用天元一的格式表达. 这种表达式相当于现代的多项式. 几何问题变为求解方程组的问题. 四元术更发展了导源于《九章算术》方程术的消元法,使多至四个方程组可逐步化为只有一个未知数的方程以逐一求解. 这种几何的代数化为解析几何的出现迈出了重要的、也是决定性的一步.

解析几何的创立者 Descartes,有一篇直到死后才刊印的未完成著作《指导思维方向的法则》(*Rules for the Direction of the Mind*). 在这一著作中,Descartes 拟议了一个解决问题的普遍方法, 期望它能适用于一切类型的问题. 其方法大致如下: 第一步, 把任一问题化为一数学问题; 第二步, 把任一数学问题化为一代数问题; 第三步, 把任一代数问题化为一解单独一个方程的问题. Descartes 还提出应按照未知数的个数建立同样多的方程, 而每一方程都是某一多项式等于零的形式. 显然, Descartes 的计划过于宏伟也过于粗疏, 事实上无法做到. 可能正因为如此, Descartes 没有完成他的《指导思维方向的法则》这一著作, 但却从这一宏伟计划中抽出一部分来写成了他的不朽之作《方法论》, 并在附录中阐述了现在被称作解析几何的概念与方法. 顺便指出, 这一附录中还没有引进坐标, 线段也不分正负, 因而实质上只是一种有系统的几何代数化方法, 至于 Descartes 这些著作对整个科学特别是数学的重要影响, 则已是尽人皆知的事了.

回顾我国从秦汉到宋元间数学发展的历程, 可谓我国传统数学所走过的道路正好与 Descartes 的计划若合一契; 反过来, Descartes 的计划, 也无异于为中国传统数学作了一个很好的总结.

中国传统数学的成就决不止于上述内容, 但由于篇幅所限, 更由于笔者知识所限, 对其他成就将不再论述.

我们崇拜中国传统数学, 决非是泥古迷古, 为古而古. 复古是没有出路的. 我们的目的不仅是要显示中国古算的真实面貌, 也不仅是为了破除对西算的盲从, 端正对中算的认识, 我们主要的也是真正的目的, 是在于古为今用.

数学在中国古时历来称为算术. 这正好反映了中国古算构造性、计算性与机械化的特色. 数学不仅为了应用, 即使为了在纯数学范畴内获得具体结果, 也一不能无算, 二必须有术. 对于概念与概念之间逻辑关系的认识, 不仅在过去而且在将来都起着重要作用. 但也不能不有所警惕, 追求过甚不无有陷入推理游戏甚至数字游戏的危险. 算术两字, 决非对数学的卑词. 试对 17 世纪数学上的两大成就解析几何与微积分略加分析: 解析几何为使欧几里得式的几何证明化为中国传统数学的计算方式开辟了道路, 无非是把几何化为算术的一种方法. 微积分按西文名词不妨直译为无穷小算法. 在牛顿与莱布尼茨之前作为微积分的先驱者瓦尔利斯 (Wallis) 的一部著作, 其名称直截了当就叫做《无穷的算术》. 由于计算机的出现, 算术化的倾向在近代数学中的作用也日益显著, 越来越为人们所认识. 不少著名的数学家, 近年来纷纷转向于计算机代数、计算性几何一类新兴学科. 中国古代算术的思想与方法, 正好与近代计算机的使用融合无间, 也必将因此而重返青春, 以另一种崭新面貌在未来的数学发展中扮演重要角色. 究竟它将占据何种地位, 笔者不拟妄作预测, 但愿以二语作结: 事在人为, 还看今朝.

我国古代测望之学重差理论评介
—— 兼评数学史研究中某些方法问题 *

一、引　言

《中国古代数学对世界文化的伟大贡献》一文曾经指出:

"代数学无可争辩地是中国的创造 …… 甚至可以说在 16 世纪以前, 除了阿拉伯某些著作之外, 代数学基本上是中国一手包办了的."

"中国的劳动人民 …… 实质上达到了整个实数系统的完成. 特别是自古就有了完美的十进位值制的记数法 …… 这一创造对世界文化贡献之大, 如果不能与火的发明相比, 也是可以与火药、指南针、印刷术一类发明相媲美的."

不仅在数学系统的完成上或是在代数学的创立上, 就是在几何学上, 我国古代也有着极其辉煌的成就. 我国古代的几何学, 立足于广大劳动人民的丰富实践经验, 从天文观察与工农业建设中发现问题, 提出问题, 抓住了几何学的核心与实质, 建立了具有我国特色的几何学体系. 既有丰硕的成果, 又有系统的理论, 其内容有许多是微积分得以创立的关键所在, 是希腊的几何学所未能做到的. 但是大多数西方数学史家对几何学一向标榜欧几里得体系, 推崇备至, 而对中国古代的几何学则以为不足道, 甚至认为一无所有. 对此, 我们有着截然不同的看法. 我国的数学工作者们, 也应该认真调查、弄清事实以明辩是非, 而不能把西方言论视为当然.

恩格斯曾经说过:

"和其他科学一样, 数学是从人的需要中产生的; 是从丈量土地和测量容积, 从计算时间和制造器皿产生的."

我国古代人民, 正如其他各地的许多古代民族一样, 观天测地, 从事土地的丈量、容积的测量、时间的计算等等生产活动, 在此基础上创造了我国固有的古代几何学. 从远古时期起, 即有了一般形式的勾股定理, 并应用之于测日之高远大小, 具见《周髀算经》一书. 秦汉时期又发展了勾股理论并导致二次方程, 成为我国一千多年代数学蓬勃发展的主要源泉之一. 到魏晋时期,《周髀算经》以之观天者, 刘徽以之测地, 建立了测高望远的重差理论. 另一面, 土地的丈量与容积的测量产生了面积与体积理论, 并提炼出出入相补这一一般原理, 到 5 世纪南北朝时期又提出了祖

* 本文摘自《科技史文集》(第 8 辑). 上海科学技术出版社, 1982 年.

暅原理. 这些一般原理的建立, 说明了我国古代人民不仅能紧密联系实际, 善于分析问题解决问题, 而且有着高度的抽象与概括能力. 不仅脱离实际把量度排斥于几何学之外的欧几里得所无法比拟, 甚至也是虽重视实际但偏重技术缺少概括的阿基米德与海伦所不及. 这些原理, 不仅使欧洲直至 19 世纪末才弄清楚的体积问题早在祖暅时代即已具备了完满的基础, 且为后世微积分的建立创造了条件, 而且, 与希腊欧几里得几何的形数割裂者恰恰相反, 我国在数学发展过程中自始至终是把空间形式与数量关系融合在一起的, 因而数系统的建立与臻于完备, 以及代数学的发生发展, 也始终与几何学的发展贯穿在一起. 到宋元之世天元 —— 也即未知数概念的明确引入, 代数式与其代数运算的阐明, 以及几何代数化方法的逐渐成熟, 更为解析几何的创立开辟了道路. 诚如上篇文中所说:

"…… 到宋元之世, 已经具备了西欧 17 世纪发明微积分前夕的许多条件. 不妨说我们已经接近了微积分的大门."

由于我国数学上成就之极端重要与丰富多彩, 即使只局限于几何学范围, 也决非少数几篇文章就能阐明. 本文将只就几何学成就的一个角落 —— 重差理论作一分析介绍. 抛砖引玉, 希望其他同志能从各个不同方面与角度进一步深入阐发.

二、重差理论历史

由于中国古代经典著作中史料不为一般读者所知, 流传不广又不易找到, 故把有关重差理论的片段罗列于下, 作为全文讨论的依据.

重差理论来源于量日之高远, 而量日高远法主要见于公元前 50 至 100 年间成书的《周髀算经》, 有关段落 (《淮南子》(公元前 120 年左右) 与《周礼・地官》也有类似的记述) 如下:

"周髀长八尺, 夏至之日晷一尺六寸. 髀者, 股也, 正晷者, 句也. 正南千里, 句一尺五寸, 正北千里, 句一尺七寸. …… 候句六尺. …… 故以句为首, 以髀为股, 从髀至日下六万里而髀无景. 从此以上至日, 则八万里. 若求邪至日者, 以日下为句, 日高为股. 句、股各自乘, 并而开方除之, 得邪至日. 从髀所衺至日所十万里."

除文字记载外, 至今河南登封县告成镇即古阳城, 还有周代观景台的遗址〔丙 3〕.

三国吴人赵爽为《周髀算经》作注, 作有《日高图》与《日高图说》. 《日高图说》全文如下:

> "黄甲与黄乙其实正等. 以表高乘两表相去为黄甲之实. 以影差为黄乙之广而一, 所得则变为黄乙之袤, 上与日齐. 按图当加表高. 今言八万里者, 从表以上复加之. 青丙与青己其实亦等. 黄甲与青丙相连, 黄乙与青己相连, 其实亦等."

赵爽日高图的原图早已遗失. 现传各本中原图俱误, 如图 1. 钱宝琮依据该图与赵爽注文重绘如图 2.

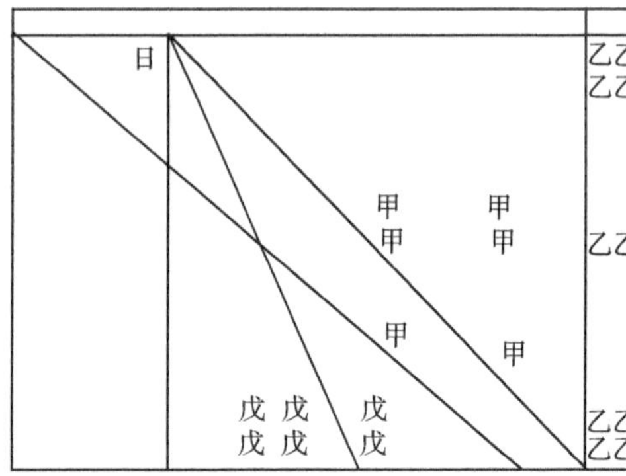

图 1

公元 3 世纪魏刘徽作《九章算术注》. 序中说:

"……〈周官〉大司徒职, 夏至日中立八尺之表, 其景尺有五寸, 谓之地中. 说云, 南戴日下万五千里. 夫云尔者, 以术推之. 按《九章算术》立四表望远及因木望山之术, 皆端旁互见, 无有超邈若斯之类. 然则苍等为术犹未足以博群数也. 徽寻九数有重差之名, 原其指趣乃所以施于此也. 凡望极高、测绝深而兼知其远者必用重差. 句股则必以重差为率, 故曰重差也. 立两表于洛阳之城, 令高八尺. 南北各尽平地, 同日度其正中之景. 以景差为法, 表高乘表间为实, 实如法而一, 所得加表高, 即日去地也. 以南表之景乘表间为实, 实如法而一, 即为从南表至南戴日下也. 以南戴日下及日去地为句股. 为之求弦, 即日去人也. …… 虽天圆穹之象犹曰可度, 又况泰山之高与江海之广哉. 徽以为今之史籍且略举天地之物, 考论厥数, 载之于志, 以阐世术之美. 辄造重差, 并为注解, 以究古人之意, 缀于句股之下. 度高者重表, 测深者累矩, 孤离者三望, 离而又旁求者四望. 触类而长之, 则虽幽遐诡伏, 靡所不入. 博物君子, 详而览焉."

这一序中概括了日高理论中的三个基本公式 (《周髀算经》与刘徽《九章算术注》中求日径的部分都已略去):

$$
\text{日去地} = \frac{\text{表高} \times \text{表间}}{\text{景差}} + \text{表高},
$$

$$
\text{南戴日下} = \frac{\text{南表景} \times \text{表间}}{\text{景差}},
$$

$$
\text{日去人} = \sqrt{(\text{南戴日下})^2 + (\text{日去地})^2}.
$$

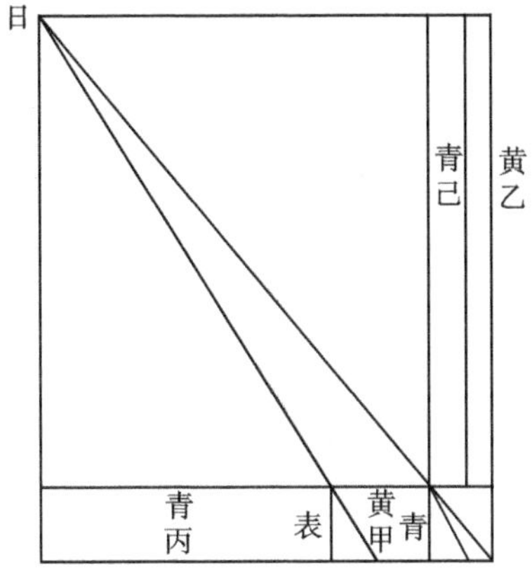

图 2

刘徽把这一量日高的理论施之于量“泰山之高与江海之广”，“辄造重差，并为注解，以究古人之意，缀于句股之下”. 原来这一重差理论是作为《九章算术注》十卷中的第十卷附于勾股章之后的. 唐代把第十卷重差和九章分离而另本单行，改称《海岛算经》. 原作有注有图，但此后注图都已失传. 现存《海岛算经》只剩九题，其中第一题望海岛照录如下：

“今有望海岛. 立两表齐高一丈，前后相去千步. 令后表与前表参相直. 从前表却行一百二十三步，人目著地取望岛峰，与表末参合. 从后表却行一百二十七步，人目著地取望岛峰，亦与表末参合. 问岛高及去表各几何.

术曰：以表高乘表间为实. 相多为法，除之. 所得加表高，即得岛高.

求前表去岛远近者，以前表却行乘表间为实，相多为法，除之，得岛去表里数.”

按我国古算书中的“术”可泛指方法、定理、公式或理论. 这里的“术”所涉及的理论可概括为下面两个基本公式：

$$\text{岛高} = \frac{\text{表高} \times \text{表间}}{\text{相多}} + \text{表高},$$

$$\text{前表去岛} = \frac{\text{前表却行} \times \text{表间}}{\text{相多}}.$$

这两公式也即前面关于日高的基本公式，也可与《周髀算经》以及赵爽《日高图说》相对照.

《海岛算经》其余八题依次是：

2. 望松；3. 望邑；4. 望谷；5. 望楼；6. 望波口；7. 望清渊；8. 望津；9. 临邑. 诸题不论是重表、累矩、三望、四望，都是从不同测点获得不同的测望数据，相互较核，取其差值为法而给出明显公式. 所依据重测取差的方法原则各题是一致的，与重差之名正相符合. 为此，我们将把这一测望理论称为重差理论，所得诸公式统称为重差公式. 在各个特殊情形则将称为日高公式、海岛公式、松高公式等等.

三、后代关于海岛公式的证明

刘徽的《海岛算经》原来有注有图. “析理以辞, 解体用图”, 所谓注即相当于现代的分析与证明. 可惜注图都已遗失. 后世以迄近代有不少中外人士曾补作证明. 现择其重要者依历史先后次序介绍于下, 再于下节讨论其正误得失.

现存最早讨论《海岛算经》诸题的证明者见于宋杨辉的《续古摘奇算法》(公元 1275 年). 杨于书末有海岛题解云:

“魏刘徽注九章, 立重差, 著于句股之下, 以阐世术. 夫度高测深, 句股之法则, 无自而可知. 故重表、累矩、三望、四望, 旁求审察. 是以松山高下, 方邑大小, 其重表也. 岸望谷深, 山望津广, 其累矩也. 登望松高, 遥望波口, 非三望之术乎. 清渊白石, 登山临邑, 非四望之术乎. 海岛去表为之, 篇首因以名之, 实九章句股之遗法也.”

“迄今千余载间, 唐李淳风而续算草, 未闻解白作法之旨者. 辉尝置海岛小图于座右, 乃见先贤作法之万一. 若欲尽传, 岂不轻易秘旨. 或不传流, 亦无以伸前贤之美. 本经题目广远, 难于引证, 学者非之, 今将孙子度影量竿题问, 引用详解, 以验小图. 姑以一问, 其余好学君子自能触类而考, 何必轻传.”

杨辉的另一现存著作《乘除通变本末》上卷 (1274 年) 中也说:

“海岛题法, 隐奥莫得其秘. 李淳风虽注只云下法, 亦不曾说其源. 《议古根源》(12 世纪刘益著, 现已失传) 原无细草, 但依术演算, 亦不知其旨.”

观此, 杨辉认为没有必要给出《海岛算经》九问的全部证明, 而着重在望海岛第一题的详细分析: “姑以一问”, “解白作法之旨”, 而“说其源”, 以“见先贤作法之万一”. 其余则留待“好学君子”“触类而考”. 从“尝置海岛小图于座右”与“以验小图”等语, 可能杨辉所见即系刘徽原来的“海岛小图”, 至于现存杨辉的原图则大体如图 3. 杨的分析是把图 3 分解成两个小图即图 4、图 5, 每图相当于一个较简单的孙子度影量竿问题. 杨并指出证明的依据可归结为下述原理, 即杨所说的“源”:

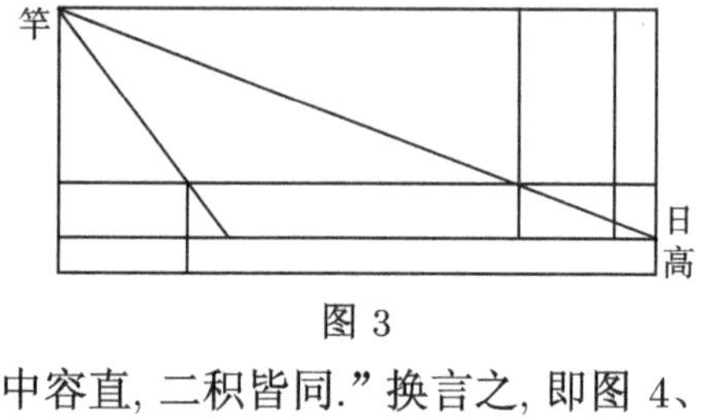

图 3

“凡股中容横, 句中容直, 二积皆同.” 换言之, 即图 4、图 5 中的面积甲 = 面积乙.

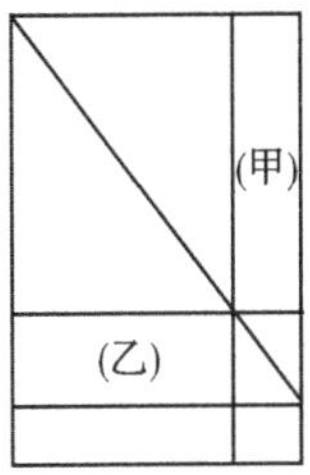

图 4

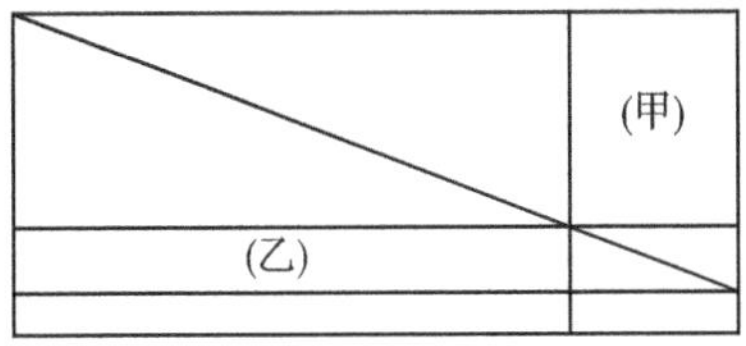

图 5

明末 (16、17 世纪之交) 西方殖民国家的先遣部队耶稣教会教士为便于传教以奴役中国人民, 借宣扬数学历法等科学文化之名而进入明室宫庭. 由于明季八股取士, 理学统治了学术界的思想, 科学技术的发展受到摧残, 当时中国古代的传统数学几已失传. 士大夫如徐光启等为传入的西方天文历算所惑, 与来华教士利玛窦等争相结纳, 除翻译《几何原本》外, 又译《测量法义》(1607—1608) 一书.《测量法义》共 15 题, 书前题有利玛窦口授, 徐光启笔受. 该书主要介绍欧洲的测量方法, 而其中第 10 题以表测高的后面部分所谓“欲测甲乙之高 …… 若戊不欲至乙或不能, 则用两表较算 ……”. 其内容即与《海岛算经》第一题无异 (图 6).

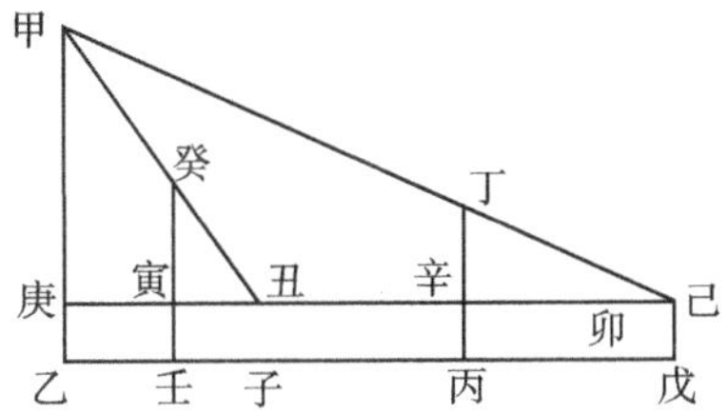

图 6

在《测量法义》之后, 徐光启又著《测量异同》. 序言中说:

“九章算法句股篇中故有用表用矩尺测量数条. 与今译《测量法义》相较, 其法略同, 其义全阙, 学者不能识其所由. 既具新论, 以考旧义, 如指掌矣. 今悉存诸法, 对题胪列, 惟求同异, 以竢讨论. 其旧篇所有, 今译所无者, 仍补论一则, 共为测量异同六首如左.”

《测量异同》中所列 6 首中第 4 首以重表兼测无远之高、无高之远以及第 6 首以重矩兼测无广之深、无深之广, 即《测量法义》中的第 10 题后面部分, 也即《海岛算经》的第一题.

不论是利玛窦口授的《测量法义》或是徐光启补作的《测量异同》, 在证以表测高题即海岛公式时, 都用相似三角形与比例, 并引述《几何原本》中的命题.《测量法义》中的证明依自戊向前抑退后至子而分成两种情形, 又比较两影的长短, 叙述颇为繁琐.《测量异同》证明与此类似. 现将《测量法义》中证明的主要部分介绍如下, 见图 6 戊向前至子的情形, 其中丙丁与壬癸为表, 已、丑为人目:

由相似三角形得	已辛: 辛丁 = 已庚: 庚甲,
交换比例项得	已辛: 已庚 = 辛丁: 庚甲.
同样	丑寅: 丑庚 = 寅癸: 庚甲,
因辛丁 = 寅癸, 故	丑寅: 丑庚 = 辛丁: 庚甲,
在已庚上取点卯, 使	已卯 = 丑寅,
则得	已辛: 已庚 = 已卯: 丑庚.
由比例定理, 得	已辛: 已庚 = 卯辛: 已丑,
与前第二等式比较, 得	卯辛: 已丑 = 辛丁: 庚甲,
交换比例项得	卯辛: 辛丁 = 已丑: 甲庚,
或	卯辛: 辛丁 = 子戊: 甲庚,
即	两测较: 表目较 = 距较: 甲庚.

由此得甲庚之高.

加目至足之数, 即得甲乙之高.

在清初数学这一阵地实质上已为西算所完全占领, 我国古代传统数学几成绝学. 直至乾隆三十八年 (公元 1773 年) 开始编辑《四库全书》, 古典数书陆续发现, 引起了研究古典数学的高潮. 19 世纪初李潢作《九章算术细草图说》与《海岛算经细草图说》, 为《九章算术》注疏作图并补出证明. 李的《重差图序》说:

"图九. 望海岛旧有图解, 余八图今所补也. 同式形两两相比, 所作四率, 二、三率相乘与一、四率相乘同积. 如欲作图明之, 第取一、三率联为一边, 又取二、四率联为一边. 作相乘长方图之, 自然分为四幂. 又以斜弦界为同式句股形各二, 则形势验矣. 旧图于形外别作同积二方, 至两形相去辽远者, 又必宛转通之, 皆可不必也. 图中以四边形五边形立说, 似与句股不类. ……"

从李潢序可见李也曾见过"望海岛旧图". 可惜现存李潢著作中"旧图"已无, 而代之以李所补作之图. 现将李所作海岛题的图 (图 7) 与证明大意概述如下:

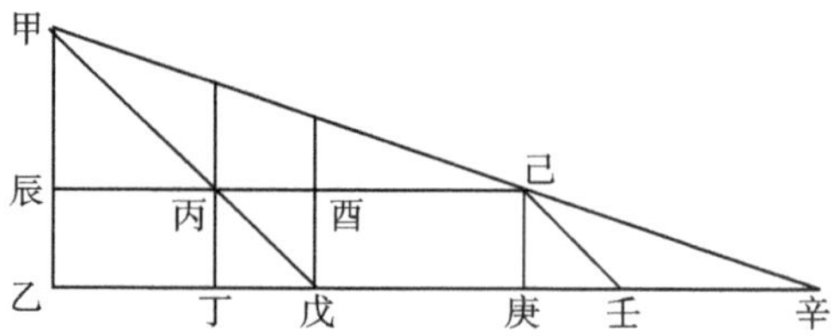

图 7

在图 7 中甲乙为海岛, 丙丁与己庚为前后两表, 戊与辛为着地人目. 作己壬与丙戊平行, 则因 △己庚辛 ≈ △甲辰己, 与 △己庚壬 ≈ △甲辰丙, 得辛壬: 己庚 = 己丙: 甲辰. 故

$$甲辰 = \frac{己庚 \times 庚丁}{辛庚 - 戊丁}, 即得岛高公式.$$

若与利玛窦、徐光启的证明比较, 可见李多添了一条平行线, 至于其他诸题的证法也类似, 但添线更多, 推理更繁.

近几十年对《海岛算经》诸题的证明则往往应用代数. 例如三上义夫在《中日数学史》一书介绍《海岛算经》时说 (图 8):

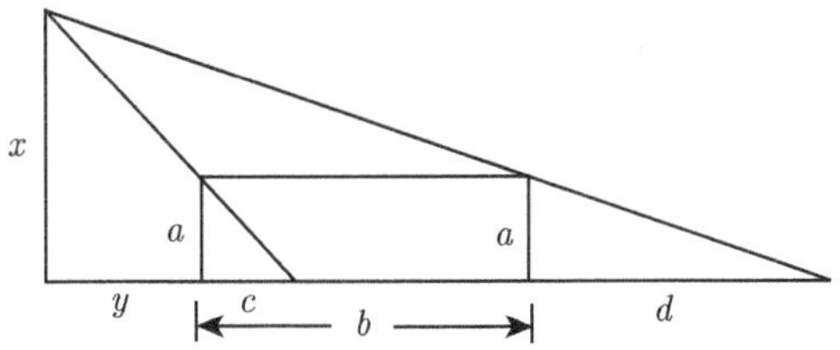

图 8

海岛术文相当于公式

$$山高 \quad x = a + \frac{ab}{d-c},$$

$$去山远 \quad y = \frac{cb}{d-c}.$$

三上自言不知刘徽用什么方法获得这两公式, 但认为可能自下两比例式或与之相当的等式导出:

$$\frac{x}{y+c} = \frac{a}{c}, \quad \frac{x}{y+b+d} = \frac{a}{d},$$

并认为“重差”一词意指比例的重复应用, 而比例方法在《九章算术》勾股章中多次出现, 以为上说佐证. 三上还因此说:

“刘徽对这些复杂问题的研究, 说明他对代数处理的某些方面颇为娴熟. 如果对《九章算术》中某些章节的内容细加推敲, 我们就不能不把代数学的诞生, 归功于中国在它历史上早期的数学家们. 这个时期比秦九韶与李冶出现的 13 世纪要早得多, 而一般 (按应指西方数学史家) 相信秦李之时才是中国代数学诞生的时代. 正因为如此, 所以我们特别强调刘徽关于这些复杂问题的考虑, 它们出现于公元 3 世纪时, 在天元术代数学曙光初露之前整整有一千年.”

近代如李俨、钱宝琮等对《海岛算经》诸题都有注释与证明〔乙 1—7〕. 但他们的证明基本上沿袭利玛窦、徐光启与李潢之法, 添作平行线 (与) 用相似三角形, 或如三上义夫那样应用代数符号列出方程并进行代数运算以求解. 有人还甚至应

用了三角函数来证明. 国外一些学者如李约瑟等也大都用类似方法. 但有别于此, 特别应该提到的是李俨在《重差术源流及其新注》〔丙 1〕一文中关于杨辉海岛公式分析的一个介绍. 现将李俨此说全文照录如下 (图 9, 10):

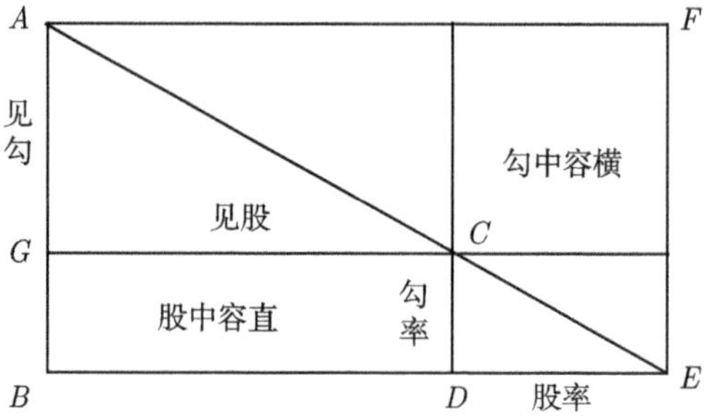

图 9

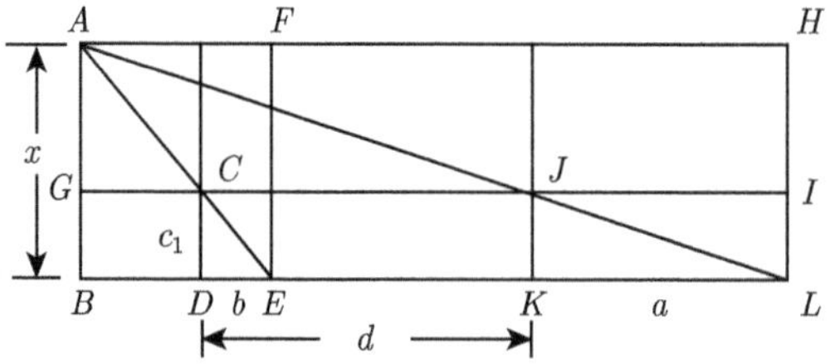

图 10

"其法于 ABE 直角三角形 (参阅图 9 —— 编者), 知 $AB=$ 勾, $BE=$ 股, $AE=$ 弦; $CD=$ 余勾, $DE=$ 余股, 而 AE 弦之内外. 分二勾股: 其一, 勾中容横, 如 CF 长方形; 其一, 股中容直, 如 BC 长方形, 二积之数皆同, 即 $\square BC=\square CF$. 故

$$AG=\frac{BD\times CD}{DE}.$$

于海岛第一题 (参阅图 10—— 编者), 因 $\square BC=\square CF$, 而 $DE=$ 小余股; 又因 $\square BJ=\square JH$, 而 $KL=$ 大余股, 故 $\square BJ-\square BC=\square JH-\square CF$, 即 $\square DJ=\square JH-\square CF$, 即 $CD\times DK=(KL-DE)\times AG$; 所以 $c_1\times d=(a-b)\times AG$, 即 $AG=c_1\times d/(a-b)$, 而 $x=\dfrac{c_1\times d}{a-b}+c_1$ 矣.

明利玛窦、徐光启译《几何原本》其第一卷第 43 题称 '凡方形对角线旁两余方形自相等'. 辉所取者, 盖此义也."

四、对这些论证的评论

上节所列举各家的论证, 我们认为除杨辉的论证以及李俨对杨辉的论证所作解释以外, 其他则不仅与中国古代几何学的真意不符, 说得严厉一些, 可以说所举证明都是“错误”的.

上列各家证明除杨、李的论证外可分两大类. 其一是添一些平行线或 (与) 利用相似对应边成比例等定理. 其二是把所求高远作为未知数用 x, y 等表示, 依相似三角形列出代数方程而求解.

先就第一类证明来说. 平行线与相似形理论都是欧几里得几何学中的重要构成部分. 这些原始直观的概念自然会以某种形式出现于我国古代几何学中, 事实上也确是如此, 但显然从未占据像在欧几里得系统中那样特殊的地位. 就作者的调查, 在我国经典算术中只发现宋秦九韶《数书九章》(1247 年) 中第六卷田域类漂田堆积题的附图中添有一条平行线. 但这在我国古代文献中似是一个例外, 且术文无法理解, 不能用一般相似三角形边成比例的定理来解释. Libbrecht〔A6〕曾指出后人必有篡改. 附图的来历有待查明①. 不论如何, 我国古代几何学自有其独特的体系, 从内容到方法都与欧几里得体系异其旨趣. 我国从来没有像西方那样在一条还是几条平行线上纠缠不清而另有发展重点, 这正好说明我国几何学的特点与其高超之处.

就在同一书《数书九章》中, 第七、八两卷测望九问大都与《海岛算经》诸题类似, 其中望山高远一题更与望海岛题类同, 而附图残缺. 宋景昌在读《数书九章》后所作《札记》中依据明《永乐大典》将该图补入. 图中并无平行线 (图 11). 利玛窦与徐光启在《测量法义》与《测量异同》的证明中也无平行线之设. 直到李潢证中才出现一条平行线. 可以想见平行线的添入是直到欧几里得几何在我国知识分子中已牢牢扎根的清代才想到使用的. 这说明钱宝琮在重绘日高图时所添的一条平行线 (图 2 中右下方) 远远脱离了我国古代的实际情况. 它的添入是毫无根据的.

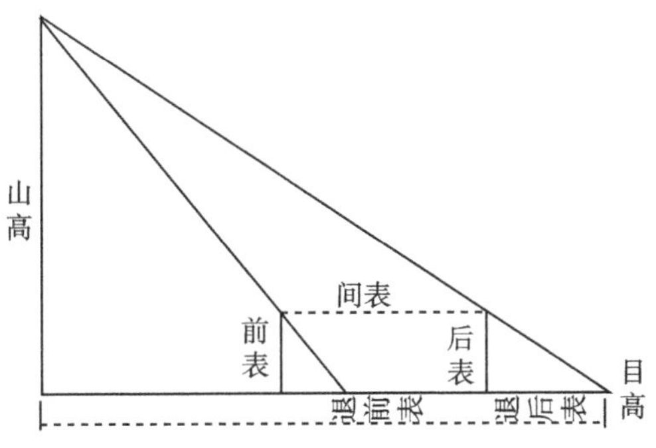

图 11

① 补记: 现查知, 据宋景昌《数书九章札记》, 现存图为后人改作, 已非《永乐大典》中原图, 平行线系沈钦裴所添入. 《札记》引沈氏之言曰:“更增一虚线, 与 …… 平行, 则比例之理显矣”. 这又一次说明古希腊的平行线理论与我国古代几何无缘, 那种随便依据欧几里得几何来解释我国古代几何的做法都是极为错误的.

至于相似形理论, 则相似勾股形对应勾股成比例的命题在我国有着悠久的历史. 不仅刘徽《九章注》勾股章自第 14 题以下至最后第 24 题的证明中每题都曾用到这一命题, 早在《周髀算经》中即已是求日径方法的依据. 但在古籍中并未见到有一般相似三角形的论述. 应用一般的相似三角形来证明《海岛算经》诸公式也是缺乏根据的.

因之第一类的证明可以认为是利玛窦等传入西算以后我国自徐光启以下应用西方欧几里得几何所作, 而与中国的古代几何学并不相干. 这些证明往往要添许多平行线, 推理过程也颇繁复而不自然. 例如钱宝琮就曾评论过李潢的证明:“图中添线过多, 恐不能符合刘徽造术原意.”李潢在《重差图序》中自已也说:“图中以四边形五边形立说, 似与勾股不类.”事实上, 欧几里得几何学演绎体系的一个根本弱点, 是它难以据此以获得新事实. 如果事先没有其他方法得到正确结论, 即使要证也无从证起. 以《海岛算经》诸题公式之复杂以及测量方式之奥妙, 如果没有一个深邃的思想作为指导, 是很难得出这些公式来的. 而这正是欧几里得体系所无能为力的.

第二类代数方法的证明则更一无是处. 代数学是我国独特的创造之一, 自《九章算术》以至宋元发展线索极为分明. 但未知数作为一个独立而明确的概念出现, 则是在宋金时代十二三世纪时, 即所谓天元一. 从一个未知数到几个未知数、列出方程以及各种代数式的运算规律则一直到元代始集其大成. 毛主席曾指出, 从认识的感性阶段上升到理性阶段以及新概念的产生, 都是一种认识上的飞跃. 从《九章算术》的线性联立方程以及某些二次方程的雏形到天元一以至近代的代数符号系统与运算体系要经历过多次这种认识上的飞跃. 每一次飞跃都要在大量实践活动的基础上经过相当长的时间往往几十百年之久才能出现. 用现在通行的代数学对古代的数学作一些单纯的注释以方便现代读者自然是无可厚非也是既值得做又应该做的工作. 但若据以推理, 以现代数学来代替一千多年以前的数学, 则是绝对不能允许的.

即如以三上义夫对《海岛算经》的解释来说, 三上所举:

$$\frac{x}{y+c}=\frac{a}{c}\text{与}\frac{x}{y+b+d}=\frac{a}{d}$$

两个比例式, 应用了相似勾股形的比例关系. 后者屡见于《九章算术》勾股章的刘徽注中, 这里 x, y, a, b 等可作为“山高”“去山远”等等的简写, 自然是可以的. 但三上从这两式作一些代数运算以导出 x, y 并据以说刘徽已拥有宋元时期的一些代数学知识, 则是缺少根据而是违反时代的. 三上针对当时许多西方数学史家往往一笔抹煞中国古代数学成就的帝国主义作风, 依据他对中国古代数学比较丰富的知识来予以驳斥, 这种坚持正义的精神中国人民应给以高度评价. 尽管如此, 他的论证不仅不符合实际情况, 还应认为是“错误”的.

至于用三角函数来证明《海岛算经》诸题则更可不必讨论.

总之, 那种用现代代数方法来证明《海岛算经》诸题的尝试在方便现代读者来说自然有其积极意义的一面. 但此外则充其量只是用现代方法验证了刘徽的那些公式与定理都正确无误而已. 这非特完全不足以反映当时的数学情况, 反而使古代辉煌的成就因之而淹没不彰. 这正像用 17 世纪以来的微积分这一现代化武器把阿基米德计算抛物线弓形面积的公式重新证明一遍. 这在现代自然是轻而易举的事, 对稍学过一些微积分者也只是一个简单的练习. 但若因此而得出结论说阿基米德的结果与定理没有错, 则不但没有什么意义可言, 甚至颠倒了历史, 反而把阿基米德的重要贡献贬低了.

五、数学史研究中的方法问题

我们所以不惜用大量篇幅列举海岛公式的后代各种证明, 指出它们的不当之处, 并且强调除个别如杨辉、李俨另当别论外, 这些证明特别是滥用代数符号者都是“错误”的, 乃是因为这些错误方法已泛滥于绝大多数流行的数学史著作之中, 致使古代数学的真实情况不仅淹没不彰, 而且面目全非, 许多巴比伦神话、印度神话以及丢番图神话之所以产生, 这是重要原因之一. 下面是一个典型的例子.

斯特洛伊克的《数学简史》〔A14〕在论及公元前近二千年巴比伦的数学时, 举出了一个记载于巴比伦泥板的例子:

由两个正方形并组成一个面积为 1000, 一正方形边为他正方形边的 2/3 减 10. 两正方形的边如何?

根据这一类例子作者就下结论说:

“汉穆拉比时代的巴比伦人已完全具有了处理二次方程的技术. 他们能解两个变数的一次和二次方程, 甚而至于包括二次和四次方程的问题.”

另一个数学史家 Scott 在这一问题上他所著《数学史》〔A11〕11 页第 1 行虽然也有其他类似的谬论但态度要严肃些. 现把《数学史》中有关的一段译述如下, 以与上文对照:

> “巴比伦人曾被认为具有解从两个未知数得出二次方程的方法的知识. 这种论断是由于他们企图解决下面的问题而产生: 已知长方形的周与面积, 求它的边, 即解方程组 $x + y = a$, $xy = b$ (作者注: 这种等同是一种大错误). 这种问题在古代是很普遍的; 这可能是为了否决某种广泛流传的信念而引起; 这种信念认为一个平面形的面积由它的周界所完全决定, 正像在圆与正方形的情形那样: 相同周界的图形具有相同的面积. 只要这种信念依然存在, 丧失道德的商人们就有无限的机会. 这个问题曾被希腊人有系统地处理过 (作者注: 这个说法是不正确的). 至于巴比伦人的方法则是经验的 (作者注: 重点是作者所加). 他们的方法是把周界保持不变而

把面积所能取得的不同数值确定出来. 例如对一个周长为 40 的长方形来说, 结果可列表如下:

$$a + b = 20$$

a	b	面积ab
10	10	100
8	12	96
6	14	84
4	16	64

如此等等."

我们把两个数学史家著作中的某些片段并列如上, 读者们可相互比较, 自己作出结论.

古代巴比伦人就像古代许多其他民族一样, 从事各种生产活动, 观察天象, 进行计算, 为此付出了辛勤劳动. 他们对科学文化所作贡献在我们现代的日常生活中还留下痕迹, 留传至今的巴比伦泥板上各种天文数表的记录都是人类伟大的文化遗产. 但是, 一切科学归根结底都来自生产实践也受着当时生产条件的制约而不能超越时代. 知道长方形的周长与面积以求边这一类问题, 在古代许多不同民族中本来是会自然产生的. 但生产的发展会推动数学的前进, 随之而在这类问题的解法上也会显出先后进展的痕迹. 试以我国为例. 以有书可稽的标准来说, 则赵爽《句股圆方图说》包括了二十来个定理, 其中最后一个定理即是已知勾股和与勾股积求勾与股的明显公式. 在《九章算术》勾股章中更有不少比它复杂得多的问题与解法. 但这些解法都是纯几何的, 大都依据出入相补原理. 自此以后, 仍以有书可稽者为准, 则杨辉在《田亩比类乘除捷法》卷下 (1275 年) 所引刘益《议古根源》(12 世纪) 的 22 问中, 有 8 个都是已知直田长阔和或差以及直田田积要求长阔一类的问题, 所用方法都是增乘开方法. 到朱世杰《算学启蒙》(1299 年) 开方释锁门共 34 问中, 第 8 至第 11 四题也是这一类问题, 但已进步到使用天元术. 据朱世杰原注: 谓"按此以古法演之", 除重述了前面所引见于赵爽《句股圆方图说》中的"古法"外, 并说:"今以天元演之, 明源活法, 省功数倍". 在《算学启蒙》(1299 年) 中, 朱世杰还只用一个未知数天元一, 到了《四元玉鉴》(1303 年), 则在两仪合辙门的 12 个同类问题中, 朱都列天元地元两个未知数的联立方程组来求解. 我国古代算书散失者多而留存者少. 但即就现有存书有案可稽者来说, 从《句股圆方图》与《九章算术》的几何解法到朱世杰联立方程组的解法, 发展线索仍极为分明. 其间相隔一千多年, 不知要经历多少次认识上的飞跃才能达到. 单是从贾宪、刘益的增乘开方到李冶的天元术, 再从一个未知数的天元术到两个未知数的天地两元之术, 每一步都是极不容易的发明创造. 这本来符合马列主义的认识论而是科学发展的客观规律. 我们可以说《句股圆方图说》与《九章算术》中的几何解法是导致我国宋元代数的某种源泉与滥觞, 起过一定的推动启发作用, 但决不能贸然视之为就是代数学. 正是同样的理由, 尽管我们尊重古代巴比伦人的伟大成就, 但是把近代的代数轻易地加之于古代巴比伦人身上, 不能不说是十分荒谬的.

六、《海岛算经》的发展与影响

自刘徽以后, 虽然史料残缺, 但《海岛算经》直到明末仍有踪迹可寻, 现根据不完全调查而有书可稽者摭述如下:

天文观察上重差方法的应用散见于历代史书中天文志、律历志以及天文著作中.

《隋志》《唐志》都提到有《九章重差图》一卷.

唐初王孝通《缉古算经》表称“徽 …… 造重差之法”.

唐初将刘徽《九章注》第十卷重差那一卷单行而改称为《海岛算经》, 立于学官, 成为《十部算经》的一部.

南北朝祖冲之、北周甄鸾、唐李淳风等都曾为《周髀算经》或 (与)《海岛算经》作注.

南北朝何承天、隋刘焯、唐李淳风等对《周髀算经》量日影“句之损益寸千里”以及其后张衡、郑玄等从其说者多有所批判. 历代曾为此去全国各地实测晷影, 远至交趾地区, 尤以唐一行与元郭守敬的规模与影响最大.

唐李淳风注《周髀》, 批评“用日以为高下”为“语术相违, 是为大失”. 李又推广原求日高术到“地有高下”不平的情形, 就“表望不同”作“后高前下术”等六术.

《宋史》载有《海岛算经》一卷, 与夏翰《新重演议海岛算经》一卷.

《宋史》(卷 462, 方技) 谓楚衍 (11 世纪初)“于《九章算术》……《海岛算经》诸算经尤得其妙”. 按早期的高次方程数值解法即增乘开方法的开创者贾宪 (11 世纪) 是楚衍的弟子.

宋秦九韶《数书九章》(1247 年) 第七、八两卷为测望九问, 第十六卷有军旅类的望知敌众, 其中陡岸测水、表望方城、望敌远近与表望浮图诸题, 秦都说“以重差求之”或“重差入之”. 而望山高远一题更与《海岛算经》第一题海岛无异, 但改《海岛算经》中的人目著地为目高 5 尺.

宋杨辉现存算书中曾三引《海岛算经》, 并对海岛一题进行分析 (见前节). 从所说“尝置海岛小图于座右, 乃见先贤作法之万一”, 推想杨辉还见到过刘徽至少是海岛一题的原图.

南宋有《海岛算经》刻本, 据杨辉引述现传本与南宋刻本除先后次序可能有不同外内容无异.

元朱世杰《四元玉鉴》(1303 年) 中卷勾股测望门八问中第 4 至第 8 依次类同于《海岛算经》中的望海岛、望松、望邑、望谷与望清渊诸题.

明《永乐大典》(1403—1408 年) 收有《海岛算经》, 现在的传本即从其中辑出.

明吴敬《九章算法比类大全》(1450 年) 引用了《海岛算经》题称为“古问”.

明周述学《神道大编历学算会》(1558 年) 卷 3 勾股有两题与《四元玉鉴》勾股测望门第 5、第 8 两问题目数据全同, 而这两问又与《海岛算经》中的望松与望清渊两题类同.

明程大位《算法统宗》(1592 年) 卷九勾股章之末重述了杨辉对海岛一题的分析.

明末利玛窦、徐光启关于测量的译著都有重差一类问题, 已见前节. 详细分析见下面第八节.

清李潢《重差图序》中说:“望海岛旧有图解”, 可知直到 19 世纪之初李潢时还可能见到原来的海岛残图, 具见前节.

刘徽《海岛算经》的原来理论与证明可能在唐宋时期即已鲜有人知而失传, 这从杨辉据图以求“源”可以推知一二. 但《海岛算经》却在另一方面对我国的数学起着巨大的推动作用并影响及于后世近代数学的发展.

宋元之世我国数学有着多方面的重大成就, 天元术的创立是其中之一. 一般认为高次代数方程数值解法是宋元时期数学发展高潮的顶峰. 国外对我国古代数学所推崇的主要是祖冲之圆周率以及这一成就. 但是, 我们认为与天元术相伴而生的几何代数化、代数方法在几何上的应用以及代数式的使用与代数运算的系统化等要比这一成就意义重大得多. 而重差理论在这方面所起的作用是不小的. 检查一下天元术与重差理论的有关论述可以为它们的相互关系提供一些线索.

首先是秦九韶的《数书九章》. 按秦著中测望九问与望知敌众十个问题都有术无法, 不仅立术不明, 抑且谬误极多. 有几题虽提到用重差求之, 实则与重差术并无关系. 这些都说明秦本人对勾股之术不甚娴熟, 对重差之术更不理解, 而且疏忽大意, 但不能因这些瑕疵而抹煞其主要功绩, 按测望问题在秦全书中所占分量颇多, 在《海岛算经》之后我国算书中还是第一次作这种较有系统的收辑, 足见秦的重视. 测望九问之中, 有四问都用列高次代数方程求解. 虽然据钱宝琮意见, 秦对天元术似乎并不了解, 但从《九章算术》勾股章第 20 出方邑望木题的开带从平方历经唐王孝通开带从立方与宋贾宪增乘开方一脉相承, 应无疑为天元术的前身, 虽无天元之名而有天元之实. 秦之测望九问显示出与解高次方程以及天元术的密切关系, 秦的这一功绩应予肯定.

至于朱世杰《四元玉鉴》勾股测望八问则全部用天元术求解. 在八问中第五问

以下都与《海岛算经》诸题类同, 其他三问都与勾股, 也与秦的某些问题相似. 这些问题显系从《九章算术》勾股章出方城诸题推衍而来. 只是有时改方城为圆城问题要难得多, 非单纯的勾股术所能解, 因而也促进了天元术与一般代数运算方法的发展. 东汉末郑玄引郑众说“今有重差句股”. 刘徽也说“辄造重差 …… 缀于句股之下”. 重差与勾股本来是密切相关的. 在朱之前早在 12 世纪之中, 勾股问题就已成为天元术重要的问题来源. 例如在杨辉《田亩比类乘除捷法》(1275 年) 一书中编入了已失传的刘益所著《议古根源》(12 世纪) 二百问中的二十二问, 其中有两问都是用天元术求解的勾股问题. 李冶的《测圆海镜》(1248 年) 与《益古演段》(1259 年) 则全都是以勾股为主题的天元术应用. 由此可见勾股曾为天元术提供了许多具体的问题实例. 重差术估计也起着同样的作用. 现将朱世杰《四元玉鉴》勾股测望门第 4 题望圆城也即《海岛算经》的望海岛题朱氏的术与草照录如下 (略去求表去城部分), 以与海岛术相比较:

<u>朱世杰原文</u>	<u>现代语言译文</u>
术曰:	解法:
立天元一为城高	置城高 $= x$
如积求之, 得一千四百四十为正实, 四十为益方	列方程得 $-40x + 1440 = 0$
上实下法而一, 得高	解之得 $x = \dfrac{1440}{40} = 36$ 尺
草曰:	
立天元一为城高	置城高 $= x$
又为大句	大勾 $= x$
以两表退行相减, 余四十尺, 为两表退行差	两表退行差 = 后表退行 − 前表退行 = 40 尺
又为小股	小股 = 40 尺
用乘大句, 得 太 ||||0 寄左	左 = 大勾 × 小股 = $40x$
乃以两表退行差加表间得一百二十尺为大股	大股 = 两表退行差 + 表间 = 120 尺
以表高为小句	小勾 = 表高 12 尺
乘之, 得一千四百四十为同数	大股 × 小勾 = 1440 与左相同
消左得 | ≣ ||||0 ||||0	移项整理得 $40x - 1440 = 0$
上实下法而一, 得三丈六尺为城高	∴ 城高 $x = \dfrac{1440}{40} = 36$ 尺

《四元玉鉴》其他诸题解法仿此. 据此我们认为重差与勾股一样, 对天元术的发展都不仅有刺激推动作用, 甚至还是重要的源泉. 而且, 重差诸题的解法只涉及一次方程即所谓开无偶平方, 实质上又与刘徽的原证相同 (详见下节的分析), 只是改用了天元术的语言而已. 相反勾股一类问题所引出的方程往往是高次或 (与) 多元的, 要复杂得多. 因而重差之成为天元术实例, 实际上更容易更简单, 出现得也可能较早. 只是数书大都失传, 作为《四元玉鉴》前身而为祖颐为朱所作序中曾经提到的《益古演段》《照胆》《钤经》《如积释锁》《〈如积释锁〉细草》《两仪群英集臻》《乾坤括囊》等书内容都已无法考查, 不能追踪重差与天元术的关系而为之确证而已.

三上义夫曾认为刘徽已能用代数方法证《海岛算经》诸题, 我们指出过这个说法是不成立的. 三上以及其他人士例如李俨等在用代数方法证明时, 都列出两个未知数的方程组求解. 从现代的知识说来这种做法是颇为自然的. 然而朱世杰《四元玉鉴》中的天元术解法却偏偏只用一个未知数 —— 天元, 虽然《四元玉鉴》中用天元、地元两个未知数求解的问题有三十六问之多. 由此也可证明非但这些代数证法远不是刘徽原证, 甚至还不是天元术出现时应用于《海岛算经》诸题的证法. 与之相反, 我们认为正是刘徽的《海岛算经》诸题曾为天元术提供了具体实例并促使其发生发展, 其作用可能不在勾股一类问题之下.

17 世纪解析几何与微积分的创立是数学发展史上的大事. 解析几何的诞生一般认为主要应归功于笛卡儿 (Descartes). 但是笛卡儿一无坐标系统, 二无正负线段, 他的主要功绩, 不少数学史家认为是在于代数的几何应用与几何的代数化, 在于把几何图形表达成代数形式, 因而为研究物理世界 (笛卡儿认为可归结为几何学) 提供了数量工具. 有人并因此提出“代数几何”应是一个比解析几何更合适的名词. 以研究笛卡儿著名的 Scott 认为笛卡儿的成就是: 把一个几何问题化成代数形式因而得以使用整个代数机器以求解. 然而, 这种几何与代数的配合、代数的几何应用与几何的代数化正是宋元天元术的主要含义之一. 而且就在宋元数学家的手里为了发展天元术而建立了一整套的代数机器, 包括天、地、人、物等元的正负乘幂及其代数式, 以及这些代数式的运算系统的建立. 天元术以勾股重差一类问题作为立术的主要来源, 以天、地、人、物等元代替所求线段, 用它们的代数式来表示几何图形的长度、面积, 然后运用相伴发展了的那套代数机器进行求解. 所有这些, 正是所谓笛卡儿的最主要的贡献所在, 是解析几何得以创立的决定性的一步. 当然, 笛卡儿在变数的引入以及就在解析几何上的其他种种发明创造对于数学的发展有着划时代的功绩, 他对世界数学的伟大贡献是完全肯定的. 然而无视于我国天元术在这一方面所起的重要作用, 而单纯强调代数方程数值解的成就 (这一成就的辉煌是无庸置疑的), 把它看成是我国数学的“顶峰”, 则实质上无异是贬低了我国对世界数学的伟大贡献. 同样, 我们认为如果把《海岛算经》的功绩局限于测望之学, 而忽略它对天元术发展的影响与作用, 则对它的估价也还是不够的.

七、海岛公式证明的复原

我们认为, 与其他诸家不同, 杨辉对海岛公式的分析以及李俨根据杨辉补出的证明是基本上正确的. 先考虑"句中容横与股中容直二积皆同"这一结论 (图 9), 这是整个重差理论的基础, 也就是杨辉所说的"源". 它的来历可能有二. 其一是根据相似勾股形的命题: 股率乘见勾, 等于勾率乘见股. 这一命题在《周髀算经》求日径术中即已用到, 而见于《九章算术》句股题 15 以下刘徽注的每一题中. 另一是出入相补原理. 这是我国古代几何学中面积体积理论的结晶. 所谓"出入相补, 各从其类"这一基本原理, 明确叙述于勾股章开首勾股术的刘徽注之中, 而被广泛应用于《九章算术》的勾股商功等章.

在图 9 的情形, 出入相补原理与相似勾股形命题自然是等价的. 这在《九章算术》勾股章的徽注中也可看出. 按勾股章共 24 题, 自第 1 题至第 13 题, 徽注的证明都用出入相补, 第 17 题以下都用相似勾股形, 此外数题则都两者并用. 第 15 题勾中容方问题, 更详述两种证法, 而勾股章自 17 题以下求邑方与量木高井深诸术, 在方法上显然都从勾中容方问题演化而来. 两种方法在此是相通的, 而出入相补原理是一个更高更普遍的概括, 这一普遍原理不仅是我国古代几何学的一个结晶, 且其影响及于整个数学的其他不同领域. 由于牵涉面较广, 非简单篇幅所能尽, 我们将留待其他机会再作详细讨论. 就本文当前的问题来说, 则不论属于何种情形, 杨辉证明海岛公式的"源"应系直接来自对"海岛小图"的观察与对我国古代遗产的具体分析. 李俨所谓"辉所取者, 盖此义也", 牵扯到欧几里得原本之说, 是没有任何根据的.

但是李俨根据杨辉分析补作的证明, 则我们认为是大体上正确的, 可以认为实质上这就是刘徽的原证. 为说明这一点, 我们把证明重述如下, 并附以赵爽日高图说中的相应语句, 作为此证即是原证之说的佐证 (图 12).

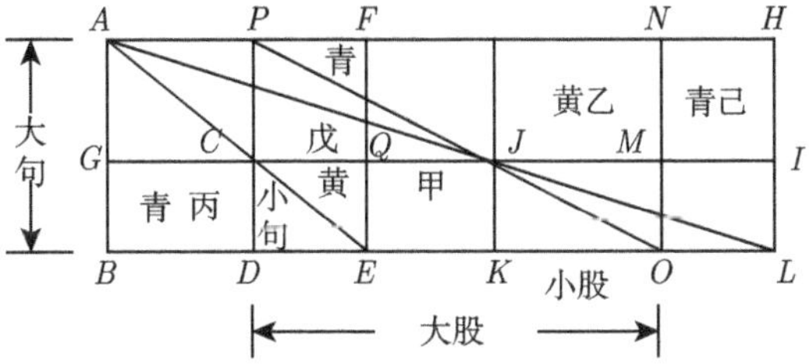

图 12

证明	赵爽日高图说
$\square JD=\square JN$,	黄甲与黄乙其实正等,
$\square JB=\square JH$, 即	黄甲与青丙相连, 黄乙与青己相连, 其实亦等.
$\square JD+\square CB=\square JN+\square MH$,	
$\therefore \square CB=\square MH$.	青丙与青己其实亦等.
$\square JD=CD\times DK$,	以表高乘两表相去为黄甲之实
$\square CB=\square CF$,	
$\therefore \square MH=\square CF$,	(出入相补原理)
由此得 $MI=CQ$.	
	以影差为黄乙之广,
$JM=JI-CQ=KL-DE$,	而一, 所得则变为黄乙之袤.
$\therefore MN=\dfrac{CD\times DK}{KL-DE}$,	
$\therefore$ 日高 AB $=\dfrac{CD\times DK}{KL-DE}+BG$ $=\dfrac{\text{表高}\times\text{表间}}{\text{景差}}+\text{表高}$.	上与日齐, 按图当加表高.

去表远公式的证明如下:

由青丙 $=$ 青戊 (出入相补原理), 得

去表远 $BD=\dfrac{AG\times\text{前去表}}{\text{表高}}$.

前已知 $AG=\dfrac{\text{表高}\times\text{表间}}{\text{景差}}$, 故得 去表远 $=\dfrac{\text{前去表}\times\text{表间}}{\text{景差}}$.

对于上面补出的原证再作一些补充说明如下:

(1) 从证明步骤看, 现存赵爽《日高图说》似既有脱漏又有句文倒置, 从现存甄鸾的注与残图 (虽然错误极多) 看来, 现在所补的证与图似尚未能与原文完全相符 (例如有甲乙丙与戊己而无丁).

(2) 证明还可以简单一些, 例如 PO、ON 线即可略去, $\square JH$ 也不必分成黄乙与青己两部分, 写成上面较繁的形式是依据《日高图说》的术文, 而朱世杰天元术文又可为之佐证, 见下 (3).

(3) 与朱世杰天元术文 (见第六节) 比较, 可看出朱文 (图 12) 中, 大勾 $=AB$, 小股 $=KO$, 大股 $=DO$, 小勾 $=CD$. 故大勾 $\times$ 小股 $=$ 大股 $\times$ 小勾, 即 $\square KN=\square DM$ 或相当于黄甲 $=$ 黄乙 (都根据出入相补原理), 朱世杰的解术无疑是有来历

的，在补出原证中添上 PO 与 ON 等线者与此正相符合.

(4) 与钱宝琮补出日高图 (图 2) 比较，可见添作平行线之非理，也可见黄乙与青己的位置应左右对易 (参看下节).

(5) 为进一步说明，补出《海岛算经》第二题望松的证明如下 (题与术文从略)：图 13 中 $AB=$ 松高，CD、FG 为前后两表，$CE=$ 入表，DI、GK 为前后两表退行，依据望海岛题表去山公式，可知视 ED、HG 为望松本 B 点的前后两表，而与 CD、FG 为望松顶 A 两表比较时，LF、MH 应同交于平地上 J 点，使 $GJ=$ 相多，而 AF、BH 应同交于后退表处 K 点，使 $JK=$ 前表却行 DI. 今据出入相补，有 $\square FD=\square FP$, $\square HD=\square HQ$. 相减得 $\square EF=\square NP-\square HR$, 或 $\square NP=\square EF+\square HR$, 即松高 $\times$ 相多 $=$ 表间 $\times$ 入表 $+$ 入表 $\times$ 相多，也即《海岛算经》的松高公式：

$$松高=\frac{表间+入表}{相多}+入表.$$

朱世杰《四元玉鉴》勾股测望门第五题与《海岛算经》望松题类同，但易松生山上为方城上戍柚，朱术立天元一为柚高，又为见勾差即图中 AB. 相多即 GJ 为股差率，以表间加股差率即 DJ 为见股差，入表即 CE 为勾差率，从见勾差 $\times$ 股差率 $=$ 见股差 $\times$ 勾差率也即前面的 $\square NP=\square ER$. 得方程解之得松高. 由此解法也可为所补原证中添作诸线的一个旁证.

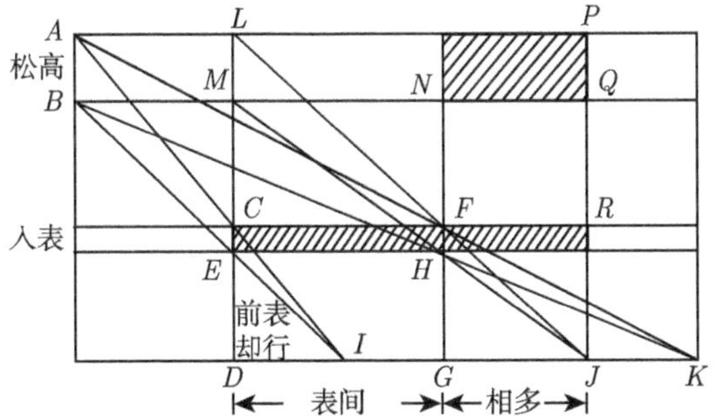

图 13

(6) 今再补出《海岛算经》第四题望谷的证明如下：图 14 中 $AB=$ 深谷，CD、EF 为岸上重矩之勾，CG、EH 为测谷深处 A 点所得入股. 依出入相补得 $\square HK=\square HB$, $\square GL=\square GB$. 相减得 $\square HO=\square HC-\square GM$, 或 $\square GM=\square HC-\square HO$, 由此即得《海岛算经》中的谷深公式：

$$谷深=\frac{矩间\times上股}{下股-上股}-勾高.$$

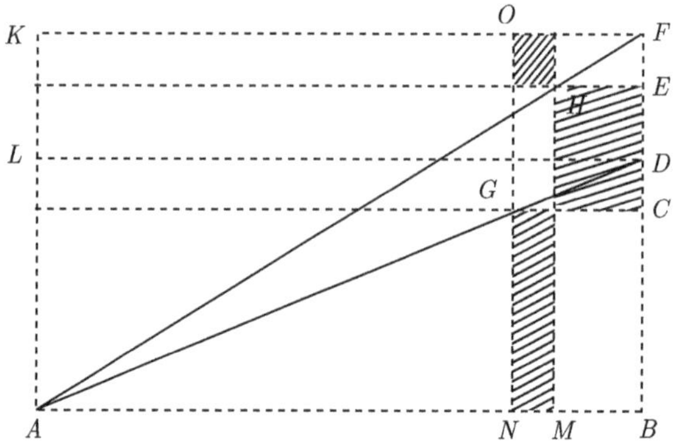

图 14

朱世杰《四元玉鉴》勾股测望门第七题与《海岛算经》望谷题类同, 所用天元术草亦与《海岛算经》术文相同, 只是用天元术语言表达而已.

(7) 朱世杰《四元玉鉴》勾股测望门第六第八两问即《海岛算经》中望邑与望清渊两题, 其天元术草也与《海岛算经》术文一致. 朱书中这几问的方程都是一次的, 即所谓开无偶平方. 这些都足以说明一方面朱书这一部分渊源于《海岛算经》原著, 另一方面《海岛算经》为天元术提供了最简单最直接的素材, 因而应是天元术产生的早期的推动力.

(8)《海岛算经》其他诸题, 都易从海岛公式以及松高谷深等公式推出. 这些证明都简单直观, 容易为一般人所接受, 这正是我国古代几何学的一个特色. 且证明直接导致《海岛算经》诸问原来给出公式的形式, 与之相反, 不论如李潢用欧几里得几何或后世诸人如李俨〔乙 2〕用近代的代数, 证明都颇繁复, 尤其要再经历一番曲折与演算, 才能凑出《海岛算经》原来的公式形式. 这也说明这些证法与刘徽原意毫无共同之处, 而上面所提出的证明, 才是符合刘徽原意的证明.

(9) 从李潢《重差图序》, 知李曾见到海岛旧图, 且所谓“两形相去辽远”而须“宛转通之”, 正是出入相补的特色, 因而可以相信这一旧图即如图 12 那样. 至于所谓“皆可不必也”之语, 如果把李潢《海岛算经细草图说》与我们补作的图与证明相对照, 优劣判然. 这正好说明明末以来中国固有的几何学已为欧几里得几何所排挤殆尽, 清代学者如李潢几已一无所知, 只能屈从于欧几里得的一统天下而已.

丢开对天元术所起的推动作用不谈, 只从测望这一角度来说,《海岛算经》立意造术之深, 也非西方如海伦等所能企及. 而且,《海岛算经》似已发展成一个完整的系统理论. 依据刘徽《九章算术注》原序中所说:“度高者重表, 测深者累矩, 孤离者三望, 离而又旁求者四望, 触类而长之, 则虽幽遐诡伏, 靡所不入, 博物君子, 详而览焉”. 似乎刘徽已总结出一般的规律, 不论地形如何“幽遐诡伏”, 都可以设计出何处设表, 作出测量的具体方案来. 刘徽原意虽然已不得而知, 但这对于现代的数学工作者来说, 仍是一个值得思考与解决的问题. 而且, 重差理论中以量长代替角的测量这一方法所隐含的以多次简易测量代替较难测量的原理在现代的各种技术问题上可能还是有现实意义的.

八、利玛窦来华时期的测望理论及其影响

综观我国测望理论的历史演变过程, 明代以至利玛窦、徐光启时期可以说是一个转折点. 在第六节中已经指出, 我国古代测望理论从《周髀算经》时起, 以迄宋元之世不仅一直在发展, 而且在推动天元术的发展因而对近代代数学与解析几何的影响是无可估量的. 到了明朝八股取士, 理学统治了学术界的思想, 数学已趋衰微, 但《海岛算经》仍有传者. 到利玛窦于 1582 年来华, 1600 年进入明室宫廷, 士大夫如徐光启、李之藻争相结纳, 推崇西学而对于自己多所诋毁, 更使我国古代传统数学一蹶不振, 《海岛算经》理论也竟成绝学.

公元 1607 年 (明神宗万历 35 年) 利玛窦与徐光启共译《几何原本》, 引入了古希腊的欧几里得几何学. 1607 至 1608 年间, 又由利玛窦口译, 徐光启笔受《测量法义》一书, 把西方的测量技术传入了我国. 分析一下《测量法义》一书的内容与方法, 对于了解它的意义是必要的.

《测量法义》书首“最目”云:

“先造器, 次论景, 本题 15 首, 附三数算法”.

“造器”明确测量目的与所用仪器:“测量者, 以测望知山岳柚台之高、井谷之深、土田道里之远近也. 其法先造一测望之器, 名曰矩度 ······”.

“论景”指出测量方法:

“法中俱用直景倒景布算, 故先正解二景之义, 次解其转合于矩度, 以资后论 ······”.

其次是“本题 15 首”, 列举各种具体问题的测量方法. 最后的附录“三数算法”系比例算法, 则即《九章算术》中的今有术.

《测量法义》中所用仪器以矩度为主, 15 题中, 除第 9 题用平镜, 第 10, 11, 14 用表, 第 12 题用矩尺外, 其余, 都用矩度. 矩度、矩尺与平镜特别是矩度是当时欧洲所用主要的测量仪器. 矩度与矩尺系 16 世纪中意大利 Tartaglia (因解三次方程而为后世所知) 为炮兵发射炮弹而设计〔B〕, 其中附图与《测量法义》中矩度图完全相同. 至于表则为我国自古所用的传统测量仪器, 而不见于西方. 例如在《测量法义》之后耶稣会教士罗雅谷、汤若望所著《测量全义》一书仪器图说部分曾列举西方古今所用各种测量仪器, 即无表的名目. Smith 一书〔A 13〕几何工具一章论之甚详, 也无表的使用, 只说古曾有之而已.

Gunther 一书〔A 5〕有一章专论古代测望仪器, 也只说古代有表, 现已不用. 大

抵以表测量是古代许多民族所共同有过的实践活动, 但只有我国才发展到重差术这样的理论高度. 这正显示出我国在数学上独特的创造力, 为世界其他任何民族所不能企及的.

就测量方法而论, 则《测量法义》15 题中, 除第 10 题以表测高用表两测, 第 15 题用表四测, 以及第 6 题以目测高的后面部分用矩度两测外, 其余都用 1 测. 其中两测以上诸题都是我国古代的经典成果, 在第二节末早已指出, 重测正是重差理论的指导思想, 徐光启继《测量法义》之后作《测量异同》, 序言中称:

> "九章算法, 句股篇中故有用表用矩尺测量数条〔作者注: 这里的矩尺与利玛窦书中的矩尺完全不同〕, 与今译《测量法义》相较, 其法略同 ······. 既具新论, 以考旧义 ······ 今悉存诸法, 对题胪列, 惟求同异 ······ 共为测量异同六首 ······".

在徐列举异同六首之中, 第 5 首以四表测远, 与《测量法义》第 14 题以四表测远类同, 徐也指出"此旧法与今译同". 实则此题即《九章算术》勾股章的第 22 题立四表求木去人. 又《测量法义》中的第 10 题以表测高, 则与《测量异同》中第 4 首以重表兼测无远之高无高之远与第 6 首以重矩兼测无广之深无深之广类同, 实则与《海岛》第一题无异, 只是《测量法义》与《测量异同》中的证明方法都依据欧几里得《几何原本》而已 (见第三节),《测量法义》第 4 题的后面部分则无非将原来用表两测者改为用矩度两测而已.

徐光启在《测量异同》序言中只提到九章算法勾股篇, 但异同六首既都是"旧义"而"悉存诸法"或"旧篇所有", 则第 4 第 6 两首必有所本. 可见徐至少应见到《海岛算经》的第一题, 鉴于《海岛算经》明时已收罗于《永乐大典》, 今本《海岛算经》即从其中抽出, 徐似不应该不见到该书. 然而徐在《题测量法义》中却说:

> "刘徽、沈存中 (括) 之流, 皆尝言测望矣, 能说一表, 不能说重表也."

这是难以自圆其说的. 徐光启指摘明代"算数之学特废"的原因是"名理之儒土苴天下之实事"与"妖妄之术谬言数有神理", 又提出对历法应"详加测验", "不差不改, 不验不用", 徐又撰《农政全书》, 这是我国古代的一部农业百科全书, 这些见解与工作都应肯定, 但不能因此而为徐对西算的投降主义态度辩解.

至于利玛窦, 则史载于 1582 年 (明万历十年) 到广东中山, 1589 年到南京时与徐光启相识, 1606 年以来与徐共译《几何原本》与译授《测量法义》时, 来我国已二十余年. 在这样长的时期内说利不接触到中国古代的固有数学, 将是不可思议的. 西方的测量技术本极落后, 文艺复兴以前, 西方关于测高望远之学主要见于海伦的 *On the Dioptra* 一书. 按海伦的年代从公元前 150 年至公元后 250 年估计大有出入, 甚至有人与 10 世纪时拜占庭的某一海伦相混, 所著书最早在 1814 年用意大利文编集刊行, 其中内容已知有他人掺入痕迹. 所用测望仪器 Dioptra 大致是一种拟想中物, 实际上可能并不存在. 即使丢开这些不谈, 海伦一书的内容据柯恩

(Cohen) 及笛卡儿 (Descartes) 所著书〔A3, 6〕所引也不能与《海岛算经》之有指导思想并成为系统理论者相提并论. 到 16 世纪时 Tartaglia 制作矩度, 成为欧洲测望的主要仪器. 但器颇笨重, 使用并不灵便, 在耿受 (Gunther) 及斯密思 (Smith) 所著书〔A5, 13〕中有不少图片可见其测法之一斑.《测量法义》主要部分正反映了当时欧洲的这一水平. 而其中较先进的诸题恰与《九章算术》勾股以及《海岛算经》相重, 所用表测更与通行西器及其测量方式有别, 这说明它们应另有来历. 特别是在利玛窦以表测高两测部分的证明中 (见前第三节以及图 6), 须在丑庚线上取卯点使己卯 = 丑寅. 按这样的取法正与我国古代海岛公式原证中黄乙在青己左方的位置相当 (图 12). 如果依欧几里得体系的证法则应添作平行线如图 7, 这样则所取卯点应使辛卯 = 丑寅, 或相当于钱宝琮日高图 (图 2) 中黄乙在青己右方位置的情形. 但利玛窦不以此之图 (对他说来这应是很自然的), 却毫无理由不伦不类地选取了使己卯 = 丑寅的卯点, 这正说明利的这一问题与证法有它不同于西方欧几里得体系的来源, 为了要纳入欧几里得体系, 因而硬凑答数留下了斧凿痕迹. 至于利玛窦证明之兼形式主义繁琐哲学与矫揉造作三者而有之, 则犹其余事也.

在同一时期, 由利玛窦授李之藻演的《同文算指》(1614 年) 中卷之四叠借互征法为利玛窦所据以翻译的 Clavius 即所谓丁先生原著所无, 而显然取意于《九章算术》方程章或我国以后算书中的相类篇章. 这是我国古代数学的辉煌成就之一, 与《同文算指》其他部分相较, 水平高下极为显著. 然而, 李之藻在序中虽自谓“间取九章补缀”, 但都成为“利玛窦授”的材料, 书首仅题“李之藻演”而已. 同样, 后来的《测量全书》中也提到阳马、鳖臑、堑堵等《九章算术》中的专有名词而不及《九章算术》. 说这些我国古代的文化遗产, 不因利玛窦等传教士们的“传授”而流入西方, 也将是不可思议的事. 本人见闻有限, 只能略举数例. 在这一西方科学技术开始大规模输入期间, 东西方交流中双方的得失如何以及存在的许多问题值得来一番细致调查把它彻底弄清.

自利、徐输入西算以来, 终清代两百余年我国对数学的发展已丧失推动作用, 自此以来, 人人知有欧几里得, 而对我国实则更为辉煌的古代几何学却缺少认识. 清代中叶虽对我国传统数学重新发掘并有所重视, 但如李潢等局限于以欧几里得几何等西算诠释我国古算之类, 系统既然不同, 自然格格不入, 至于所谓创造性的工作, 则远落人后, 在清一代, 一些最有成就者如梅文鼎等, 志趣不可谓不高, 用力不可谓不勤, 也正如钱宝琮在《中国数学史》中所说:“从其具体的数学成果讲来, 大都较西欧数学的同样成果迟了一百余年”. 这与宋元以前我国数学比之西方在许多方面遥遥领先者正可对照.

就测量技术而言, 沈康身同志在《我国古代测量技术的成就》〔丙 2〕一文中曾有很好的介绍. 我们将借用沈文的结语 (也适用于测望理论) 照录如下, 以作本文的结束:

“明末外国传教士随着宗教把某些科学技术进入中国. 当时士大夫阶层, 一方面脱离劳动人民, 一方面又不认真研习数学. 于是崇外之风从此孳生. 当时像徐光启这样传播西学的代表人物, 在序西海利玛窦授李之藻演的《同文算指》(1614 年) 里就说:“观利公与同事诸先生所言历法诸事, 即其数学精妙, 比之于汉唐之世十百倍之 …… 振之 (李之藻) 两度居燕, 译得其算术若干卷. 既脱稿, 余始问请共读之, 共讲之. 大率与旧术同者, 旧所弗及也; 与旧术异者, 则旧所未之有也. 旧术与西术合者, 靡弗与理合也; 与西术谬者, 靡弗与理谬也”. 他最后的结论是, “虽失十经, 如弃敝屩矣”. 措辞推重外国, 对我国固有创造发明反多诋毁, 数典忘祖, 这是极不应该的.”

参考文献

甲

[1] 钱宝琮校点. 算经十书. 中华书局, 1963.
[2] 周髀算经.
[3] 魏刘徽. 九章算术注.
[4] 魏刘徽. 海岛算经.
[5] 宋秦九韶. 数书九章, 1247.
[6] 1 宋杨辉. 续古摘奇算法, 1275.
[7] 2 宋杨辉. 田亩比类乘除捷法, 1275.
[8] 1 元朱世杰. 四元玉鉴, 1303 .
[9] 2 元朱世杰. 算学启蒙, 1299.
[10] 明吴敬. 九章算法比类大全, 1450.
[11] 明周述学. 神道大编历学算会, 1558.
[12] 明程大位. 算法统宗, 1592.
[13] 利玛窦口译, 徐光启笔受. 测量法义, 1607–1608.
[14] 明徐光启. 测量异同.
[15] 利玛窦授, 李之藻演. 同文算指, 1614.
[16] 罗雅谷、汤若望撰订. 测量全书.
[17] 清李潢. 海岛算经细草图说, 1820.
[18] 清宋景昌. 数书九章札记, 1842.

乙

[1] 李俨. 中国数学大纲. 科学出版社, 1958.
[2] 李俨.《中国古代数学史料》第 26 章海岛算经新注. 中国科学图书公司, 1954.
[3] 李俨. 中国算学史. 商务印书馆, 1936.
[4] 李俨, 杜石然. 中国古代数学简史. 中华书局, 1963–1964.

[5] 钱宝琮. 中国数学史. 科学出版社, 1964.
[6] 钱宝琮. 中国数学史话. 中国青年出版社, 1957.
[7] 许莼舫. 三角术的嚆矢. 见《中算家的几何学研究》, 第 2 章, 1952.
丙
[1] 李俨. 重差术源流及其新注. 见《学艺》7 卷 8 期, 1926: 1–15.
[2] 沈康身. 我国古代测量技术的成就. 科学史集刊 8, 1965, 28–41.
[3] 张家泰. 登封观星台和元初天文观察的成就. 见《考古》, 1976 年第 2 期, 95–102.
[4] 钱宝琮. 中国古代数学的伟大成就. 见《科学通报》2 卷 10 期, 1951: 1041–1043.
[5] 钱宝琮. 秦九韶〈数书九章〉研究. 见《宋元数学史论文集》. 科学出版社, 1966: 60–103.
[6] 梅荣昭. 李冶及其数学著作. 同上, 149–165.
[7] 严敦杰. 宋杨辉算书考. 同上, 149–165.
[8] 杜石然. 朱世杰研究. 同上, 166–209.
[9] 白尚恕. 秦九韶测望九问造术之探讨. 同上, 附录 4, 290–303.
[10] 白尚恕. 刘徽海岛算经造术之探讨.
A.
[1] Boyer C. History of Analytic Geometry, 1956.
[2] Cajori F. A History of Mathematics, 2nd ed, 1919.
[3] Cohen-I M R, Drabkon E, A Source Book in Greek Science, 1948.
[4] Descartes R. La Géométrie. Paris, 1927,
[5] Gunther R. Early Science in Oxford, v. 1. , Pt, III-IV, Physics and Surveying, 1942 .
[6] Heath T. A History of Greek Mathematics, 2v., 1912.
[7] Kline M. Mathematical Thought from Ancient to Modern Time, 1972.
[8] Libbrecht V. Chinese Mathematics in the 13th Century, 1973.
[9] Mikami Y. The Development of Mathematics in China and Japan, 1913.
[10] Needham J. Science and Civilization in China, V. 3. 1959.
[11] Scott J F. A History of Mathematics, 1958.
[12] Scott J F. The Scientific Work of Rone Descarteé, 1952.
[13] Smith D E. History of Mathematics, vl, 1923; v2, 1925.
[14] Struik D J. A Concise History of Mathematics, 1948. (关娴译. 数学简史, 1956)
B.
[1] Drake. Galileo and first mechanical computing device. Scientific American, 1976, April, 104–113.

《海岛算经》古证探源 *

刘徽《海岛算经》是一部关于测高望远之术的专著. 按刘徽自序, 有"析理以辞, 解体用图", 以及"辄造重差, 并为注解"等语, 说明原著应有注有图. 传至后世, 所载九题只有方法结果而无注析附图, 杨辉在《算法通变本末》卷上中曾说, "海岛算法, 隐奥莫得其秘", 清代李潢、沈钦裴等都曾尝试补出证明, 但与刘徽原意显无共同之处. 我们认为, 要使古证复原, 应该遵循以下三项原则, 是否妥当, 还请有志者共同商讨.

原则之一, 证明应符合当时本地区数学发展的实际情况, 而不能套用现代的或其他地区的数学成果与方法.

原则之二, 证明应有史实史料上的依据, 不能凭空臆造.

原则之三, 证明应自然地导致所求证的结果或公式, 而不应为了达到预知结果以致出现不合情理的人为雕琢痕迹.

《海岛算经》的第一题海岛公式从明清以迄近代出现过不少证明, 是否合于古证原意, 可以依据这些原则逐一考核, 中外经典著作, 流传至今, 历代难免有后人随意篡改增添, 甚至伪造伪托, 以至真假不辨, 也可以依据这些原则作为鉴别真伪的一种手段.

本文将依据这些原则, 尝试将《海岛算经》九题的古证补出于下. 中国古代的几何学有其自己的发展过程与方法体系, 与希腊欧几里得几何迥乎不同. 在我国古代几何中, 并未见到明显的平行线概念, 角度也很少用, 虽有比例理论, 但文献所载局限于勾股相似形的简单比例关系, 而几乎未见到有关一般相似形以及各种比例式的变形转化等记载, 在古证复原中, 这些概念都应避免使用, 像李潢 [9] 那样滥添平行线的作法, 更难允许.

相反, 出入相补, 各从其类的原理, 明显见诸九章刘徽注以及赵爽著作, 在《九章算术》的商功勾股诸章曾多方面应用, 由此原理可得以下推论:

推论之一 如图 1, 从 □AB 与对角线 AB 上一点 C 可得 □CD =□CE (= 指面积相等).

推论之二 如图 2, 在句股相似形 ADF、ABC 与 BDE 中, 称 AC = 见股, BC = 见句, BE = 股率, DE = 句率, AF = 大股, DF = 大句 (或大股之句), 则有

$$\frac{\text{大股}}{\text{大句}}=\frac{\text{见股}}{\text{见句}}=\frac{\text{股率}}{\text{句率}}.$$

* 本文摘自《九章算术与刘徽》(吴文俊主编). 北京师范大学出版社, 1982 年.

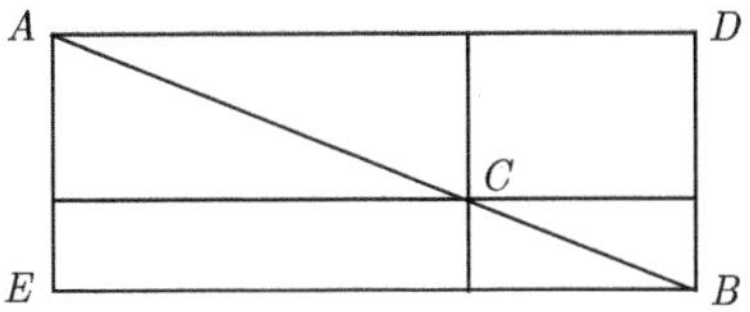

图 1

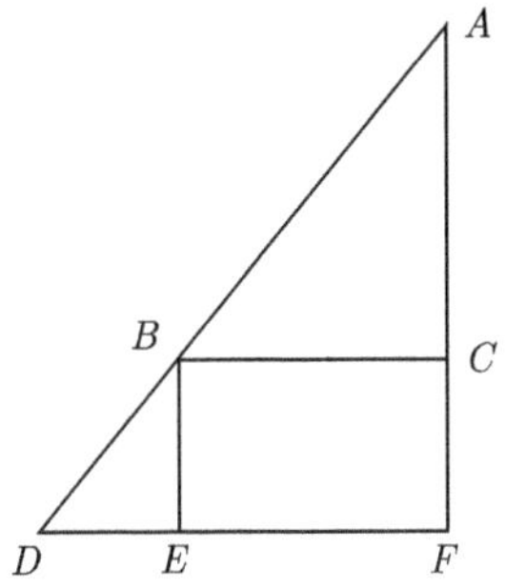

图 2

这两推论显然是等价的, 都曾多次应用于各种勾股问题, 详见刘徽《九章注》以及赵爽《日高图说》与《句股圆方图说》.

本文关于《海岛》九题的复原古证, 无非是这两推论的反复运用. 九题中海岛第一题中的岛高公式, 望松第二题的松高辅助公式 (见下), 以及望谷第四题的谷深公式, 代表了古代用矩立表以望高、知远、测深的三个基本结果, 其余诸题的公式皆可从这三个基本公式容易得出. 在这三个基本公式特别是岛高公式的证明中, 我们都只用了推论之一的矩形等积关系而避免应用推论之二的勾股相似形比例关系. 其理由可概述如下:

1. 这一证明及其附图 (图 3), 有赵爽的《日高图说》以及流传至今的日高残图作为依据. 所谓"上与日齐", 即说明原图应补成若干长方形. 从《日高图说》, 可以推想古日高图 (图 3) 与古证应较本文所示稍复杂一些, 详见 [14].

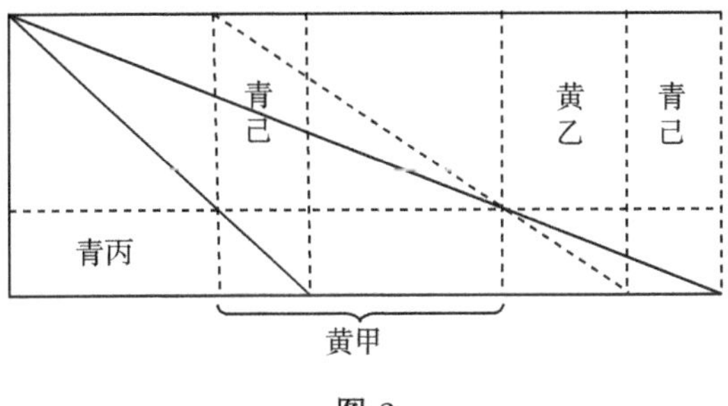

图 3

2. 杨辉在《续古摘奇算法》中自言“辉尝置海岛小图于座右, 乃见先贤作法之万一”. 可知杨辉是依据当时仍在流传的古海岛图来论证的. 本文所附海岛图(图 4), 相当于杨辉的隔水量竿的附图, 证明也实质上即杨辉的证明或古时的海岛原证.

3. 李潢在《重差图序》中说“望海岛旧有图解”, 又说“旧图于形外别作同积二方”. 这说明李潢时还能见到海岛古图 (依李序即古重差图), 而从“同积二方”一语看来, 这古图中是有许多长方形从形外别作而来的.

4. 证明中我们避免应用推论之二, 因为从比例关系还须经过某些运算变化才能得出最后公式, 而这种运算变化在我国古代文献中颇少依据, 三上义夫在所著论《海岛算经》的一章中 (见 [18], 页 33 ～ 36), 曾经依据比例及其算法认为我国天元术代数学的产生, 可从 13 世纪提前一千年至刘徽时期, 这种过誉溢美之辞, 我们认为是不应接受的.

5. 我们的证明只需极简单的论证, 从最基本的一些关系自然地直接获得刘徽原著所列举的那些形式上颇为复杂的公式. 这足为这些证明基本上符合刘徽原意的一个旁证. 与之相反, 在利玛窦口译、徐光启笔受的《测量法义》中, 以表测高的第 10 题实质上与海岛题相同, 其证明颇有事先已知海岛公式而强欲用《几何原本》生搬硬套来获证, 因而不无穿凿雕琢之嫌. 由于《测量法义》一书不易见到, 故将利玛窦的原图原证作为本文附录原样照录, 以供大家参考.

以下将就《海岛算经》九题逐一证明. 为了便利读者, 原题以及术曰将依古原著照录, 而在括号中注明附图相应的点或线段, 诸公式即是原来术文的直接转述.

【一】望海岛

今有望海岛 (AB), 立两表 (DE、FG) 齐高三丈, 前后相去 (EG) 千步, 令后表与前表参相直. 从前表 (DE) 却行 (EH) 一百二十三步, 人目著地 (H) 取望岛峰 (A), 与表末 (D) 参合. 从后表 (FG) 却行 (GI) 一百二十七步, 人目著地 (I) 取望岛峰 (A), 亦与表末 (F) 参合. 问岛高 (AB) 及去表 (BE) 各几何?

术曰:

以表高乘表间 (EG) 为实, 相多 ($GI - EH$) 为法, 除之. 所得加表高, 即得岛高. 求前表去岛远近者, 以前表却行乘表间为实, 相多为法, 除之, 得岛去表里数.

望海岛公式:

$$\text{岛高} = \frac{\text{表间} \times \text{表高}}{\text{相多}} + \text{表高},$$

$$(\text{前})\ \text{表去岛} = \frac{\text{表间} \times\ \text{前表却行}}{\text{相多}}.$$

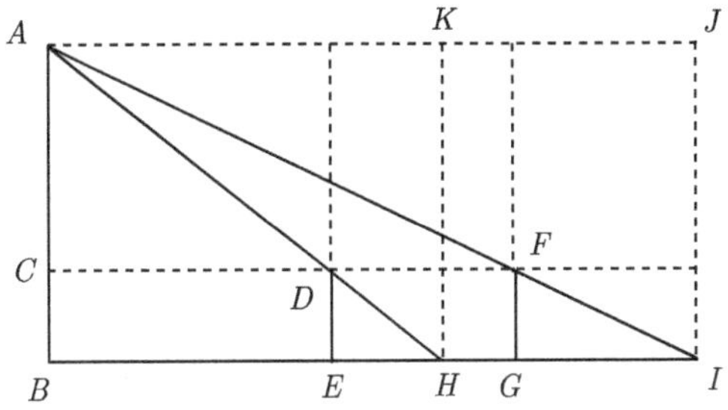

图 4

证 如图 4, 从 □AI 与 F, 得

$$\square\ FJ = \square\ FB,$$

又从 □AH 与 D, 得

$$\square\ DK = \square\ DB.$$

相减, 得

$$\square\ FJ - \square\ DK = \square\ EF.$$

或

$$\text{后表却行} \times (\text{岛高} - \text{表高}) - \text{前表却行} \times (\text{岛高} - \text{表高}) = \text{表间} \times \text{表高},$$

由此即得岛高公式.

又从 □ DB = □ DK 得

$$\text{前表去岛} \times \text{表高} = \text{前表却行} \times (\text{岛高} - \text{表高}).$$

应用岛高公式即得表去岛公式.

【二】望松

今有望松 (AB) 生山 (BC) 上, 不知高下. 立两表 (DE、FG), 齐高二丈, 前后相去 (EG) 五十步, 令后表 (FG) 与前表 (DE) 参相直. 从前表却行 (EH) 七步四尺, 薄地 (H) 遥望松末 (A), 与表端 (D) 参合. 又望松本 (B), 入表 (DJ) 二尺八寸. 复从后表却行 (GI) 八步五尺, 薄地遥望松末 (A), 亦与表端 (F) 参合. 问松高 (AB) 及山去表 (CE) 各几何?

术曰:

以入表乘表间 (EG) 为实, 相多 ($GI-EH$) 为法, 除之. 加入表, 即得松高. 求表去山远近 (CE) 者, 置表间, 以前表却行乘之为实, 相多为法, 除之, 得山去表.

望松公式:

$$\text{松高} = \frac{\text{表间} \times \text{入表}}{\text{相多}} + \text{入表},$$

$$\text{表去山} = \frac{\text{表间} \times \text{前表却行}}{\text{相多}}.$$

证 先将松高图 (图 5) 与海岛图相比较, 视 AC 为海岛, 则表去岛即此处之表去山 CE, 故由海岛公式, 得

$$\text{表去山} = \frac{\text{表间} \times \text{前表却行}}{\text{相多}}.$$

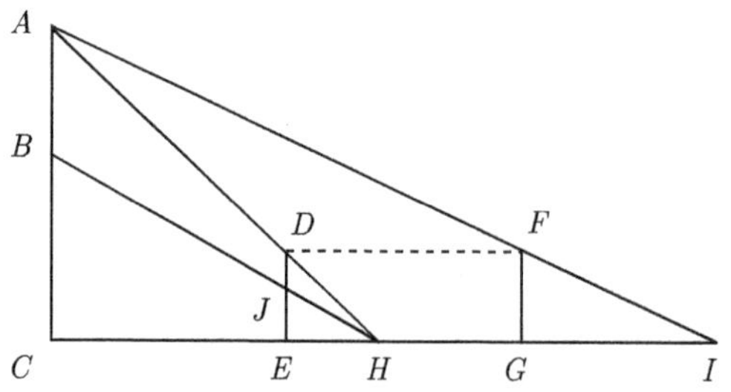

图 5

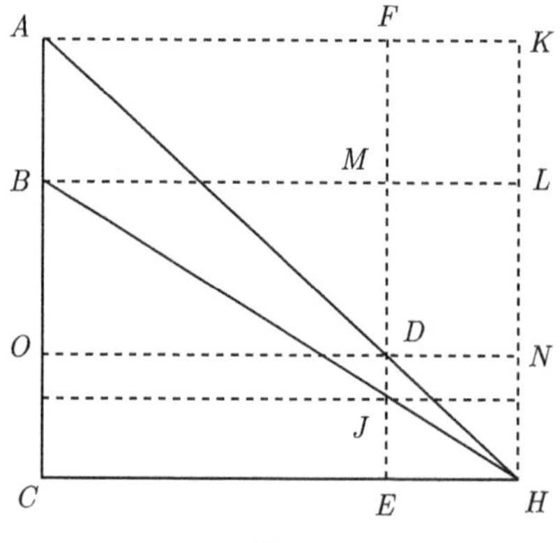

图 6

其次, 将前表两测从松高图中割裂而作松高辅助图 (图 6), 则从 $\square AH$ 与 D, 得

$$\square\, DK = \square\, DC.$$

又从 $\square BH$ 与 J, 得

$$\square\, JL = \square\, JC.$$

两式相减, 得

$$\square\, MK - \square JN = \square\, JO.$$

或即

$$\text{前表却行} \times \text{松高} - \text{前表却行} \times \text{入表} = \text{表去山} \times \text{入表}.$$

由此得

$$\text{松高} = \frac{\text{表去山} \times \text{入表}}{\text{前表却行}} + \text{入表}.$$

这一公式在以后经常用到, 将称之为松高辅助公式. 以表去山公式代入这一辅助公式, 即得所求松高公式.

【三】望邑

今有南望方邑 ($ABCD$), 不知大小. 立两表 (E, F) 东西相去 (EF) 六丈, 齐人目, 以索连之. 令东表 (F) 与邑东南隅 (C) 及东北隅 (B) 参相直. 当东表之北却行 (FG) 五步, 遥望邑西北隅 (A), 入索东端 (IF) 二丈二尺六寸半. 又却北行去表 (FH) 十三步二尺, 遥望邑西北隅 (A) 适与西表 (E) 相参合. 问邑方 (AB) 及邑去表 (BF) 各几何?

术曰:

以入索乘后去表, 以两表相去除之, 所得为景差. 以前去表减之不尽, 以为法. 置后去表, 以前去表减之, 余以乘入索为实, 实如法而一, 得邑方.

求去表远近者, 置后去表, 以景差减之, 余以乘前去表为实. 实如法而一, 得邑去表.

望邑公式:

$$\text{景差} = \frac{\text{入索} \times \text{后去表}}{\text{表相去}},$$

$$\text{邑方} = \frac{\text{入索} \times (\text{后去表} - \text{前去表})}{\text{景差} - \text{前去表}},$$

$$\text{邑去表} = \frac{\text{前去表} \times (\text{后去表} - \text{景差})}{\text{景差} - \text{前去表}}.$$

证 添作 IJ 与 JK, 如图 7(望邑图). 从句股相似形 JKH 与 HEF, 得

$$HK = \frac{JK \times FH}{EF} = \frac{IF \times FH}{EF} = \frac{\text{入索} \times \text{后去表}}{\text{表相去}}.$$

称 HK 为景差, 即得所求景差公式.

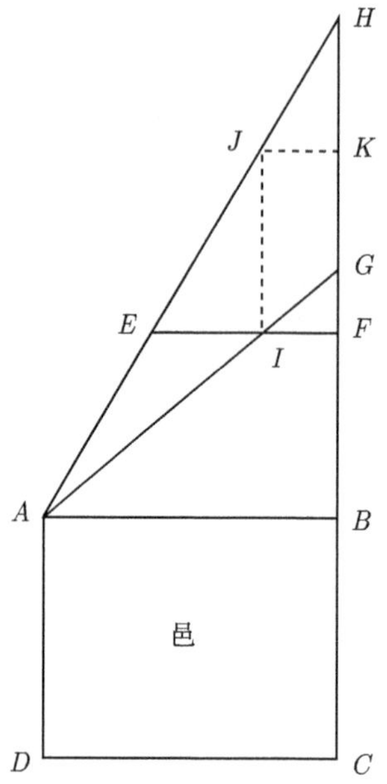

图 7

今将图 7 与望海岛图比较, 视 AB 为海岛, IF, JK 为前后两表, 则两图间的关系对照如下表所示:

	望邑	望海岛
AB	邑方	岛高
IF	入索	表高
$FK=FH-KH$	后去表 − 景差	表间
BF	邑去表	(前) 表去岛
FG	前去表	前表却行
KH	景差	后表却行
$KH-FG$	景差 − 前去表	相多
$GH=FH-FG=FK+(KH-FG)$	后去表 − 前去表	表间 + 相多

依据这一对照表, 岛高与表去岛公式, 即各变为邑方与邑去表公式.

【四】望谷

今有望深谷 (EFG), 偃矩 (BAC) 岸上, 令句 (BA) 高六尺. 从句端 (B) 望谷底 (G) 入下股 (AD) 九尺一寸. 又设重矩 $(B'A'C)$ 于上, 其矩间 (AA') 相去三丈. 更从句端 (B') 望谷底 (G), 入上股 $(A'D')$ 八尺五寸. 问谷深 (AE) 几何?

术曰:

置矩间, 以上股乘之, 为实. 上、下股相减, 余为法, 除之. 所得以句高减之, 即得谷深.

望谷公式:

$$谷深=\frac{矩间\times 上股}{下股-上股}-句高.$$

证 如图 8(望谷图), 从 $\square B'G$ 与 D', 得

$$\square D'H'=\square D'E.$$

从 $\square BG$ 与 D, 得

$$\square DH=\square DE.$$

相减得 $\square D'I=\square D'A-\square DF$. 因

$$\begin{aligned}\square D'I&=\square A'I-\square B'D'\\&=\square BD-\square B'D'\\&=句高\times(下股-上股),\\\square D'A&=矩间\times 上股,\\\square DF&=\square DE-\square AF\\&=谷深\times(下股-上股),\end{aligned}$$

故得

$$谷深\times(下股-上股)=矩间\times 上股-句高\times(下股-上股).$$

由此得望谷公式.

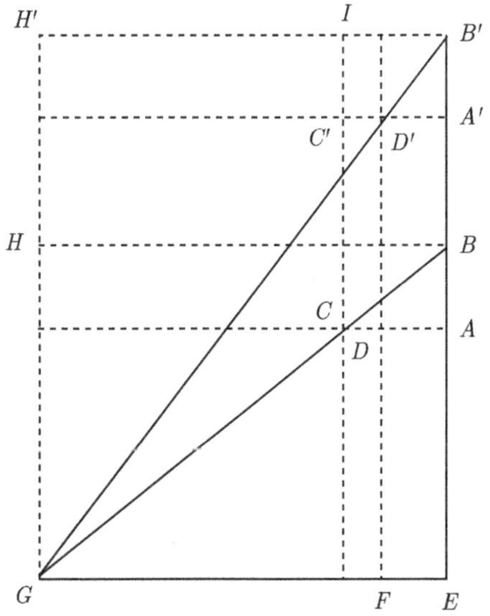

图 8

【五】望楼

今有登山 (AI) 望楼 (HG), 楼在平地. 偃矩 (BAC) 山上, 令句 (BA) 高六尺, 从句端 (B) 斜望楼足 (G), 入下股 (AD) 一丈二尺. 又设重矩 ($B'A'C'$) 于上, 令其间相去 ($A'A$) 三丈. 更从句端 (B') 斜望楼足 (G), 入上股 ($A'D'$) 一丈一尺四寸. 又立小表 ($E'D'$) 于入股之会 (D'), 复从句端 (B') 斜望楼岑端 (H), 入小表 ($F'D'$) 八寸. 问楼高 (HG) 几何?

术曰: 上下股相减, 余为法. 置矩间, 以下股乘之, 如句高而一. 所得, 以入小表乘之, 为实. 实如法而一, 即是楼高.

望楼公式:

$$楼高 = \frac{矩间 \times 下股}{句高} \times 入小表/(下股 - 上股).$$

证 如图 9 (望楼图). 视 GH 为山 HK 上之松, $D'J$ 为前表, 却行至 B' 以望松. 则从望松辅助公式, 得

$$\begin{aligned}楼高 &= \frac{(山去楼 - 上股) \times 入小表}{上股} + 入小表\\ &= \frac{山去楼 \times 入小表}{上股}.\end{aligned}$$

从句股相似形 $B'GI$ 与 $B'D'A'$, 得

$$山去楼/上股 =(山高 + 矩间 + 句高)/句高.$$

视 GI 为深谷, 则从望谷公式, 得

$$山高 + 句高 = 矩间 \times 上股/(下股 - 上股).$$

由此诸式即得望楼公式.

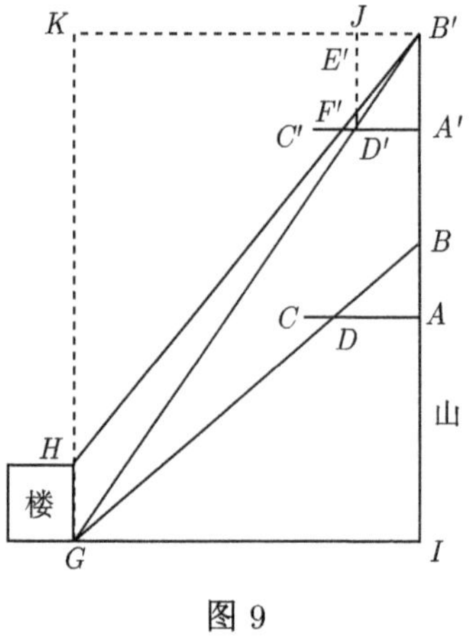

图 9

【六】望波口

今有东南望波口 (AB). 立两表南 (D)、北 (C) 相去 (CD) 九丈, 以索薄地连之. 当北表之西却行去表 (CE) 六丈, 薄地遥望波口南岸 (B), 入索北端 (CH) 四丈二寸. 以望北岸 (A), 入前所望表里 (GH) 一丈二尺. 又却后行去表 (CF) 十三丈五尺, 薄地遥望波口南岸 (B), 与南表 (D) 参合. 问波口广 (AB) 几何?

术曰:

以后去表乘入索, 如表相去而一. 所得, 以前去表减之, 余以为法. 复以前去表减后去表, 余以乘入所望表里为实. 实如法而一, 得波口广.

望波口公式:

$$\text{波口广}=\frac{\text{入所望表里}\times(\text{后去表}-\text{前去表})}{\dfrac{\text{入索}\times\text{后去表}}{\text{表相去}}-\text{前去表}}.$$

证 补作 JK 等线, 如图 10(望波口图), 今与望松题 2 相比较, 令图中 $AB=$ 松, $AI=$ 山, $CH=$ 前表, $JK=$ 后表, 则 $HK=$ 表间, $EJ-CE=$ 相多. 在望松与望波口之间有下表中的关系.

	望波口	望松
AB	波口	松
$CH=JK$	入索	表高
GH	入所望表里	入表
EF	后去表 − 前去表	表间 + 相多

今依望松公式, 有

$$\begin{aligned}\text{松高}&=\frac{\text{入表}\times\text{表间}}{\text{相多}}+\text{入表}\\&=\frac{\text{入表}\times(\text{表间}+\text{相多})}{\text{相多}},\end{aligned}$$

或即

$$\text{波口广}=\frac{\text{入所望表里}\times(\text{后去表}-\text{前去表})}{\text{相多}}.$$

从句股相似形 FJK 与 FCD, 有

$$FJ=\frac{JK\times CF}{CD},$$

或即

$$相多 + 前去表 = \frac{入索 \times 后去表}{表相去}.$$

以所得相多代入前波口广公式, 即得所需公式.

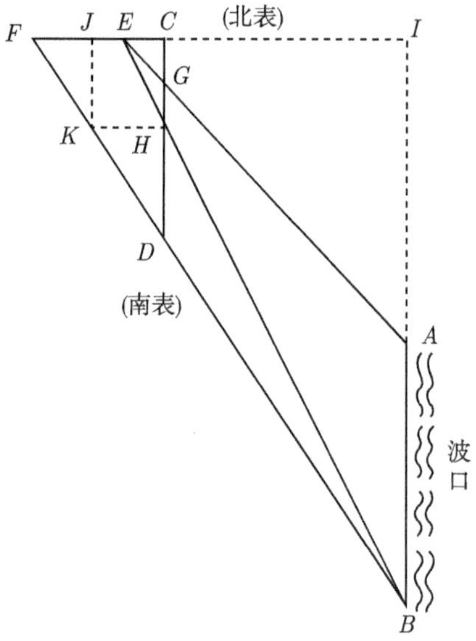

图 10

【七】望清渊

今有望清渊, 渊下有白石 (G). 偃矩 (BAC) 岸 (AH) 上, 令句 (BA) 高三尺, 斜望水岸 (F), 入下股 (AE) 四尺五寸. 望白石, 入下股 (AD) 二尺四寸. 又设重矩 ($B'A'C'$) 于上, 其间 (AA') 相去四尺. 更从句端 (B') 斜望水岸 (F), 入上股 ($A'E'$) 四尺. 以望白石 (G), 入上股 ($A'D'$) 二尺二寸. 问水深几何?

术曰:

置望水上、下股, 相减, 余以乘石上股为上率. 又以望石上、下股相减, 余以乘望水上股为下率. 两率相减, 余以乘矩间为实. 以二差相乘为法. 实如法而一, 得水深.

望渊公式:

$$水深 = \frac{矩间 \times (上率 - 下率)}{(望水下股 - 望水上股) \times (望石下股 - 望石上股)},$$

其中

$$上率 = 望石上股 \times (望水下股 - 望水上股),$$
$$下率 = 望水上股 \times (望石下股 - 望石上股).$$

证 如图 11 (望渊图), FH 为水面, AH 为岸高, AI 为石深, FG 为水深. 今视 GI 为深谷, G 为谷底, 则 AI 为谷深, 故依望谷公式, 有

$$石深 = \frac{矩间 \times 望石上股}{望石下股 - 望石上股} - 句高.$$

又视 FH 为深谷, F 为谷底. 则 AH 为谷深, 故依望谷公式, 有

$$岸高 = \frac{矩间 \times 望水上股}{望水下股 - 望水上股} - 句高.$$

因

$$水深 = 石深 - 岸高,$$

故将上两式相减, 即得所求望渊公式.

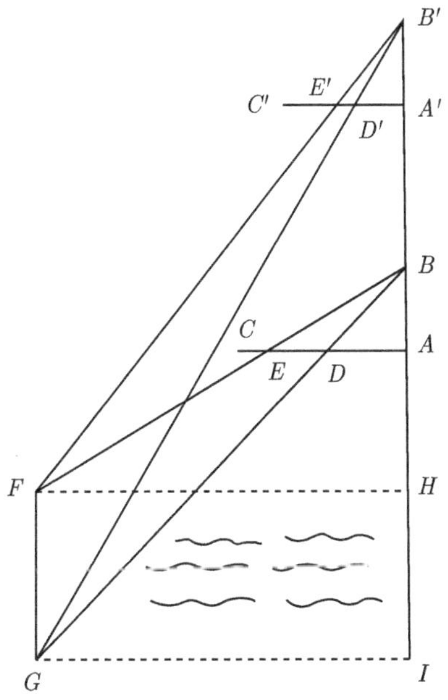

图 11

【八】望津

今有登山望津 (FG), 津在山南. 偃矩 (BAC) 山上, 令句高 (BA) 一丈二尺. 从句端 (B) 斜望津南岸 (F), 入下股 (AD) 二丈三尺一寸. 又望津北岸 (G), 入前望股里 (DE) 一丈八寸. 更登高岩, 北却行 (AH) 二十二步, 上登 $(A'H)$ 五十一步. 偃矩 $(B'A'C')$ 山上, 更从句端 (B') 斜望津南岸 (F), 入上股 $(A'D')$ 二丈二尺. 问津广 (FG) 几何?

术曰:

以句高乘下股, 如上股而一, 所得以句高减之, 余为法. 置北行以句高乘之, 如上股而一, 所得以减上登. 余以乘入股里为实. 实如法而一, 即得津广.

望津公式:

$$\text{津广}=\frac{\text{入股里}\times\left(\text{上登}-\dfrac{\text{北行}\times\text{句高}}{\text{上股}}\right)}{\dfrac{\text{下股}\times\text{句高}}{\text{上股}}-\text{句高}}.$$

证　将图 12 (望津图) 与望松图相比较, 视 FG 为松生山 GN 上, CA 与 KJ 为前后两表. 由松高公式, 得

$$\begin{aligned}\text{松高}&=\frac{\text{入表}\times\text{表间}}{\text{相多}}+\text{入表}\\&=\frac{\text{入表}\times(\text{相多}+\text{表间})}{\text{相多}},\end{aligned}$$

式中松高 $=FG$ 即津广, 入表 $=DE$ 即入股里, 表间 $=AJ$.

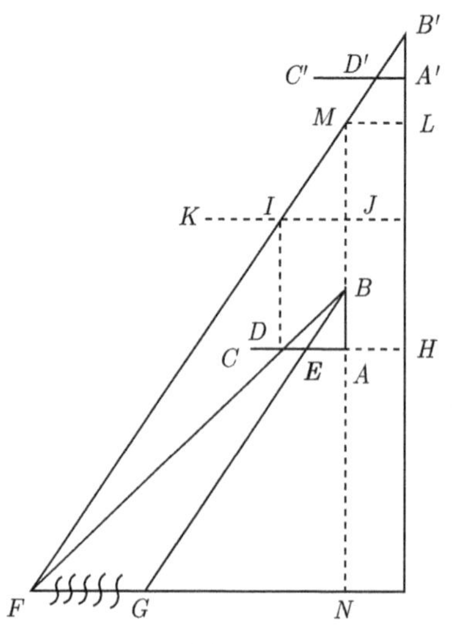

图 12

又

$$\begin{aligned}
\text{相多} &= MJ - AB = MJ - \text{句高},\\
\text{相多} + \text{表间} &= MJ + AJ - \text{句高}\\
&= LH - \text{句高}\\
&= A'H - B'L\\
&= \text{上登} - B'L.
\end{aligned}$$

故上式变为

$$\text{津广} = \frac{\text{入股里} \times (\text{上登} - B'L)}{MJ - \text{句高}}.$$

今从句股相似形 $B'LM$ 与 $B'A'D$, 得

$$B'L = \frac{ML \times B'A}{D'A'} = \frac{AH \times B'A'}{D'A'} = \frac{\text{北行} \times \text{句高}}{\text{上股}}.$$

又从句股相似形 MJI 与 $B'A'D'$, 得

$$MJ = \frac{IJ \times B'A'}{A'D'} = \frac{AD \times B'A'}{A'D'} = \frac{\text{下股} \times \text{句高}}{\text{上股}}.$$

以之代入上津广公式, 即得所求望津公式.

【九】临邑

今有登山 (AL) 临邑 ($HIJK$), 邑在山南. 偃勾 (BAC) 山上, 令句高 (BA) 三尺五寸. 令句端 (B) 与邑东南隅 (J) 及东北隅 (K) 参相直. 从句端 (B) 遥望东北隅 (K), 入下股 (AE) 一丈二尺. 又施横句 (EF) 于入股之会 (E), 从立句端 (B) 望西北隅 (H), 入横句 (EG) 五尺. 望东南隅 (J), 入下股 (AD) 一丈八尺. 又设重矩 ($B'A'C'$) 于上, 令矩间 ($A'A$) 相去四丈. 更从立句端 (B') 望东南隅 (J), 入上股 ($A'D'$) 一丈七尺五寸. 问邑广 (HK)、长 (JK) 各几何?

术曰:

以句高乘东南隅入下股如上股而一. 所得, 减句高, 余为法. 以东北隅下股减东南隅下股, 余以乘矩间为实. 实如法而一, 得邑南北长也. 求邑广, 以入横句乘矩间为实. 实如法而 , 即得邑东西广.

临邑公式:

$$\text{邑南北长} = \frac{\text{矩间} \times (\text{东南下股} - \text{东北下股})}{\dfrac{\text{东南下股} \times \text{句高}}{\text{上股}} - \text{句高}},$$

$$\text{邑东西广}=\frac{\text{矩间}\times\text{入横句}}{\dfrac{\text{东南下股}\times\text{句高}}{\text{上股}}-\text{句高}}.$$

证　先将图 13(临邑图) 与望松图相比较, 视邑南北长 JK 为松生于山 KL 上, 又视 DA 为表, 从 B 点遥望, 则

$$\text{入表}=DE=AD-AE=\text{东南下股}-\text{东北下股},$$

$$\text{表去山}=AL,$$

$$\text{前表却行}=AB=\text{句高}.$$

依松高辅助公式, 有

$$\text{松高}=\frac{\text{表去山}\times\text{入表}}{\text{前表却行}}+\text{入表}=\frac{(\text{表去山}+\text{前表却行})\times\text{入表}}{\text{前表却行}}$$

或

$$\text{邑南北长}=\frac{BL\times(\text{东南下股}-\text{东北下股})}{\text{句高}}.$$

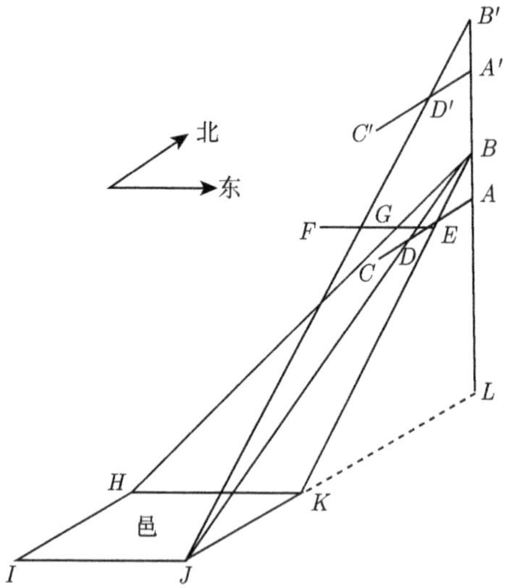

图 13

次将图 13 与望谷图相比较, 视 JL 为谷, AL 为岸. 则谷深 $=AL$, 句高 $=AB$. 故依望谷公式, 有

$$BL=\text{谷深}+\text{句高}=\frac{\text{矩间}\times\text{上股}}{\text{东南下股}-\text{上股}}.$$

以此代入前式, 即得所求邑长公式.

其次, 在句股相似形 BHK 与 BGE 中, $HK =$ 邑东西广, $GE=$ 入横句, 故有

$$邑东西广 = \frac{BK \times 入横句}{BE}.$$

又由句股相似形 BKL 与 BEA, 得

$$\frac{BK}{BE} = \frac{BL}{BA} = \frac{BL}{句高},$$

故得

$$邑东西广 = \frac{BL \times 入横句}{句高}.$$

将 BL 依前式代入, 即得所求邑广公式.

附　录

利玛窦口译徐光启笔受的《测量法义》第 10 题以表测高以及徐光启《测量异同》第四题以重表兼测无远之高无高之远, 实质上即《海岛算经》的望海岛第一题, 只是添上了人高而已, 图 14 甲乙为欲测之高, 癸壬、丁丙为表, 丑子、己戊为人, 利玛窦原证照录如下:

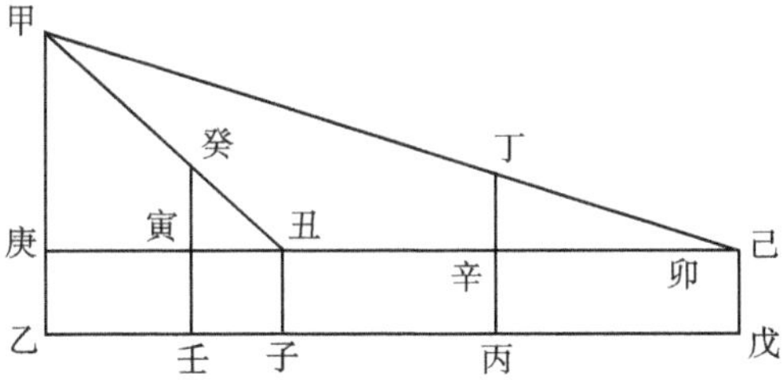

图 14

论曰, 两测较卯辛与表目较辛丁或癸寅, 其比例若距较戊子或己丑与庚甲. 何者. 己辛与辛丁既若己庚与庚甲 [五卷四], 更之, 即己辛与己庚若辛丁与庚甲也 [五卷十一], 依显丑寅与丑庚若寅癸与庚甲也, 则丑寅与丑庚亦若辛丁与庚甲也, [辛丁与寅癸等故], 而己辛全线与己庚全线若己辛所截取之己卯, [己卯与丑寅等故], 与己庚所截取之丑庚也, 则己辛全与己庚全亦若己辛分余之卯辛与己庚分余之己丑也 [五卷十九], 前已论己辛与己庚若辛丁与庚甲即卯辛与己丑亦若辛丁与庚甲也. 更之, 即两测较卯辛与表目较辛丁若距较等子戊之己丑与甲庚也. 若却后而得壬子, 则反上论之.

后　记

本文写成后重读李继闵同志的《从句股比率论到重差术》, 李文提出对重差一词的解释以及我国古代测望理论“出入相补”→“相似句股理论”→ 重差术的发展过程, 论证令人信服. 但若仅用比例重差来证明, 则海岛图不应再添许多线段以补成若干长方形, 这显与杨辉、李潢所见的旧海岛图不同, 一个可能是杨李所见的旧图并非刘徽所用的重差图. 可惜刘徽的《重差图说》已经失传, 难以印证. 不论如何, 这些证明在细节上略有出入, 基本上都体现了我国古代几何学的固有特色, 与以平行线等作为中心概念的欧几里得几何体系异其情趣, 这应该是肯定的.

参考文献

[1] 钱宝琮校点. 算经十书. 中华书局, 1963.
[2] 周髀算经.
[3] 魏刘徽. 九章算术注, 263.
[4] 魏刘徽. 海岛算经, 263.
[5] 赵爽. 日高图说.
[6] 宋杨辉. 续古摘奇算法, 1275.
[7] 利玛窦口译, 徐光启笔受. 测量法义, 1607–1608.
[8] 明徐光启. 测量异同.
[9] 清李潢. 海岛算经细草图说, 1820.
[10] 清李潢. 重差图序, 1820.
[11] 李俨. 重差术源流及其新注. 学艺, 1926, 7 卷 8 期, 1–15.
[12] 李俨. 中国数学大纲. 科学出版社, 1958, 编 I 章 9.
[13] 钱宝琮. 中国数学史, 1964.
[14] 白尚恕. 刘徽海岛算经造术之探讨.
[15] 李继闵. 从句股比率论到重差术. 全国自然科学史学术会议, 1980.
[16] Mikami Y. The Development of Mathematics in China and Japan, 1913.

The Out-In Complementary Principle*

Ancient Chinese geometry with its long history, rich content and many achievements forms a school of thought peculiar in style and systematically different from Euclidean geometry. Much of its history remains to be explored. However, the "out-in complementary principle" pervades it and is clearly defined in the following major classics handed down to date:

Zhou Bi Suan Jing (*The Arithmetical Classic of the Gnomon and the Circular Paths*), or *Zhou Bi* for short;

Jiu Zhang Suan Shu (*Nine Chapters on the Mathematical Art*), or *Jiu Zhang* for short;

Jiu Zhang Suan Shu Zhu (*Annotation on the Nine Chapters on the Mathematical Art*) by Liu Hui, or *Liu Zhu* for short;

Hai Dao Suan Jing (*Sea Island Mathematical Manual*), or *Hai Dao* for short;

Ri Gao Tu Shuo (*Theory with Diagrams of the Sun's Altitude*), or *Ri Gao Shuo* for short; and *Gou Gu Yuan Fang Tu Shuo* (*Theory with Diagrams of the Right Triangle Making Use of Circles or Squares*), or *Gou Gu Shuo* for short, both by Zhao Shuang.

As everywhere else, geometry in China arises from land mensuration and astronomical observation. These practices in ancient times gave rise to the calculation of planar areas and methods of surveying based on the properties of the right triangle. Later, solid figures were involved in earthwork, etc. leading to a theory of volumes. One of the characteristics of ancient Chinese geometry is its fairly high power of abstraction in formulating the seemingly most commonplace out-in complementary principle which arose from diverse experiences. It has, however, been applied successfully to solving problems of extreme diversity.

Simple applications and the theory of proportion

The essence of the so-called out-in complementary principle is the assumption of the following obvious facts: 1) The area of a planar figure remains the same when the

---

* 本文原载 *Ancient China's Technology and Science, Foreign Languages, Beijing*, 1983.

figure is rigidly shifted to another place on the plane. 2) If a planar figure is cut into several sections, the sum of the areas of the sections is equal to the area of the original figure . It follows that the areas of the various sections involved before and after the out-in procedures possess simple arithmetic relations. The principle also applies to solid figures in space.

It is easy to apply this principle to obtaining the ordinary formula that the area of any triangle is equal to half the product of one side and the associated altitude. From this the area of any polygon can be calculated.

Another simple application is diagrammed as follows:

If $\triangle ACB$ is considered as $\triangle ACD$ shifted, and I 'and II' as I and II shifted,then according to the out-in complementary principle III must be equal to III' in area, too.

$$\text{Likewise, } \square PC = \square RC, \cdots$$

From this we know

$$OP \times OS = OR \times OQ, PQ \times QC = RB \times BC, \cdots$$

Therefore

$$AR : OQ = OR : CQ, AB : OQ = BC : QC, \cdots$$

That is, the corresponding sides of the similar right triangles ARO and OQC and also of ABC and OQC are in proportion. From this we know that certain other corresponding parts are also in proportion.

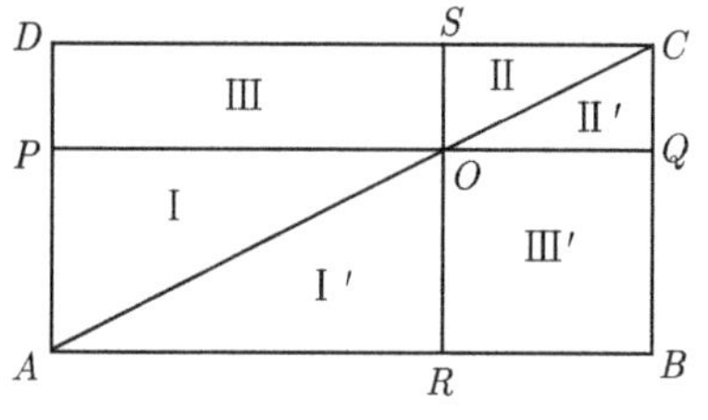

Though these simple results are not explicitly stated in *Jiu Zhang*, they are time and again manifested in the solution of various practical problems (Ref. *Liu Zhu*).

Gnomon, shadow and double differences

The method of using two gnomons to find the altitude of the sun is given in *Zhou Bi*. The formula appears below:

$$\begin{array}{c}\text{Altitude of}\\ \text{the sun}\end{array} = \frac{\begin{array}{c}\text{height of}\\ \text{the gnomon}\end{array} \times \begin{array}{c}\text{distance between}\\ \text{the gnomons}\end{array}}{\begin{array}{c}\text{difference between the lengths}\\ \text{of shadows of the two gnomons}\end{array}} + \begin{array}{c}\text{height of}\\ \text{the gnomon}\end{array}$$

As shown in the following diagram:

A is the position of the sun, BI represents the ground level, ED and GF are the two gnomons, while DH and FI are the two shadows projected on the ground.

In *Hai Dao* the same method is used to measure the height of an island from the shore. In the same diagram above, AB is the height of the island, H and I are the observer's positions where the observer's eye, the tops of the gnomons and the top of the island are in line. The formula then becomes:

$$\begin{array}{c}\text{Height of}\\ \text{the island}\end{array} = \frac{\begin{array}{c}\text{height of}\\ \text{the gnomon}\end{array} \times \begin{array}{c}\text{distance between}\\ \text{the two gnomons}\end{array}}{\begin{array}{c}\text{difference between the distances}\\ \text{of observer from the gnomons}\end{array}} + \begin{array}{c}\text{height of}\\ \text{the gnomon}\end{array}$$

Liu Hui's original proof and diagram have been lost. But we have pieced these together drawing inspiration from other sources as well as extant fragments of diagrams in *Ri Gao Shuo* to be roughly as follows:

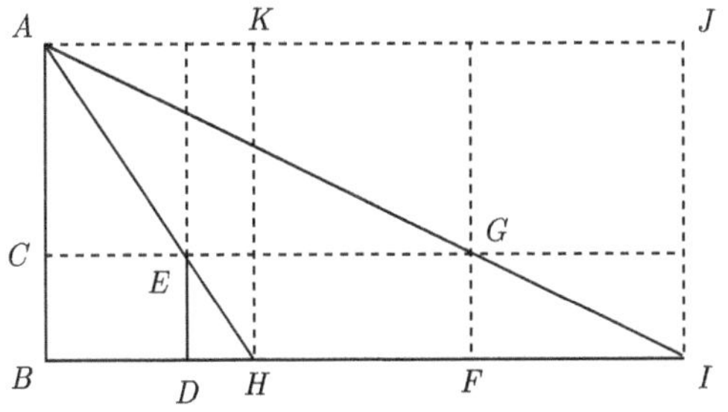

According to the out-in complementary principle, we know

$$\square\ JG = \square\ GB, \tag{1}$$

$$\square\ KE = \square\ EB. \tag{2}$$

(1) – (2)

$$\square\ JG - \square\ KE = \square\ GD,$$

Therefore

$$(FI - DH) \times AC = ED \times DF,$$

That is

$$\begin{matrix}\text{difference between}\\ \text{the distance of}\\ \text{observer from the}\\ \text{two gnomons}\end{matrix} \times \left(\begin{matrix}\text{height of}\\ \text{island}\end{matrix} - \begin{matrix}\text{height of}\\ \text{gnomon}\end{matrix}\right) = \begin{matrix}\text{height of}\\ \text{gnomon}\end{matrix} \times \begin{matrix}\text{distance between}\\ \text{the two gnomons}\end{matrix}$$

From this we arrive at the formula for the sea island.

In *Hai Dao* altogether nine practical problems are listed, all having to do with the measurement of heights and distances. In all the nine formulae given, differences occurring from two observations are usually taken to be the denominator. Probably this is where the term "double differences" comes in. The other eight formulae can all be proved likewise on the out-in complementary principle.

Some of the problems carried in *Si Yuan Yu Jian* (*Precious Mirror of the Four Elements*), written by Zhu Shijie of the Yuan Dynasty 1,100 years later than *Hai Dao*, are essentially the same as the nine posed in *Hai Dao*. Zhu must have drawn heavily upon his predecessors' work. Careful analysis of Zhu's method as shown in the *tianyuanshu* brings us to the conclusion that Liu's proof of the sea island formula is possibly somewhat more sophisticated than that given above. Accordingly, we suggest the following alternative proof to be considered as Liu's "original":

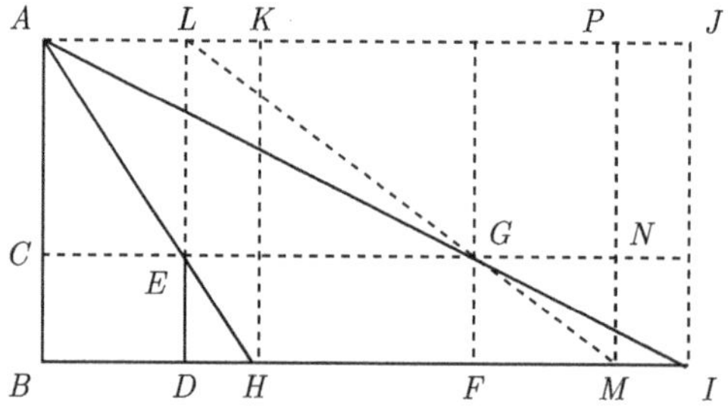

By the out-in complementary principle we have besides (1), (2) also

$$\square PG = \square GD \text{in the diagram above.} \tag{3}$$

From (1), (2) and (3) we get

$$\square JN = \square EB = \square KE,$$

Therefore $IM = DH$,

$$FM = FI - IM = FI - DH = \begin{matrix}\text{difference between the distances}\\ \text{from observer to the two gnomons.}\end{matrix} \tag{4}$$

From (3) we arrive at the formula for the sea island.

If done in the usual manner according to Euclidean geometry, an auxiliary line GM' should naturally be drawn parallel to AH to make the proving plain, as shown in the diagram on the right. The rest can then be proved by making use of the similar triangles and the theory of proportion. In fact the proving of the formula has been so traced by historians of mathematics in China and else where in recent times, including Li Huang of the Qing Dynasty (1636-1912). But this is surely not the original method of Liu Hui; it is in fact totally out of accord with the spirit of ancient Chinese geometry. Note GM' parallel to AH makes $FM' = DH$. The constructed point M' here and the M point taken for equation (4) are quite different, each being typical of an independent school of geometry.

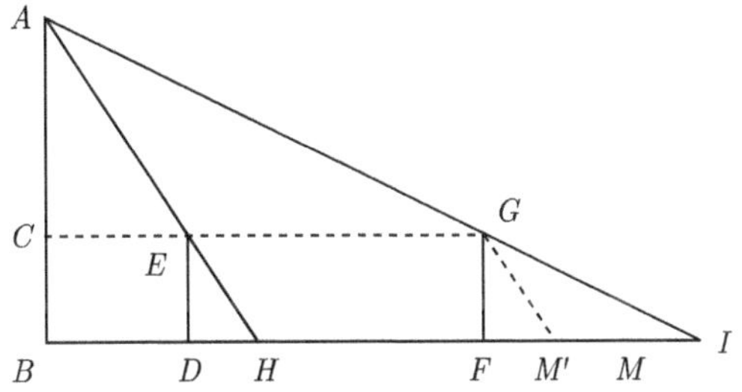

The Italian priest Matteo Ricci who came to China near the end of the Ming Dynasty (1368-1644) took the teaching of Euclidean geometry as one of his academic missions. In the book *Method and Theory of Surveying* dictated by him there appears a problem almost identical with the sea island problem. However, instead of proving it according to the Euclidean method he takes without reason a point M on FI to meet the requirement of (4) above, then goes on to prove the formula by proportions. This runs counter to Euclidean geometry but coincides with the Chinese tradition. Why Matteo Ricci should have done so is quite puzzling.

The *gougu* theorem

The Pythagorean theorem is called the *gougu* theorem in traditional Chinese geometry, and in both *Zhou Bi* and *Jiu Zhang* it is clearly prescribed in the written texts: Multiply the shorter and longer arms enclosing the right angle by their own values respectively and add up the squares; the sum is equal to the hypotenuse multiplied by its own value; i.e., $gou^2 + gu^2 = xian^2$. Though the original proof has long been lost, we can still trace it from the texts of *Gou Gu Shuo*, *Liu Zhu*, and especially from the few diagrams left from Zhao Shuang. It is clearly stated that the proof is based on the out-in complementary principle; therefore it can be something like this:

In the diagram on the left, ABC is the right triangle. DE is the square on the *gou* (the shorter arm), while $EFGH$ is equal to the square on the *gou*(the longer arm). In the planar shape $DBCFGH$, cut off the triangle $\triangle BDI$ and shift it to the position of $\triangle ABC$; cut off $\triangle GHI$ and move it to the position of $\triangle AFG$. We then have $ABIG$ equal to the square of the hypotenuse AB, and hence the *gougu* theorem.

In Euclid's *Elements of Geometry* the Pythagorean theorem is proved as illustratcd in the diagram below:

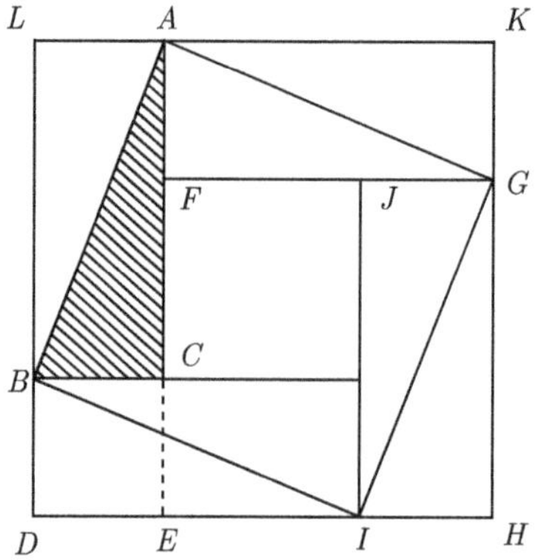

It is clear that before the Pythagorean theorem is tackled,a lot of preparatory work must be done. First, a few theorems with regard to identical triangles and triangular areas must be established. That is why the Pythagorean theorem does not appear in the first volume of *Elements of Geometry* until near the end of the book. Euclid's book gives practically no applications of the theorem, but in ancient China the *gougu* theorem was widely employed in diverse applications as early as in *Jiu Zhang*. It was a source of development over more than 2,000 years of Chinese mathematics (cf. the diagrams at the end of this article). The same theorem played quite a different role in the Eastern and Western systems of ancient geometry.

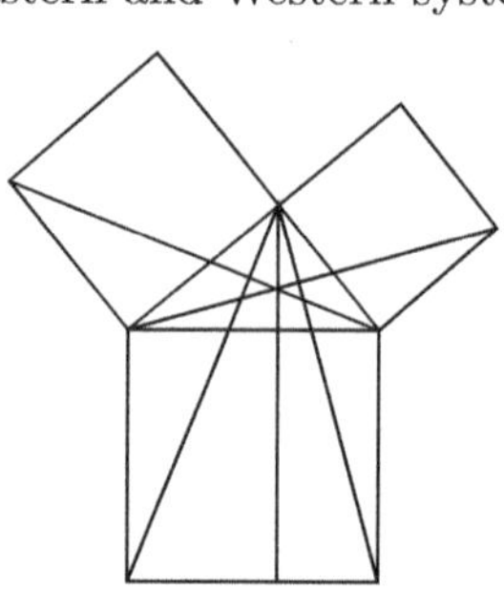

Gou, *gu*, *xuan*, their sums and differences and methods of finding one from the others

Gou,gu and *xuan*, the sum of and the difference between any two of the three, give out nine values. One can find the unknown from two knowns. Any one of the three sides can be found provided the other two are given. This is mainly a problem of extracting a square root. But the sum of or the difference between two sides is more often employed in solving practical problems such as those listed in the *gougu* chapter of *Jiu Zhang*:

1. Given the difference between *xuan* (the hypotenuse) and *gu* (the longer arm), and *gou* (the shorter arm); find *xuan* and *gou*.Five problems are listed.
2. Given the difference between *gou* and *gu*, and *xuan*; find *gou* and *gu*. One problem.
3. Given the difference between *xuan* and *gou*, and *gu* respectively; find *gou*, *gu* and *xuan*. One problem.
4. Given the sum of *xuan* and *gu*, and *gou*; find *gu* and *xuan*. One problem.

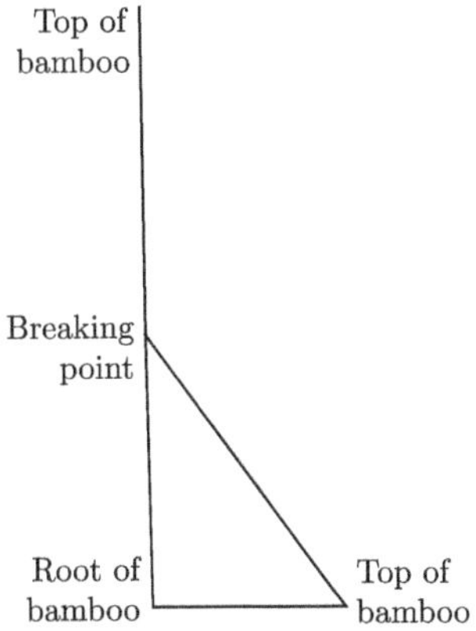

Formulae are given for the problems in *Jiu Zhang*. The propositions in *Gou Gu Shuo* are of the same nature. In *Liu Zhu* proofs of the formulae are worked out,making use of the out-in complementary principle; sometimes also the theory of proportion. Take Problem No. 13 in the *gougu* chapter, the problem of the "broken bamboo", for example:

The height of the bamboo (*gu* plus *xuan*) is known. When bent the top touches the ground at a known distance from the stem (*gou*). Find the height of the break

(gu).

The formula is given as follows:

$$xuan - gu = \frac{gou^2}{xuan + gu};$$

$$xuan, gu = \frac{(\text{sum of } xuan \text{ and } gu \pm \text{difference between } xuan \text{ and } gu)}{2}$$

$$Liu\ Zhu \text{ provides another formula} : gu = \frac{(\text{sum of} xuan \text{ and } gu)^2 - gou^2}{2 \times \text{sum of } xuan \text{ and } gu}$$

To prove the former formula, see in the diagram below:

The side of the squares $ABCD$ or $AEFG$ is equal respectively to the *xuan* or *gu* of the right triangle. According to the *gou gu* theorem the area of $EBCDGF$ is equal to gou^2. Shift $\square FD$ to the position of $\square CH$, then according to the out-in complementary principle, the area of $\square BH$ is equal to gou^2, while the longer and shorter sides of this rectangle are equal to the sum of *xuan* and *gu* and the difference between them respectively. From this we get the former formula.

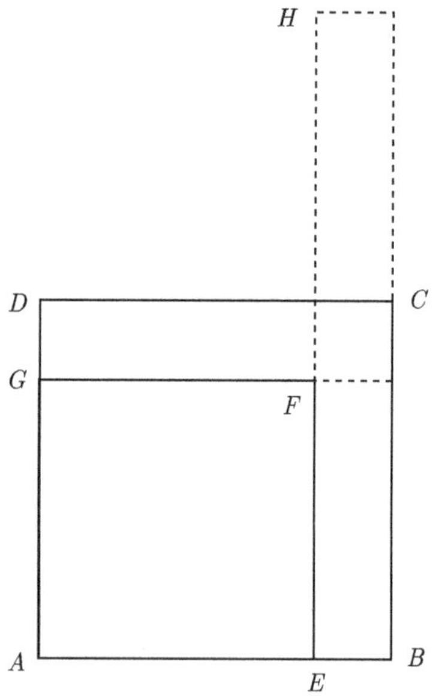

Liu Hui's proof for the other formula is done likewise. In the diagram below:

The area of the reversed L-shaped figure in the lower right corner is equal to gou^2 by the *gougu* theorem. The area bordered by the bold lines is thus equal to $(xuan + gu)^2 - gou^2$. Shift I to the position of II and we see according to the out-in complementary principle that this area is two times the shaded area; i.e., $2 \times gu \times (xuan + gu)$. The formula is therefore proved.

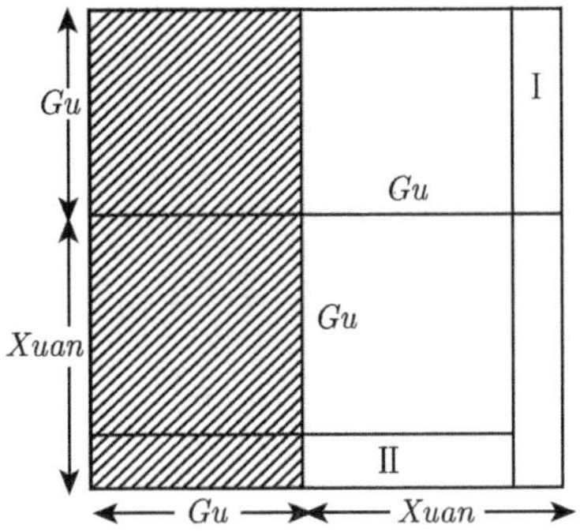

Qin Jiushao's formula①

In Qin Jiushao's *Shu Shu Jiu Zhang*② (*Mathematical Treatise in Nine Sections*)1247, there is a problem of finding the area of a scalene triangular plot. Given the three unequal sides of the triangle *da*, *zhong*, *xiao* (the longest side, the medium side and the shortest side). Qin Jiushao's solution can be formulated as follows:

$$\text{Area}^2 = \frac{1}{4}\left[xiao^2 \cdot da^2 - \left(\frac{da^2 + xiao^2 - zhong^2}{2}\right)\right]^2.$$

Qin says nothing about the source of this formula. The proof of the formula has also been lost. Making use of the results and methods in *Liu Zhu*, we may infer the lost proof to be somewhat as follows:

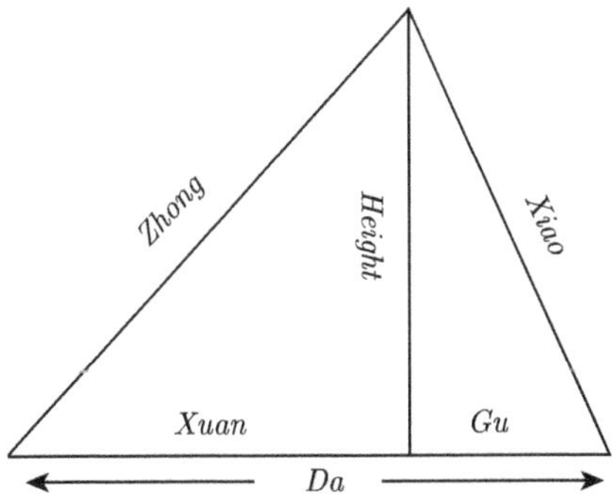

① Qin Jiushao was one of the greatest Chinese mathematicians of the 13th century.

② A very important mathematical classic written by Qin, known especially for its treatments of numerical equations of higher degree and indeterminate analysis.

Draw an altitude of the triangle perpendicular to *da*, dividing *da* into two parts. Let the longer and the shorter parts be the *xuan* and *gu* of a right triangle. From *Jiu Zhang* we know the area of a triangle to be $1/2 \times$ altitude $\times\, da$, therefore our problem becomes one of finding the altitude, then further boils down to finding the *gu* of that right triangle. Since

$$xuan + gu = da,$$
$$gou^2 = xuan^2 - gu^2 = zhong^2 - xiao^2,$$

our problem is the same as that of finding *gu*, given *gou* and the sum of *xuan* and *gu*. From Liu Hui's formula we have

$$gu = \frac{(xuan + gu)^2 - gou^2}{2 \times (xuan + gu)} = \frac{da^2 - (zhong^2 - xiao^2)}{2 \times da}.$$

$$\text{Altitude}^2 = xiao^2 - gu^2 = xiao^2 - \frac{(da^2 + xiao^2 - zhong^2)^2}{2 \times da}.$$

From this we get Qin's formula.

Qin's formula looks rather odd. But the proof traced above is quite natural and perfectly in line with ancient Chinese mathematical tradition . We may even regard it as the original proof.

Heron's formula in Western geometry, however, is neat in form and good-looking: Area of a triangle $= \frac{1}{4}\sqrt{(a+b+c)(b+c-a)(c+a-b)(a+b-c)}$, where a, b, c are the three sides of the triangle.

Qin's formula is not likely to have been derived from Heron's, and we may conclude that it has its indigenous origin independent of Heron's influence.

Extracting the square or cubic root

To find the hypotenuse from the two arms enclosing the right angle in a right triangle, we add up the two squares on the arms and extract the square of the sum. Thus the application of the *gougu* theorem inevitably leads to the extraction of the square root. In fact, in the ancient mathematical classic *Zhou Bi* the square roots of many concrete numbers are provided. Detailed steps in extracting square roots are stated in *Jiu Zhang*. The method is geometric, based on the out-in complementary principle. Suppose the task is to find the square root of the number 55,225. In geometry this is to find the side of a square the area of which is 55,225. Note the decimal system has long been in use in China. First we must decide on how many digits the root is going to have. The square root of a five-digit number has three digits. So our task is to ascertain the first, second and third digits successively. Since our number 55,225 lies between 40,000 and 90,000, its square root must lie between 200 and 300. Our first digit is therefore a 2. (In *Jiu Zhang* this process of ascertainment is called *yi*,① or "to suggest".) In the diagram let $ABCD$ be the square the area of which is 55,225. On one side AB we take a point E and let AE be equal to 200. Draw the square $AEFG$. Cut off $AEFG$ from $ABCD$. The area of the remaining inverted L-shaped figure is therefore $55{,}225-200^2 = 15{,}225$. We then suggest that the second digit be a 3. On EB we again take a point H making EH equal to 30. Draw the square $AHIJ$. Cut the inverted L-shaped figure into three parts: $\square FH$, $\square FJ$, $\square FI$. Their areas are respectively $30 \times EF$, $30 \times FG$, 30^2. But EF=FG= 200, so the area of the remaining inverted L-shaped figure is equal to

$$15,225 - (2 \times 30 \times 200 + 30^2) = 2,325.$$

Let us then suggest that the third digit be a 5, and on HB we take a point K making HK equal to 5. Draw the square $AKLM$. The area of the remaining inverted L-shaped figure, if any, must be

$$2,325 - (2 \times 5 \times 230 + 5^2) = 0.$$

In that case K and B must coincide, and the square root of 55,225 is 235.

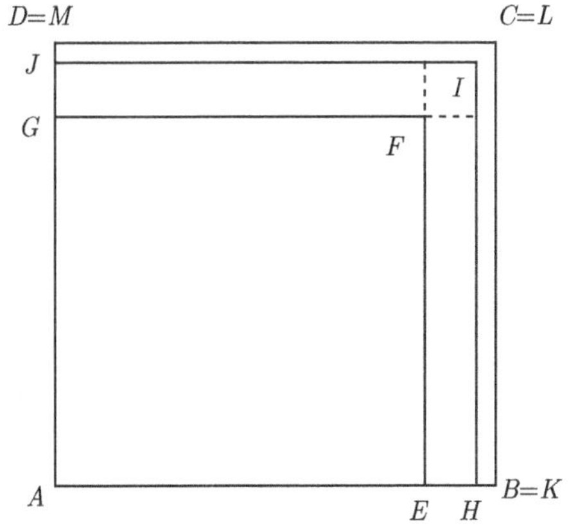

The same method is used in extracting the cubic root. It will of course be more complicated to dissect a cube but the principle is still geometric and still that of out-in complementation. The method is described in detail in *Jiu Zhang*.

① Some say the character means "to discuss".

These methods of extracting the square and cubic roots date back to very ancient times in China. They are clearly geometric and display a superiority in the decimal place-value system of numeration employed.

By the middle of the 11th century Chinese mathematicians had already improved the methods of extracting the square and cubic roots to the solution of equations of higher degree. This is called *zeng zheng kai fang fa* (the method of extracting equational roots by successive additions and multiplications). A diagram illustrating the different coefficients of the various terms in the expansion formulae of binomial powers of high degrees had also appeared and was called *kai fang zuo fa ben yuan tu* (diagram illustrating the origin and method of extracting equational roots). The geometric nature and the high degree notion involved in *zeng zheng kai fang fa* show that Chinese mathematicians in ancient times might already have had primitive ideas about hypercubes and hypergeometry.

Quadratic equations

In extracting the square root, we make use of the diagram on p.74.2 $\times EF$ in the diagram is called the *dingfa*. Having obtained AE, we come to find EB from the known area of the inverted L-shaped figure $EBCDGF$. Shift $\square DF$ to the position of $\square CH$, the area of $\square BH$ is the same as that of the inverted L-shaped figure according to the out-in complementary principle. Note that the difference between the longer and shorter sides of $\square BH$ is equal to $2 \times EF$ (*dingfa*), which is also known. The problem of finding EB is therefore a problem of

(A) finding the longer and shorter sides of a rectangle, given its area and the difference between the two sides.

Conversely, the solution of problem (A) can be reduced to one as from the second step onwards in the method of square-root extraction, which in *Jiu Zhang* is called *kai dai cong ping fang fa*. The solution of (A) in *Jiu Zhang* is stated in the following words:

(B) "Take [the area of the rectangle] as *shi* and [the difference between the length and width] as *congfa*, then *kai fang chu zhi* (literally "to extract the square root" which means here *kai dai cong ping fang*) and the root is the [width]."

The term *congfa* comes from *dingfa* in extracting the square root. The term *kaifang* (root extraction) shows its origin.

The following problem is taken from *Jiu Zhang*. In the diagram on the right,

$ABCD$ is a square walled city. At point G there is a big tree of known distance in terms of human steps northward from the north gate (north steps for short). A man takes a definite number of steps southward out of the south gate (south steps for short), then turns west and also counts his steps till he is just able to see the tree (west steps for short). Find the length of each side of the square city. The answer given in *Liu Zhu* is obtained on the out-in complementary principle as follows: $\square EJ = 2\,\square EG = 2\,\square KG = 2\times$ north steps $\times$ west steps. In $\square EJ$ the difference between the length and the width is equal to the sum of north steps and south steps. The problem is thus reduced to one in the form of (A) above. According to *Jiu Zhang* its solution is as follows: Take $2\times$ north steps $\times$ west steps as *shi*, and the sum of north steps and south steps as *congfa*, *Kai ping fang chu zhi* and we find the length of one side of the city as represented by EI in the diagram.

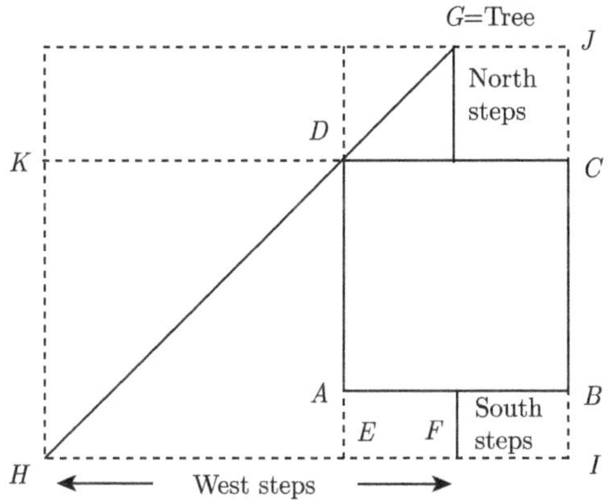

Not only the numerical value of problem (A) can be found by means of the *kai dai cong ping fang fa* method, but also a precise expression of the solution of (A) may be obtained on the out-in complementary principle. In fact, if in the rectangle we take the width as the *gou* and the length as the *gu* of a right triangle, then problem (A) becomes the following:

(C) Given the product of *gou* and *gu*, and the difference between them in a right triangle, find *gou* and *gu*.

Let us examine a diagram left by Zhao Shuang in which there are two squares the sides of which are equal to the sum of, and the difference between, *gou* and *gu* of the right triangle respectively. We therefore have

$$(gou + gu)^2 = 4(gou \times gu) - (gu - gou)^2.$$

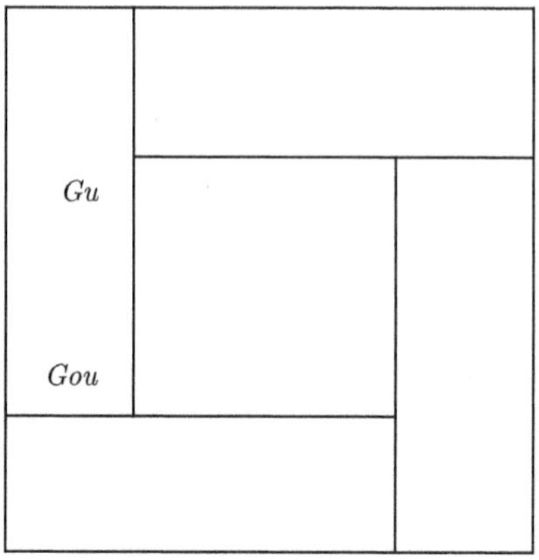

From this we get the sum of *gou* and *gu*, and *gou* and *gu* consequently. Similarly, *gou* and *gu* can be found given their sum and their product. Reference can be made to the last proposition in *Gou Gu Shuo*.

In the Song and Yuan dynasties (10th to 14th century) the notion of the unknown was explicitly and clearly introduced into traditional Chinese mathematics. If x (called *tianyuanyi*① then; while the *tianyuan* notation is one used by the Song algebraists for the expression of numerical equations of high degree. It is a way of arraying counting rods on counting boards. The array is of a "matrix" character. Different terms are used for distinguishing figures on different "storeys", with the constant term on the lowest, and the coefficient of the highest degree term on the highest storey above) stands for the width of the rectangle, our problem (A) is equivalent to solving a quadratic equation of the form

$$x^2 + bx = c, \text{with } b \text{ as } congfa \text{ and } c \text{ as } shi.$$

Ancient Chinese mathematicians furnished both numerical and accurate solutions to quadratic equations of the above type (with b and c positive). During the Song and Yuan dynasties the *kaifangshu* (method of root extraction) was extended to solving numerical equations of high degree. As for the method of accurate solution of equations of higher degree, historical traces have, long been lost. Judging from what Wang Xiaotong wrote in the early years of the Tang Dynasty (618-907) and from historical comments on Zu Chongzhi (429-500), we cannot totally rule out the possibility that geometrical approaches have been attempted with some success in accurate solution of cubic equations.

① *Tianyuanyi* has different meanings in the works of Song and Yuan dynasty mathematicians.

In other countries, the Arab mathematician Al-K how ā rizmi in his well-known classic on algebra (A.D. 829) gives accurate solutions for quadratic equations of various types. His method was geometrical in spirit, similar to ours on the out-in complementary principle. Later, Italian mathematicians in the 16th century worked out solutions for cubic equations. Their methods were also geometrical.

Theory of volumes and Liu Hui's principle

Since the area of a rectangle is the product of its length and width, it is easy to infer on the out-in complementary principle that

(1) the area of a triangle = $1/2 \times$ its height $\times$ its base.

It is also easy to derive further the formulae for areas of polygons. All these fall within the category of plane geometry.

In solid geometry, however, although we know that the volume of a rectangular parallelepiped must be equal to its length $\times$ its width $\times$ its height, it is by no means definite whether we can on the out-in complementary principle reason that

(2) the volume of a tetrahedron = $1/3 \times$ its altitude $\times$ the area of its base surface, and hence form a theory for volumes of polyhedra. In fact this constitutes a most difficult problem in geometry which was presented as one of the 23 unsolved problems at the International Congress of Mathematicians in 1900 by the celebrated David Hilbert. This problem has been solved by Max Dehn who proved that besides being of equal volumes certain conditions must further be satisfied before two polyhedra can be cut into a number of mutually congruent smaller ones. These conditions have since been called Dehn's conditions. In 1965 the Swiss mathematician Sydler proved that Dehn's conditions are also sufficient. Even so, it appears that the problem may still be regarded as not yet satisfactorily settled. Dehn's conditions are too complicated to be accepted as final.

A probe into how the problem was dealt with by ancient Chinese mathematicians would probably provide us with some food for thought.

In both *Jiu Zhang* and *Liu Zhu* the starting point from which problems of polyhedra volumes are solved is to cut some regular polyhedra into several basic solid figures which will be helpful in analysis. A rectangular parallelepiped can be cut diagonally (passing through two diagonally opposite edges) into two *qiandu* (right triangular prisms), as shown in diagrams (1)and (2). A *qiandu* in turn can be cut into a *yangma* (pyramid) and a *bienao* (tetrahedral wedge) as shown in (3) and (4).

The basic features of a *bienao* are that it has AB perpendicular to the plane BFG, and FG perpendicular to the plane ABF as shown in the diagram. Since any polyhedron can be cut into tetrahedra and any tetrahedron can be cut into six *bienao* as shown in the diagram below, the whole problem boils down to finding the volumes of the *bienao* (and the *yangma*) so produced.

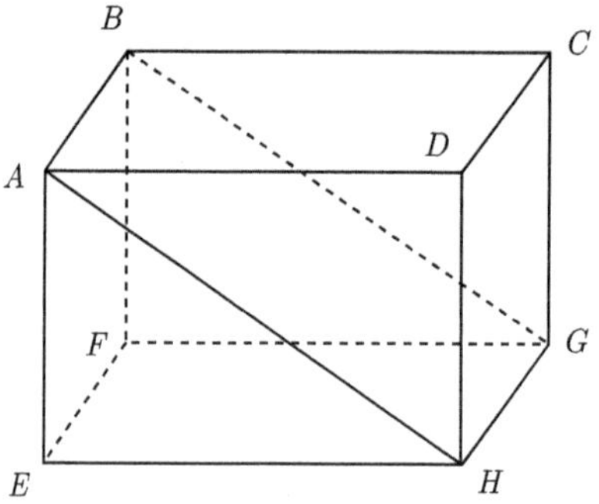

(1)

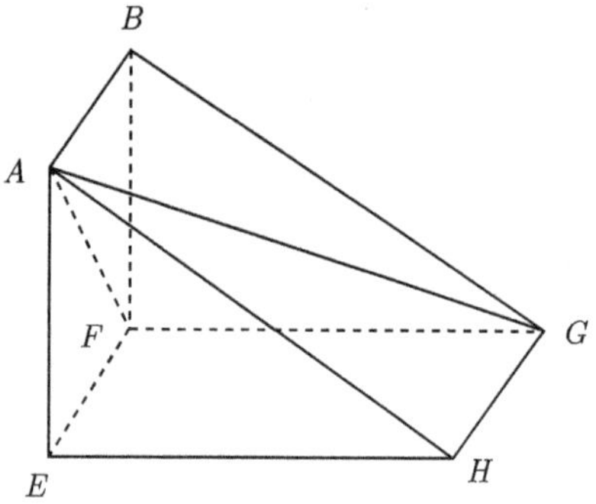

(2)

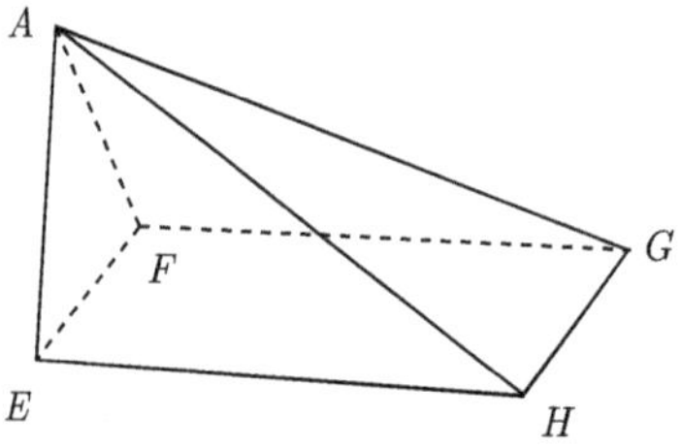

(3)

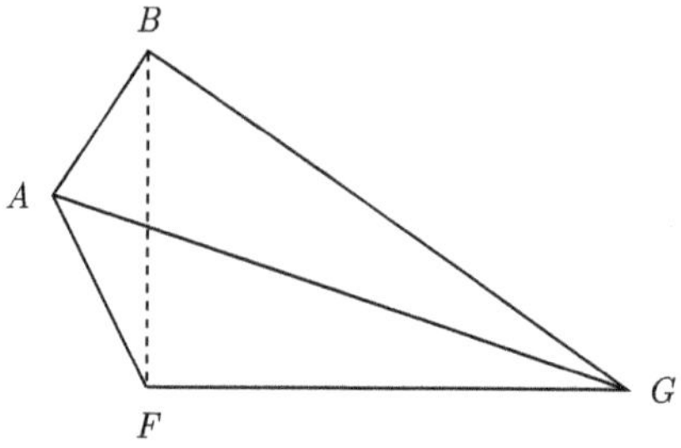

(4)

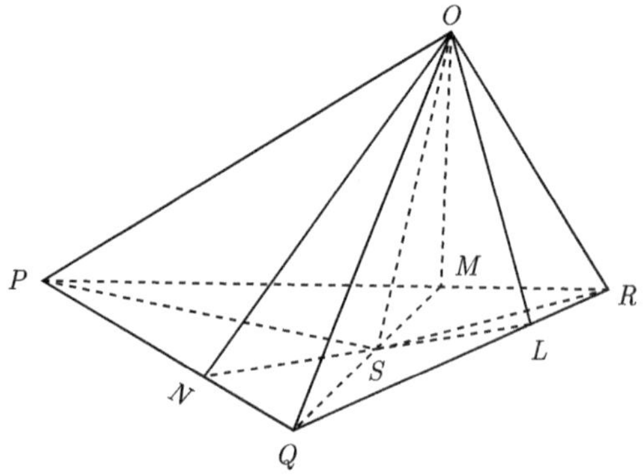

In Liu Hui's own words *yangma* and *bienao* are the "basic figures for the whole theory and practice involving volumes of polyhedra".

We then come to the problem of finding the volumes of *yangma* and *bienao*. If our parallelepiped is simplified into a cube, it will be easy to see that the volume of the pyramid cut from the prism is twice that of the tetrahedral wedge. Liu Hui proved in a long dissertation that this is the case not only in the *qiandu* from a cube, but in all *qiandu* alike. In Liu Hui's words, "In a *qiandu* the volume of the *yangma* is always twice that of the *bienao*." We may well call this statement Liu Hui's principle. In modern language, "If any rectangular parallelepiped is cut diagonally into two prisms, and the prisms are further cut into pyramids and tetrahedra, the ratio between the volumes of the pyramid and tetrahedron so produced is always 2:1."

From this principle it will be easy to arrive at the formulae for volumes of *yangma* and *bienao*. It is then no problem to prove formula (2) above. The whole theory for volumes of polyhedra may then be based on the principles of Liu Hui and of out-in complementation.

Liu Hui's long and detailed dissertation is proof of his principle, proof based on some limit considerations. What has been made clear by Hilbert and his followers can be construed as that volumes are different from planar areas in that the mere out-in complementary principle is insufficient for a satisfactory theory. In fact, it must be supplemented by some axiom or principle of continuity . Though in 1903 Shatunovsky argued that the principle of continuity could be omitted and that the foundation or the theory of polyhedra volumes could be built on formula (2), it nevertheless requires a proof of the independence of the choice of altitude and base which is neither plain nor trivial at all. In comparison with the method of exhaustion of the ancient Greeks and the method employed in Legendre's *Elèments*, Liu Hui's treatment of polyhedra volumes based on his principle and the out-in complementary principle can be safely regarded as the most natural one surpassing all others in simplicity and elegance.

It seems that much yet remains to be proved in the field of the polyhedra. It might be an aid if the conceptions and methods in ancient Chinese geometrical approaches were duly taken into account.

The Xianchu theorem

The term *xianchu* (a wedge with trapezoid base and both sides sloping, see the diagram below) as well as other strange terms for polyhedra have come down from ancient Chinese architecture and earthwork.

In *Jiu Zhang*, volumes of polyhedra are calculated on the out-in complementary principle and by the *yangma* and *bienao* formulae. Take the *xianchu* in the diagram for instance. $ABCD$ form a trapezoid on the ground surface.

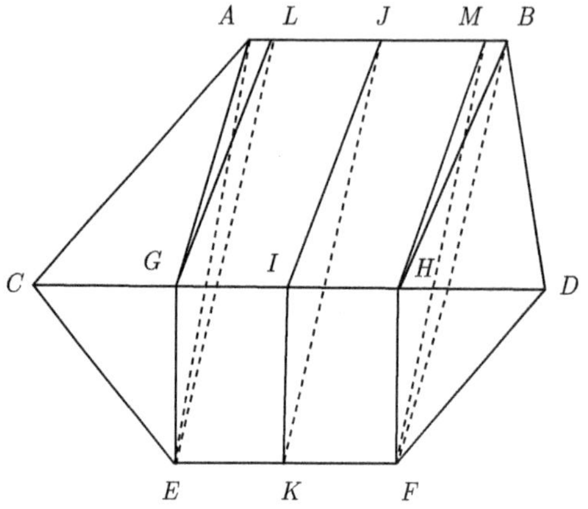

$CDEF$ is another trapezoid in a plane perpendicular to the ground. $ABEF$ is a slope. The whole solid $ABCDEF$ in the form of a tunnel is *xianchu.* Plane IJK is perpendicular both to the ground and plane $CDEF$. It bisects *xianchu* into two symmetrical parts. EG, FH and KI show the depth of *xianchu.* IJ is the length of *xianchu* on the ground. CD, EF and AB are called the upper width, the lower width, and the hind width of *xianchu.* The formula for the volume of *xianchu* given in *Jiu Zhang* is as follows: volume of *xianchu* $= \frac{1}{6}\left(\begin{matrix}\text{upper}\\ \text{windth}\end{matrix} + \begin{matrix}\text{lower}\\ \text{width}\end{matrix} + \begin{matrix}\text{hind}\\ \text{width}\end{matrix}\right) \times$ depth $\times$ length. To prove this, Liu Hui in his book *Liu Zhu* cuts *xianchu* into several parts, and supposes $CD > AB > EF$ as in the diagram above. *Xianchu* is therefore regarded as composed of a *qiandu* $EFGHLM$, two small *bienao* $AGEL$ and $BFHM$, and two big irregular *bienao* $ACEG$ and $BDFH$. From formula (2) above and the formulae for *qiandu* and *bienao*, the formula for the volume of *xianchu* is therefore obtained. The same method is employed in *Jiu Zhang* in calculating the volumes of *chumeng*(wedge with rectangular base and both sides sloping), *chutong, panchi, minggu* (three variations of a frustum of pyramid with rectangular base of unequal sides), and other polyhedra.

The formula of the *xianchu* volume is of special importance in that half of the *xianchu* standing erect on the right triangular base IJK will be equal to a right-angled prism out slantwise at the upper end . Its volume will simply be the product of the average height and the right triangular (*gougu* form) base. Now a pillar bounded at the top by any curved surface can be regarded as composed of such slant–topped prisms approximately. Therefore the integral approximate formula of a function $f(x, y)$ can be obtained analogous to Simpson's integral approximate formula in the case of an area under a curve. This shows the particular significance of the *xianchu* formula.

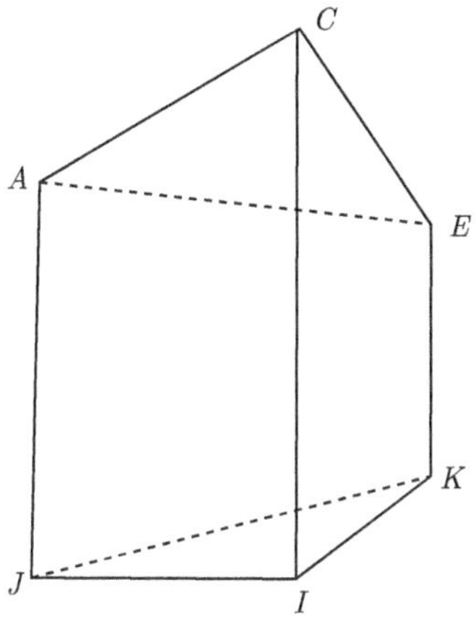

In Western mathematics, the earliest formula for the volume of a pillar cut slantwise at the top appeared in 1794 in Legendre's *Elèments de géométrie*, and has since been called Legendre's formula. Legendre's book is the earliest work to take the place of Euclid's *Elements*. Legendre's proof of his own formula is also based on the volume of the tetrahedron but with different method of dissection from that in *Liu Zhu*. Reference can be made to both for comparison.

Volume of the sphere and the principle of Zu Geng

Within the 300 years or so between the writing of *Jiu Zhang* and that of *Liu Zhu* a fairly complete theoretical system with regard to volumes of polyhedra had arisen. Yet ancient Chinese mathematicians at that time stopped short at bodies bounded by curved surfaces, especially spheres, the volume of which remained unsolved till Zu Geng of the 5th-6th centuries put forward a famous principle named after him. In Zu Geng's own words the principle is as follows:

"If the *mi* (cross-sections, areas) are the same on the same *shi* (level), the *ji* (whole volumes) cannot be different."

The same principle appeared in Europe in the 16th century by the name of Cavalieri's principle, which was an important step towards the invention of calculus.

Zu Geng's proof for his formula of spherical volumes is described in detail in an annotation by Li Chunfeng (in about 656) to *Jiu Zhang*. The arguments are very clear in three successive steps:

1. Within a cube draw two inscribed cylinders at cross directions. That part in common of the two cylinders is called *mou he fang gai* (literally "the common square cover"). Cut a small cube 1/8 of the original cube. According to Zu Geng's principle, the following proportion is obtained:

$$1/8 \text{ volume of sphere} :1/8 fanggai = \pi : 4.$$

2. That part of *fanggai* within the 1/8 cube is the inner *qi*, and those three parts within the small cube but left out of *fanggai* are the outer *qi*.

From the small cube cut an inverted *yangma*. Prove by the *gougu* theorem that if we cut the *yangma* horizontally at a certain level from the base, the cross-section of the *yangma* is equal to the total cross-sections of the outer *qi* cut at the same level in area.

3. Prove by Zu Geng's principle that the total volume of the outer *qi* is equal to that of the *yangma*.

From these the formula for the volume of the sphere is immediate.

The idea of *mou he fang gai* was first introduced by Liu Hui. The first step of Zu Geng had actually been worked out by Liu also. In fact, in *Liu Zhu* he had time and again made use of what was later called Zu Geng's principle to find the volumes of solid bodies bounded by curved surfaces, such as the volumes of the cylinder from the polygonal pillar, of the cone from the pyramid, of the frustum of cone from the frustum of pyramid, etc. Zu Geng's merits not only consist in actual solution of volumes of *mou he fang gai* and the sphere, but also in hissum-ming up of practical experiences and objective facts in the form of a general principle. Whether the principle should be called the Liu-Zu principle to give Liu Hui his due is a matter that deserves discussion.

Other applications

Jiu Zhang is so comprehensive that, leaving other topics aside, the out-in complementary principle is by no means applied merely to the various problems above. The problem of the inscribed circle in a right triangle in *Jiu Zhang* treated on this principle has since been further developed. It is fully treated in *Ce Yuan Hai Jing* (*Sea Mirror of Circle Measurement*, 1248) by Li Ye. In the works of Qin Jiushao and Li Ye, the problem of the "square city" above has been replaced by a problem of "circular walled city" which was beyond the masters of older times. The invention of such methods as *tianyuanshu* in the Song and Yuan dynasties not only solves heretofore unsolvable problems but also largely simplifies old problems. Compared with the older methods, the new methods give results with far less effort. The essence of the new methods and new theories lies in the algebraization of geometry, which blazed the trail for both analytical geometry and modern algebra.

Conclusion

The out-in complementary principle together with the principles of Liu Hui and Zu Geng demonstrated the considerable abilities of ancient Chinese masters in scientific abstraction. Drawing intrinsic conclusions from objective facts, they sum med up the conclusions into succinct principles. These principles, plain in reasoning and extensive in application, form a unique character of ancient Chinese mathematics. The emphasis has always been on the tackling of concrete problems and on simple, seemingly plausible principles and general methods. The same spirit permeates even such outstanding achievements as the algebraization of geometry and the place-value decimal system of numbers. Western mathematics, in contrast, lays emphasis on conceptions and the logical relationships between them.

The majority of the ancient Chinese mathematical classics have sunk into oblivion because of feudal obscurantism—a most deplorable loss in human society. Zu Geng's contributions would also have been lost had it not been for the rather casual entry by Li Chunfeng in his annotation to *Jiu Zhang*. However, judging from what is still available, the historical facts that ancient Chinese mathematics had its origin in human productive activities and had thrived in its own, independent way before the 15th century are still clear, as pithily shown in the following two diagrams:

Diagram I

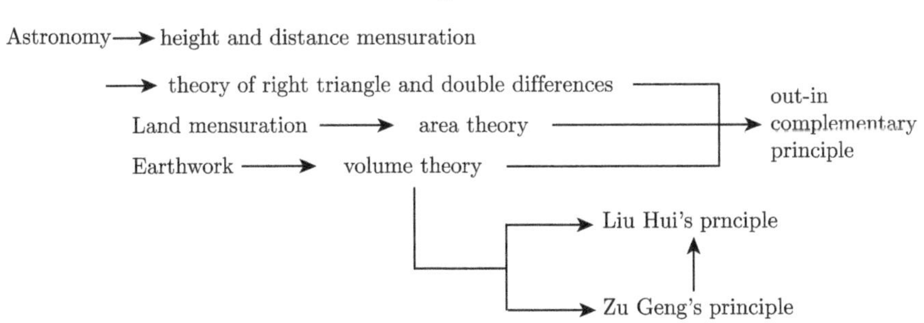

Diagram II

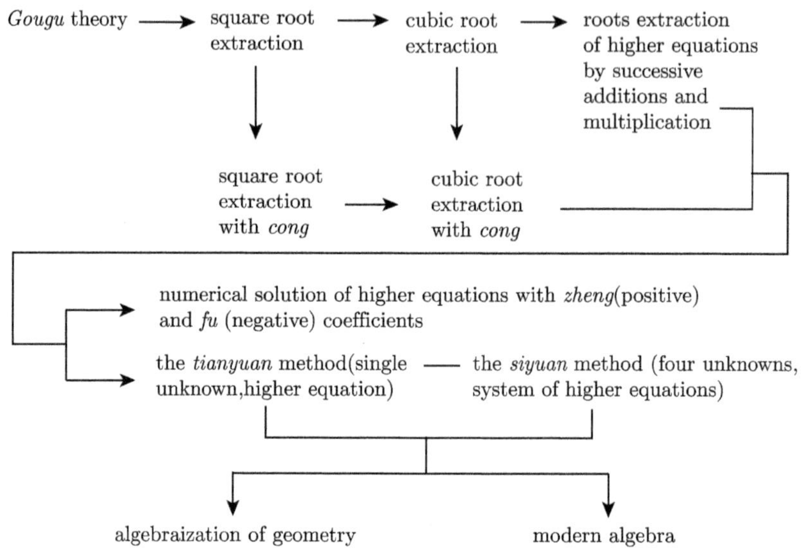
Gougu theory
square root extraction
cubic root extraction
roots extraction of higher equations by successive additions and multiplication
square root extraction with cong
cubic root extraction with cong
numerical solution of higher equations with zheng(positive) and fu (negative) coefficients
the tianyuan method(single unknown,higher equation)
the siyuan method (four unknowns, system of higher equations)
algebraization of geometry
modern algebra

古今数学思想 (摘要)*

克莱因 (Morris Kline) 写了一本《古今数学思想》, 他把印度作为古代东方数学的代表而忽略了中国, 其他许多外国数学史书也有类似的倾向. 实际上, 真正代表古代东方数学的应是中国.

古代东、西方数学有哪些主要区别呢?

首先, 西方的数学体系重视几何, 东方的则重视算术和代数. 按恩格斯的说法, 数学是研究空间形式和数量关系的. 那么, 西方数学主要关心空间形式 (以欧几里得几何为代表), 凡牵涉数量关系的都要变成用几何语言来讲, 取消了数量关系的讨论. 东方则重视数量关系 (以中国的《九章算术》为代表), 发展了算术与代数; 同时, 中国的数学也研究几何,《九章》研究与数量关系有关的几何问题, 如计算面积、体积,《海岛算经》则探讨测量问题, 到宋元, 中国的数学家已把几何问题通过数量关系变成代数问题了.

上述两种体系反映了对数学的态度. 笛卡儿把数学看作一门建设性的有用科学而不是思维的训练. 以《九章》为代表的东方数学重视解决实际问题, 无论量面积、体积或测高, 都体现了要使数学成为一门有用的学问; 而欧几里得几何常常成为思维训练的工具.

东、西方数学还有一个更明显的区别. 欧几里得几何是一个公理体系 (或演绎体系), 表现为由公理、定理和证明组成的严密逻辑系统, 强调证明和推理的严谨. 这个特点在东方数学中是不显著的. 有人因而认为东方数学不成其为科学.

应该承认, 东方数学没有上升为一个演绎体系. 但这是不是一种很不好的倾向呢? 否! 假如说不发展成演绎体系就不是科学, 那么, 物理、化学都没发展成演绎体系, 难道就不是科学吗?! 况且, 数学中的许多东西至今也没发展成演绎体系. 拓扑学起始于 1895 年庞加莱的工作, 第一个拓扑方面的公理体系到 1945 年才出现, 总不能说之前的拓扑学不是科学吧. 即使是那个公理体系, 它只包括整个拓扑学中的一小部分内容. 而且没有一个人真的把每个定理都从公理出发去推导. 应该注意, 数学的真实发展过程是比较“乱”的, 不像公理系统所反映的格局和次序那样整齐.

当然, 欧几里得的贡献是不能否认的, 他把零散的东西归纳成一个逻辑体系, 从几条公理出发, 推导出其余的定理. 但对什么是公理也有种种认识. 克莱因的书引述了培根 (F.Bacon) 的观点, 培根的所谓“公理”是指通过归纳所得的一般性命题,

---

* 本文是吴文俊教授于 1981 年 7 月 20 日在第一次全国数学史学术讨论会 (大连会议) 上的报告, 原载《辽宁师范大学学报 • 自然科学版》增刊 (数学史专辑), 1986.

它适宜于用作演绎和推理的起点. 按照这种观点, 中国古代数学家可算是公理方面的第一流专家, 据我所知的这类公理就有“出入相补原理”“祖暅原理”, 以及刘徽体积理论中的一些原理, 它们由归纳得出, 用以解决众多的几何问题.

现在谈谈推理的严密性. 这是现代数学的最高准则, 我们当然要遵守. 但正如克莱因书上所说, 严密化的标准是随时代而变化的. 欧几里得几何在很长一段时间里被视为思维严密性的标准, 后来发现了其中的不严密之处, 到 19 世纪末, 希尔伯特才最终搞了一个严密的欧氏几何系统. 解析几何和微积分也经历了从不严密到严密的过程, 大约在 1870 年以后, 数学家才对它们的基础感到放心. 顺便说一句, 像欧几里得几何这样的逻辑系统, 这样的证明方法, 即使按希尔伯特现在的形式来表述, 也无法做到完全的严密, 这恐怕还没有人想到过. 限于时间, 这里不能细谈了.

关于证明, 近代有许多不同的看法. 1882 年, 希尔伯特用纯粹的 (即非构造性的) 存在性方法解决了哥尔丹 (Gordan) 问题, 轰动了数学界. 他的方法一反当时流行的构造性方法, 只证明所论对象的“存在”而不去具体地构造它们, 甚至也不讨论如何去构造的办法. 哥尔丹因而称希尔伯特的方法是“神学”. 后来希尔伯特又花了四年时间找出了一个构造性的证明, 从此, 他的观念大体上控制了数学界. 希尔伯特把一个难的问题分成两步来做, 第一步证明所论对象“有”, 第二步再把它具体找出来、构造出来. 这是一种成功的思想方法. 一般讲, 构造性证明比纯粹的存在性证明难得多. 到 1930 年左右, 强调纯粹存在性的观念走到了极端, 甚至轻视构造性的证明. 比较范德瓦尔登 (van der Waerden) 的教科书《代数学》的几个版本就能看出这种倾向. 例如在该书第一版中有解联立代数方程的消去法, 到第八版时就去掉了.

我们现在强调构造性证明, 基于这样的理由：一是解数学问题不能忘记最终的目标是把具体解法找出来; 二是现代计算机的发展, 为我们提供了从事这一研究的强大武器. 客观的需要和可能总是决定一切的. 在希尔伯特时代, 人们有时不得不只考虑存在性, 因为靠一张纸一支笔没有办法实现庞杂的计算. 计算机的出现解除了这种限制, 促使我们去积极地研究构造性以及比构造性更强的算法性. 这是时代的要求. 我国古代数学中的证明就具有算法性的特色, 如《九章算术》中解线性联立方程组的消去法,《数书九章》中解一次同余式组的大衍求一术, 它们都是给出了算法的, 即按照计算程序, 一步一步做下去, 必定能得到所求的解. 这种证明的思维方式在近代一个长时期内不受重视, 被认为是无足轻重的. 现在, 由于客观条件的变化, 人们开始重新重视这种方法, 包括西方数学界. 我想, 经过若干年的努力, 这种思维方式定会有更大的发展.

关于证明, 欧几里得几何还有一个特点. 按笛卡儿的说法, 欧几里得几何中的每一个证明, 总是要求某种新的, 往往是奇巧的想法. 现代的数学也有这种味道, 解决每个问题都得绞尽脑汁. 对思维训练而言, 这无疑是一种了不起的方法. 但从十六七世纪起, 一些数学家就提出过异议, 他们认为希腊的证明方法缺乏一般性. 于是, 他们着力追求带一般性的方法. 如德扎格 (G. Desargues) 引进投影的一般方法, 统一处理不同类型的圆锥曲线; 笛卡儿则创立了解析几何方法, 他强调代数具有一般性, 强调把推理过程机械化和把解题工作量减小的价值; 稍后的莱布尼茨提出需要有一种比代数更一般的数学, 也企图达到使思维过程机械化.

希尔伯特最大的成功是突出了纯粹的存在性, 而把构造性放在第二位, 但他并不否定构造性和算法性. 他在 1900 年第二届国际数学家大会上提出的 23 个数学问题中, 第十问题就是涉及算法的, 他要求寻找判定任一给定的丢番图方程有无整数解的一般算法. 而且, 希尔伯特还是第一个真正实现了笛卡儿关于将推理过程机械化的理想的人. 他在《几何基础》中提供了一个实例, 说明对几何中某一类型定理可以有一套算法, 用以机械地判定其真伪 (我们称它为希尔伯特机械化定理). 他的工作激励我们去考虑几何中其他类型定理是否也可以机械化, 甚而将这种考虑扩展到数学的其他分支. 应该指出, 构造性和算法性研究属于纯粹数学的范围, 计算机是我们手中的工具, 客观条件的变化终究会影响人们在数学证明时的思维方式.

(袁向东根据录音整理)

在中外数学史讲习班开幕典礼上的讲话 *

同志们：

今天是中外数学史讲习班的开幕典礼，我首先在此表示祝贺！我想，这种讲习绝决不会只是办一次，以后可能每一年或至少每两年总要举行的．这不仅对于数学史的研究，而且对于整个数学的发展都是一件很重要的事！

了解历史，特别是数学史，正像江老已经说过的，它的重要意义是不言而喻的．假如你对数学的历史发展，对于一个领域的发生和发展，对一个理论的兴旺和衰落，对一个概念的来龙去脉，对一种重要思想的产生和影响等这许多历史因素都弄清了，我想，对数学就会了解得多，对数学的现状就会知道得更清楚、深刻，还可以对数学的未来起一种指导作用，也就是说，可以知道数学究竟应该按怎样的方向发展可以收到最大的效益．

这个讲习班，现在是取名为"中外数学史讲习班"．前面有"中""外"两字，而且讲习的课程是分两部分，前面一部分是讲西洋的数学史，后面一部分是讲中国的数学史．我想，对数学史的现状来说，这样的做法也是比较合适的．当然，这是第一步，以后还应该有第二步、第三步．西洋数学史和中国数学史分成两段来讲，是符合当前情况的，也是符合某些历史上的情况的．依我个人的理解，也不一定很正确，现在大学学的数学是西洋数学，是从希腊欧几里得系统下来的数学．从历史来看，我总觉得有两条发展路线，一条是从希腊欧几里得系统下来的，另一条是发源于中国，影响到印度，然后影响到世界的数学．这一条线现在不太显著，所以一讲到数学就是欧几里得统治下的、以演绎为主的公理化数学．可是，如果看看中国古代的数学就会知道它的味道、它的体系或者说它的思想和西洋数学是不一样的．我们中国的古代数学，看不出有什么公理、定理这一套的词，演绎体系也不是很明显的．可是，它自己有一套体系，这个体系也不是很清楚．但是我想可以借用严敦杰老先生的话来说明．严敦杰老先生在数学史上的成就是非常高的．在古代，中国的天文学和数学是不分家的，许多历法书里就有很多数学．严老先生对中国天文历法的研究也同样有非常高的成就．我理解严老有这样的想法：中国的天文发展与西方不一样，所以你必须从中国自己的角度来考虑中国自己的天文，然后才能够弄清中国的天文是怎么回事．你不能把西方的那个天文学生搬硬套到中国天文学的发展上

---

* 本文摘自《中国数学史论文集》(二) (吴文俊主编)．山东教育出版社，1986 年．

来.① 我觉得严敦杰老先生对天文的这种想法也适用于中国的数学. 当然, 这要做大量的研究工作才能弄得清楚, 而这在目前还不容易做到. 总而言之, 我觉得数学的发展有这么两个大的体系, 大的思想, 大的方向. 它们是很不相同的. 不过从利玛窦东来把西方数学输入之后, 我们中国的那套思想就给排斥掉了. 很少人能够懂得这一点, 只有极少数数学史家知道不一样. 我们的老前辈李俨先生、钱宝琮先生, 还有现在健在的严敦杰先生, 在他们的著作里经常可以看到他们有这种意见和这种看法. 可是很难把它系统整理成一套 ⋯⋯ (因转磁带, 缺了一段) 体系.

如果"公理化"是导源于希腊欧几里得的西方数学的主要思想, 则我认为, 我们中国的数学注重的"着眼点"就完全不一样. 我用一个名称, 叫"机械化". "机械化"这个词过去是没有的, 但现在它有特别的意义. 现在是所谓"第三次浪潮", 是计算机、信息时代. 我国古代数学的精髓是一种机械化的思想、一种机械化的方法, 正好符合于现时代的要求和状况. 因此, 我觉得对中国古代的数学要特别加以重视. 这一点在希腊欧几里得体系里是找不到的. 我的这个看法是比较个别的, 像江老说的是"一家之言"吧, 这里提出来, 希望今后研究数学史时能注意这一点.

刚才江老谈到一本数学史名著, 即 M • 克莱因的《古今数学思想》. 它着重在数学的思想, 讲数学思想在历史上的发生、发展和影响. 这本书是要把古今的数学思想介绍给读者, 这些数学思想作者都是非常了解的. 可是, 作者讲它的书里不包括中国的数学, 因为他没法儿懂. 这还是比较实事求是的精神. 书里还讲到许多印度数学, 没有讲中国的数学. 我想, 这是数学史上这几十年应该弄清楚的一个问题.

在钱宝琮先生的《中国数学史》中, 就提到中国与印度数学的关系. 在英国, 有一位数学史家叫 Kaye, 他就明确地说过, 印度数学是欠了中国数学的债的, 印度的数学是从中国传去的. 印度的数学有一个特点, 它与西方的不一样, 就是我说的机械化思想. 这是占居主要的、统治地位的思想. 现在, 这种思想还不显著, 可是也有些露头. 最近这些日子, 国外有一批学者来国内举办数学研究生教育研究中心, 其中有一位对中国古代的数学史很重视. 我以前不认识他本人, 但我对他的老师很有兴趣. 他的老师是印度人, 写过一篇文章, 登在美国数学会月刊上, 叫做《代数几何漫步》. 代数几何是现在最难、最时髦而且认为是非常重要的一个领域. 他的《代数几何漫步》中提出一种主张, 这种主张用我们现在的话来讲, 就是他不赞成古代希腊的那种做法. 他是印度人, 他就推崇印度人的那种做法, 特别提到印度在十一二世纪的那个数学家 Bhaskara. 他很赞成的那种做法, 实际上就是我刚才讲的中国古代的机械化. 他认为, 这种方法也能够取得西方欧几里得的那种成功. 当然, 他的主张大家都还不接受. 他这么说, 但是拿不出太多的东西来, 他也做了一些工作,

① 参看例如下文的最末一段. 严敦杰.《中国古代的黄赤道差计算法》. 载《科学史集刊》, 1958 年, 第一期.

可是还不足以说明这种方法的优越性. 但是, 我觉得, 他的主张是代表了某些人, 他们已经注意到了这种机械化的方法有着潜在的巨大力量. 我想, 将来经过努力, 是会发出芽来、开出花来的. 当然, 这是要经过很大的努力才行的.

这个讲习班第一次办, 先介绍西洋数学史, 然后再介绍中国数学史, 这种方式是很合适的. 第一步就是要把有关的知识普及给大家. 然后, 许多同志在学校里讲数学史的课, 至少把现在已经有的成就普及到广大的青年一代, 再下去, 就要考虑中西方数学的交流与比较. 我过去对数学史是有兴趣, 偶尔翻翻, 并没有认真下功夫. 可是, 我对某些书籍看了很气愤! 比如说《数学简史》, 已翻译成中文, 作者斯特洛伊克是一个外国的共产党员. 是一个有一定地位的数学家. 他写这本书, 应该说, 有许多地方是写得很出色的. 比如说, 我非常赞成的一个地方, 他说现在的中学教科书可以明显看出两个部分: 一个部分是几何里面的欧几里得的希腊讲法, 还有一部分算术、代数是东方色彩. 如果把中学教科书拿出来看, 这两个体系是贯穿在一起但并不是很调和的. 也就是说, 希腊的那个体系想在中学占统治地位, 但它又是统治不了的. 而且是根本不可能的. 这是我的看法, 也许武断了一些. 当然, 它还是很重要的. 斯特洛伊克在那本书中把这一点指出来是很出色的. 可是, 有的地方我是不满意的. 比如, 他对中国的数学也讲了一些. 他提到两个人, 一个是祖冲之, 一个是秦九韶. 他们非常重要而且成绩很大. 可是祖冲之许多东西失传了, 你就没办法说、没法全部理解它. 斯特洛伊克提到祖冲之, 提到 π 的计算, 我觉得这一成就对数学的发展不是决定性的. 中国数学具有重大意义的有的是, π 的计算不是最重要的. 我认为, 对圆周率来一个更精确的估计, 这本身不是重要的, 而得到这个结果的方法可能非常重要. 但是它现在失传了, 你也说不上是怎么一回事. 秦九韶的"大衍求一术"也是这样的, 它对数学的发展不是决定性的. 有决定性意义的有的是, 不能以他为代表. 这还可以说斯特洛伊克是介绍了这两位数学家, 他们的确重要, 但我以为还不是中国数学的代表. 然而, 有一处引起我非常反感和气愤的是他讲《海岛算经》. 在《海岛算经》中有一个公式, 它是公元 3 世纪 (263 年) 得到的. 那个时候, 应该有东西方数学交流了. 斯特洛伊克下了一个武断的结论, 说这是从西方传过来的. 我觉得这简直是荒谬透顶! 这里有一种西方学者们牢不可破的"优越感", 即: 我这里什么都有, 你的肯定是从我西方传过去的. 我想, 他是受这样一种思想支配的.

前几年, 有一位比利时的数学史家名叫莱伯热西特 (U. Libbrecht), 他到中国来座谈, 我参加了. 他讲过一些话, 大意是: 把希腊抬得那么高, 是当时欧洲人要从落后状态中解放出来, 需要有一种思想来鼓舞. 他用了一个名称叫"欧洲中心论"(我是第一次听到), 认为什么文化都是发源于欧洲的, 你们东方嘛, 都是"野蛮民族", 一切文化都是从我们欧洲传过去的. 莱伯热西特提到这样一个名称, 我觉得是相当中肯的.

我讲这一些, 是要说明: 我们讲数学史现在把中、西分开来介绍, 将来更重要的一步是要弄清楚东、西方数学的关系. 东方数学和西方数学, 正像斯特洛伊克那本书里讲的, 是明显不同的两个体系, 有不同的思想在里面. 要说那么长的岁月里没有交流嘛, 这是不可想象的. 当然, 不是像“欧洲中心论”和“西方至上论”的那些学者讲的, 东方的东西是从西方传过去的. 这是荒谬的. 我们应该作为历史问题来考虑, 应该实事求是, 从我们掌握的资料来追查当时东方、西方学术上的交流是怎样的. 一般说来, 总是文化高的地区流向文化低的. 我曾经拜访过北大历史系或是其他什么系的一位教授, 是江老陪我去见的, 他是回族人, 谈到阿拉伯的数学, 他就说过这么一句话:“水总是由高处向低处流的, 文化一定是从文化高的地方传到文化低的地方.” 应该是这样. 这是从古代来讲的, 现在东方落后了, 当然应该接受西方先进的文化, 引进他们的成就. 所以, 现在西方的学术流向我们中国是很自然的, 只能说我们中国人自己不争气, 落后了, 不能不引进. 而在古代是相反的, 我们东方的文化是处在先进的地位, 而欧洲是非常落后的. 是一个宗教的“黑暗时代”, 没有什么文化. 十二三世纪, 他们甚至连加法都认为是学术上很难的东西, 数学教科书上讲加法就很不错了. 像这样落后的状况, 你却说东方的文化不流向西方, 而是西方的反而流到东方, 这合理吗? 当然, 这是从“情理”方面来讲的, 推测应该是这样的, 查无实据. 这个实据, 我想应该是存在的, 等待地下资料的发掘, 这个发掘既需时日, 也靠不住. 我们不能把希望完全寄托在这上面. 事实上, 我相信在现有的资料里面, 在我们大家所能看到的、能掌握的资料里, 就可以分析出东方、西方交流的情况. 这是要下功夫的事! 这不光要看数学资料, 还要看其他的资料. 中国的数学很大一部分是包含在历代的历法即历书中, 还有其他的需要借助的东西, 下功夫不是一朝一夕的. 而且你还要从第一手材料里来, 不能从第二手、第三手的材料中来. 我们拿一本西方的数学史书来看, 它们多得很, 其中每一本数学史都是从希腊这样传下来的, 那都是第二手、第三手的材料经过种种加工才写成的. 你要真正了解历史, 就必须追查第一手材料. 但是, 一开头就看第一手材料是不可能的, 先要看第二手、第三手的材料去了解概况, 再看第一手材料来检查. 看第二手材料、第三手材料讲得对不对. 从这方面来检查, 这是要下功夫的. 要看第一手材料, 就要过文字关, 少说一点, 是希腊文、拉丁文. 而你要真正弄清楚东、西方交流的历史, 你就得掌握阿拉伯文、波斯文, 懂得土耳其文, 懂得这几个地区的文字. 当然, 现在我们是不可能做到的. 可是, 我想我们应该有志气来做! 要说文字之难吧, 中文大概是全世界文字之中最难的一种. 可是你想, 刚才我说的那位比利时数学家莱伯热西特, 他写的一本《十三世纪的中国数学史》, 就是分析、介绍秦九韶的《数书九章》的. 他所引用的中文书之多, 在我们国内虽不能说没有, 至少也只是极个别的人才能看到它们. 他的书后面还有一张表, 把《数书九章》中的名词做了一个相当于英文的什么名词的工作. 他读书是真正读懂了. 又如, 李约瑟的书中所引的中国书之多, 我看中国人自己的书中也很少能看到那么多的. 你看, 外国学者就有这种志气, 对于中文这么难的一种文字, 他们就能学到手并且比大部分中国人学得好 (我们有很多人还不太懂古汉语), 这是不太简单的!

那么, 中国人就没有一种志气、一种能力可以掌握阿拉伯文、土耳其文、中亚细亚各国的文字? 我想, 这是应该做到的. 当然, 这对某些人来说是做不到了. 比如, 江老就做不到了, 我也做不到了. 我想, 白尚恕同志和主讲的几位也难做到了 (当然, 他们看的书是很多的), 就是在座的我看也是不太容易. 但是, 我想, 经过这个讲习班, 大家在各个高等学校开设数学史这门课, 培养出大批新生力量来, 他们不仅是有条件而且有责任把东、西方的数学交流这个问题弄清楚. 我们的讲习班不仅是在这里讲讲课, 回去讲讲课, 我认为还应该担负起某种责任来. 这个责任, 我们这一代事情那么多, 不那么容易做到. 但我想, 许多同志回去开课的时候, 应该使下一代把这个任务担当起来. 要彻底把东、西方数学交流的问题弄清楚. 这是能做到的!

今天, 我拉拉扯扯说了一些, 有一些是我个人的想法说得好听是“一家之见”, 或者是一个人的“狂想”, 随便说说. 这次讲习班是第一次, 以后继续干下去, 中国数学史和西方数学史可以在全国各个高等院校普及, 将来再进一步深入到两者历史上的关系, 就可以呈现一种非常新的面貌! 这个讲习班由北师大来主持, 也不是很偶然的, 因为北师大有历史传统. 师大是搞数学教育的, 数学教育与数学史是分不开的, 数学史在北师大是向来受到重视的. 现在有白尚恕同志, 还有一些同志, 特别是新任的北师大校长王梓坤同志他写过一本《科学发现纵横谈》里面有许多数学史与自然科学史的材料, 深受欢迎, 我想, 数学史、科学史在北师大就有一个优越的环境了. 我就讲到这里.

祝讲习班成功!

Recent Studies of the History of Chinese Mathematics*

1. Introduction. We shall restrict ourselves to the study of Chinese mathematics in ancient times, viz., from remote ancient times up to the fourteenth century. In recent years such studies were vigorously pursued both in China and in foreign countries. Much deeper understandings have since been gained about what Chinese ancient mathematics really was. The author will freely use their results but will be solely responsible for all points of view expressed in what follows,

Two basic principles of such studies will be strictly observed, viz.:

P1. All conclusions drawn should be based on original texts fortunately preserved up to the present time.

P2. All conclusions drawn should be based on reasonings in the manner of our ancestors in making use of knowledge and in utilizing auxiliary tools and methods available only at that ancient time.

For P1 we shall mention only [**AR, AN, SI, MA**], which will be referred to repeatedly in what follows.

For P2 we shall emphasize that the use of algebraic symbolic manipulations or parallel-line drawings should be strictly forbidden in any deductions of algebra or geometry since they were seemingly nonexistent in ancient Chinese classics. In fact, Chinese ancient mathematics had its own line of development, its own method of thinking, and even its own style of presentation. It is not only independent of, but even quite different from the western mathematics as descendents of Greeks. Before going into more details of concrete achievements, we shall first point out some peculiarities of Chinese ancient mathematics.

First, instead of calculations of pencil-paper type, the ancient Chinese made all computations in manipulating rods on counting boards. This was possible because the Chinese already possessed, in very remote times, the most perfect place-valued decimal system; it allowed them to represent the integers by properly arranged rods

---

* Proceeding of the International Congress of Mathematicians Berkeley, California, USA, 1986.

placed in due positions on the board. In particular, the number 0 in, or as, a decimal integer was just represented by leaving some empty place in the right position. In fact the word "arithmetic", the usual terminology for "mathematics", was just a literal translation of Chinese characters "Suan Shui" meaning "counting methods".

Secondly, results were usually presented in the form of separate problems, each of which was divided into several items, as follows. ① Statement of the problem with numerical data. ② Numerical answer to the problem. ③ "Shui", or the method of arriving at the result. It was most often just what we call today the "algorithm", sometimes also just a formula or a theorem. Note that the numerical values in Item 1 play no role at all in the method, which was so general that any other numerical values could be substituted equally well. Item 1 thus served just as an illustrative example. ④ Sometimes "Zhu", or demonstrations which explained the reason underlying the method in Item 3. In Song Dynasty and later, there was often added a further item: ⑤ "Cao", or drafts which contained details of the calculations for arriving at the final result.

2. Theoretical studies involving integers. In this section, by an integer we shall always mean a positive one.

In ancient Chinese mathematics there were no notions of prime number and factorization or its likeness. However, there was a *Mutual-Subtraction Algorithm*, for finding the GCD of two integers; its name literally meant *equal*. The algorithm ran as follows:

"Subract the less from the more, mutually subtract to diminue, in order to get the *equal.*"

As a trivial example, the *equal* (: = GCD) of 24 and 15 is found to be 3 in the following manner:

$$(24,15) \to (9,15) \to (9,6) \to (3,6) \to (3,3). \tag{2.1}$$

The underlying principle is, as pointed out by Liu Hui in [**AN**], that during the procedure the integers are steadily diminished in magnitudes while the *equal* duplicates remain the same.

In spite of the fact that the prime number concept was never introduced in our ancient times, there were some theoretical studies involving integers which were not at all trivial. We shall cite two of these mainly based on works of S. K. Mo at Nanking University and J. M. Li at Northwestern University, China.

The GouGu form (:= right-angled triangle) was a favorite object of study throughout the lengthy period of development of mathematics in ancient China. In particular, the triples of integers which can be attributed to 3 sides Gou, Gu, and Xuan (:= shorter arm, longer arm, and hypothenuse) of a GouGu form had been completely determined early in the classic [**AR**]. Thus, in the GouGu Chapter 9 of [**AR**] there appeared eight such triples, viz.,

$$(3,4,5), \quad (5,12,13), \quad (7,24,25), \quad (8,15,17),$$
$$(20,21,29), \quad (20,99,101), \quad (48,55,73), \quad (60,91,109).$$

The occurence of such triples was not merely an accidental one. In fact, in Problem 14 of that chapter a method of general formation of such integer triples was implied. We record this problem.

"Two persons start from same position. A has a speed-rate 7 while B rate 3. B goes eastward while A goes first southward 10 units and then meets B in going northeasternwise. Find the units traversed by A and B."

The Shui (: = method or algorithm) for the solution was:

"Squaring 7, also 3, taking half of the sum, this will be the slantwise unit-ratio of A. Subtract this unit-ratio from square of 7, rest is the southern unit-ratio. Multiply 7 by 3 is eastern unit-ratio of B."

As already mentioned in § 1, the particular numbers 7 and 3 in the problem serve merely as illustrations and we may equally well substitute these numbers by any pair of integers say m, n with $m > n > 0$. The Shui then says that the 3 sides are in the ratio

$$\text{Gou} : \text{Gu} : \text{Xuan} = [m^2 - (m^2 + n^2)/2] : m * n : (m^2 + n^2)/2.$$

The eight triples given above m ay then be determined by the pairs

$$(m,n) = (2,1),\ (3,2),\ (4,3),\ (4,1),\ (5,2),\ (10,1),\ (8,3),\ (10,3).$$

In Liu Hui's [**AN**] a demonstration or a proof of geometrical character was given which was based on some general *Out-In Complementary Principle*, and it will be explained in more detail in § 3. We note here that Liu's proof showed also that $m : n$ is in reality the ratio of Gou + Xuan to Gu which will be a ratio in integers if and only if the three magnitudes Gou, Gu, Xuan are in ratio of integers. The Shui had thus given an exhaustive list of integer triples for the three sides of the GouGu form.

As a second example let us cite the *Seeking*-1 *Algorithm* which is now well known as the Chinese Remainder Theorem. Recent studies have shown that the algorithm originated in calendar-making since Hans Dynasty, and there was a sufficiently clear line of development until the appearance of the classic [**MA**] of Qin in 1247 A.D. In Qin's preface to his work he stated that the method was not contained in [**AR**] and no one knows how it was deduced, but it was widely applied by calendarists. The method was well-explained for the first time in the first part of [**MA**] and contained nine problems, ranging from calendar-making, dyke-erection, treasure-computing, tax-distribution, rice-selling, military-expedition, brick-architecture, up to even a case of stealing. All the problems were reduced to one which, in modern writings, would be of the form (:=: stands for "congruent to")

$$U :=: Uj \bmod Mj, \quad 1 \leqslant j \leqslant r, \tag{2.2}$$

with integers *Uj*, *Mj* known and *U* to be found. The integers *Mj* were called by Qin Ting-Mu (:= moduli), literally meaning fixed-denominators which were not necessarily prime to each other. Qin first gave an algorithm for reducing the problem to one with the moduli prime to each other two by two in applying successively the *Mutual-Subtraction Algorithm*. We shall therefore restrict ourselves, in what follows, to the case of *Uj* pairwise prime.

To a modern mathematician a solution to (2.2) would be found in the following manner (cf., e.g., [**AP**, p. 250]).

Let $\phi(N)$ be the Euler function of the integer N which can be determined from a factorization of N into prime num bers. Set

$$\begin{aligned} M &= M1 * \cdots * Mr, \\ Nj &= (M/Mj)^{\phi(Mj)}, \quad 1 \leqslant j \leqslant r. \end{aligned} \tag{2.3}$$

Then the solution of (2.2) will be given by

$$U :=: \sum_j Uj * Nj \quad \bmod M.$$

Both the method and the result are really simple and elegant. However, in view of the difficulty of factorization and the amount of computation involved in (2.3), it would be rather difficult to get final answers to the nine problems in Qin's classic, even with the aid of modern computers.

On the other hand, the method of Qin ran as follows.

As a preliminary step let us take the remainder Rj of M/Mj mod Mj which was called Qi-Shu, literally meaning odd-number, but just some technical term. Now determine numbers Kj such that

$$Kj * Rj :=: 1 \mod Mj. \tag{2.4}$$

The final answer to be found is then given by

$$U :=: \sum_j Uj * Kj * (M/Mj) \mod M. \tag{2.5}$$

The integers Kj were called, by Qin Cheng-Lui, also a technical term literally meaning multiplication-rate (multiplier below). The algorithm for determining Kj to satisfy (2.4) was called, by Qin, *da-yan qiu-yi shui*, for which *qiu-yi* literally means *seeking*-1, while *da-yan* is some philosophical term of little interest to us. The first step of the Seeking-1 Algorithm consisted then in placing four known numbers 1, 0 (i.e., *empty*), Rj, Mj in the left-upper (LU), left-lower (LL), right-upper (RU), and right-lower (RL)

$$\text{corners of a square:}\ \begin{array}{|cc|}\text{LU} & \text{RU}\\ \text{LL} & \text{RL}\end{array} = \begin{array}{|cc|}1 & Rj\\ & Mj\end{array}$$

We remark that these four numbers verify the trivial congruences

$$\text{LU} * Rj :=: \text{RU} \mod Mj, \qquad \text{LL} * Rj :=: -\text{RL} \mod Mj. \tag{2.6}$$

The next steps of the algorithm consisted then of manipulating the four-numbers in the square by steadily reducing their magnitudes while keeping the validity of congruences (2.6). After a finite number of steps the number, say RU, will be reduced to 1, and according to (2.6) the number LU is then the multiplier Kj to be found. The underlying principle of this Seeking-1 Algorithm, as listed below in details, is thus essentially the same as the Mutual-Subtraction Algorithm in finding the *equal* (:= GCD) of two integers, only much more complicated. The algorithm was:

"Put Qi at RU, and Ting at RL, and put Tian-Yuan-1 at LU. First divide RL by RU. Multiply quotient with 1 of LU and put it to LL. Next take the numbers RU and RL, mutually divide the more by the less. Then mutually multiply quoticnts to numbers in LU and LL. Stop until odd-1 in RU. Verify then the number in LU and take it as multiplier."

As a concrete example let us consider Problem 9 of Chin's classic which dealt with a stealing case. The judge in charge of the case was able to determine the amount of rice stolen by each of the three thiefs by means of the algorithm. For one of the thiefs the determination of the corresponding multiplier ran as follows:

$$\begin{array}{|cc|}\hline 1 & 14 \\ & 19 \\ \hline\end{array} \dashrightarrow \begin{array}{|cc|}\hline 1 & 14 \\ & 5 \\ \hline\end{array}\ 1 \dashrightarrow \begin{array}{|cc|}\hline 1 & 14 \\ 1 & 5 \\ \hline\end{array} \dashrightarrow \begin{array}{|cc|}\hline 1 & 4 \\ 1 & 5 \\ \hline\end{array}\ 2 \dashrightarrow \begin{array}{|cc|}\hline 3 & 4 \\ 1 & 5 \\ \hline\end{array} \dashrightarrow$$

$$\begin{array}{|cc|}\hline 3 & 4 \\ 1 & 1 \\ \hline\end{array}\ 1 \dashrightarrow \begin{array}{|cc|}\hline 3 & 4 \\ 4 & 1 \\ \hline\end{array} \dashrightarrow \begin{array}{|cc|}\hline 3 & 1 \\ 4 & 1 \\ \hline\end{array}\ 3 \dashrightarrow \begin{array}{|cc|}\hline 15 & 1 \\ 4 & 1 \\ \hline\end{array} \dashrightarrow \text{stop: } k=15.$$

One may compare this sequence of computations with the trivial one (2.1).

The numerical data in the above example is the simplest one among the nine problems of Chin's classic, but already not an easy one in using the mentioned method with Euler functions. The other eight problems will eventually involve astronomically large numbers which may be eventually out of reach of the Euler-function method, but were still done with ease by Qin in using the Seeking-1 Algorithm.

3. Geometry. In contrast to what one usually believes, geometry was intensely studied, in addition to being well-developed, in ancient China. The misunderstanding is likely due to the fact that Chinese ancient geometry was of a type quite different from that of Euclid, both in content and presentation. Thus, there were no deductive systems of euclidean fashion in the form of definition-axiom-theorem-proof. On the contrary, the ancient Chinese formulated, instead of a lot of axioms, a few general plausible principles on which various geometrical results were then discovered and proved in a deductive manner, as shown by Liu Hui [**AN**].

The points of emphasis in Chinese ancient geometry and in the geometry of Euclid were also quite different. Thus, the Chinese ancestors paid no attention at all to the parallelism but, on the contrary, showed great interest in orthogonality of lines. In fact, the GouGu form, or the right-angled triangle, had incessantly occupied a central position among the geometrical objects to be studied throughout thousands of years of development. Secondly, the Chinese ancestors showed little interest in angles but heavily emphasized distances. Thirdly, geometrical studies were always closely connected with applications so that measurements, determination of areas and volumes were among the central themes of study. Finally, geometry was always developed in step with algebra, which culminated in the algebrization of geometry in Song-Yuan Dynasties. This later discovery was rightly pointed out, e.g., by Needham to be the first important step (and indeed, the decisive step) toward the creation of analytical geometry.

We shall illustrate these points with a few examples.

EXAMPLE 1. The Sun-Height Formula. On the earth-level plane erect two gnomons G1, G2 of equal height with a certain distance apart. The sun-shadows of the gnomons are then measured and the sun's height over the level plane is given by

Sun-hgt = Gnomon-hgt * Gnomon-dist/Shadow-difference + Gnomon-hgt.

This formula, already depicted in some classic of early Hans Dynasty and cited very often in later calendarical works, was clearly too rough an estimate to rely on. Liu Hui had, however, translated the formula into earth measurements by replacing the sun by some sea-mountain, thus turning the Sun-Height Formula into a realistic Sea-Island Formula. His classic [**SI**] contained all nine such formulae beginning with the above one as the simplest. There were proofs as well as diagrams accompanying this classic; they are still mentioned in some classics of Song Dynasty but have since been lost. Based on fragments and incomplete colored diagrams of some classic by Zhao Shuang in 3c A.D., the author has reconstructed a proof of the above Sun-Height or Sea-Island Form ula by rearranging the arguments in that classic as follows (Y =yellow, B=blue):

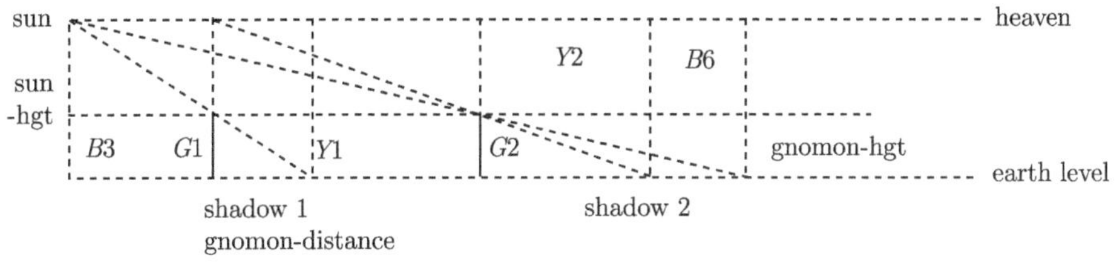

"$Y1$ and $Y2$ are equal in areas. $Y1$ connected with $B3$ and $Y2$ with $B6$ are also equal in areas. $B3$ and $B6$ are also equal in area. Multiply gnomon-distance by gnomon-height to be the area of $Y1$. Take shadow-difference as breadth of $Y2$ and divide, one gets height of $Y2$. The height rises up to same level as sun. From diagram gnomon-height is to be added."

With the accompanying diagram the proof of the formula is evident.

EXAMPLE 2. The Out-In Complementary Principle (OICP). In Example 1, various area-equalities were all consequences of a certain general Out-In Complementary Principle which was clearly formulated in the classic [**AN**] in very concise terms. It means simply that whenever a figure, planar or solid, is cut into pieces and moved to other places, then the sum of areas or volumes will remain unchanged. This seemingly most common-place principle had been applied successfully to problems of extreme diversity, sometimes unexpected, besides that of Example 1. As further examples consider the GouGu form with three sides: Gou, Gu, and Xuan. One may form various sums and differences from them.

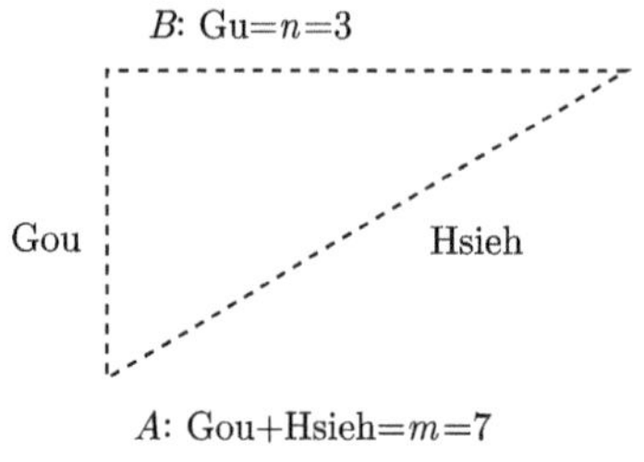

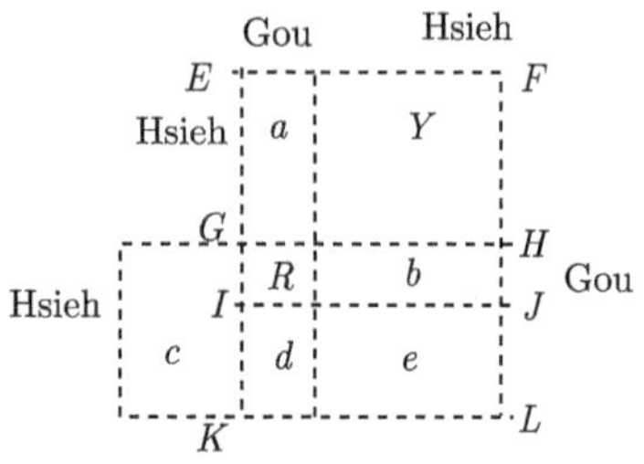

Figure 1

$$c+d = \text{Hsieh}^2 - \text{Gou}^2 = \text{d}+\text{e} = \text{Gu}^2 = \text{n}^2,$$
$$2*EFGH = EFKL = m^2+n^2 = (\text{Gou}+\text{Hsieh})^2+\text{Gu}^2,$$
$$a+Y = \text{Hsieh}*\text{m} = \text{Hsieh}*(\text{Gou}+\text{Hsieh}),$$
$$b+R = EFIJ - EFGH = \text{Gou}*\text{m} = \text{Gou}*(\text{Gou}+\text{Hsieh}) = \text{m}^2-(\text{m}^2+\text{n}^2)/2,$$

like Gou-Gu sum, Gou-Xuan difference, etc. In the GouGu Chapter 9 of [**AR**], there were a number of problems for determining Gou, Gu, and Xuan from two of these nine entities, and all were solved by means of this principle. In particular, the general formula of Gou-Gu integers as described in § 2 was obtained by applying the principle to Problem 14 by considering as known the ratio of Gou-Xuan sum to Gu. Liu Hui then demonstrated the result by OICP as shown in Figure 1 (R=red, Y =yellow).

In [**MA**] there was formula for determining the AREA of a triangle with three sides: the GReatest one, the SMallest one, and the MIDdle one in the form

$$4*\text{AREA}^2 = \text{SM}^2*\text{GR}^2 - [(\text{GR}^2+\text{SM}^2-\text{MID}^2)/2]^2.$$

This formula is clearly equivalent to the Heron one. It cannot be deduced from the latter since it is so ugly, in form, in comparison to the elegant latter formula. By applying some formula given in [**AN**] about Problem 14, based on OICP, the author has reconstructed a proof which is in accordance with Chinese tradition and leads naturally to Qin's formula.

We note that the Chinese ancient methods of (square and cubic) root-extraction and quadratic-equation solving were in fact all based on OICP geometrical in character. We also note that all the formulae in [**SI**], in quite intricate form, will be arrived at in a natural manner by applying OICP. On the other hand it seems difficult, or at least a roundabout, unnatural manner, to get these formulae if the euclidean method is to be used.

EXAMPLE 3. Volume of solids. With the OICP alone the areas of any polygonal form can be determined. This will not be the case for volumes of polyhedral solids, and Liu Hui was well aware of it. Liu Hui had, however, completely solved the problem in reasoning as follows. Let us cut a rectangular parallelopiped slantwise into two equal parts called Qiandu, and then cut the Qiandu slantwise into two parts called Yangma (a pyramid) and Bienao (a tetrahedron on special type). Using an ingenious reasoning corresponding to a certain limiting process, he made some assertion which the author has baptized as the *Liu Hui Principle*, viz.,

"Yangma occupies two and Bienao one, that's an invariable ratio."

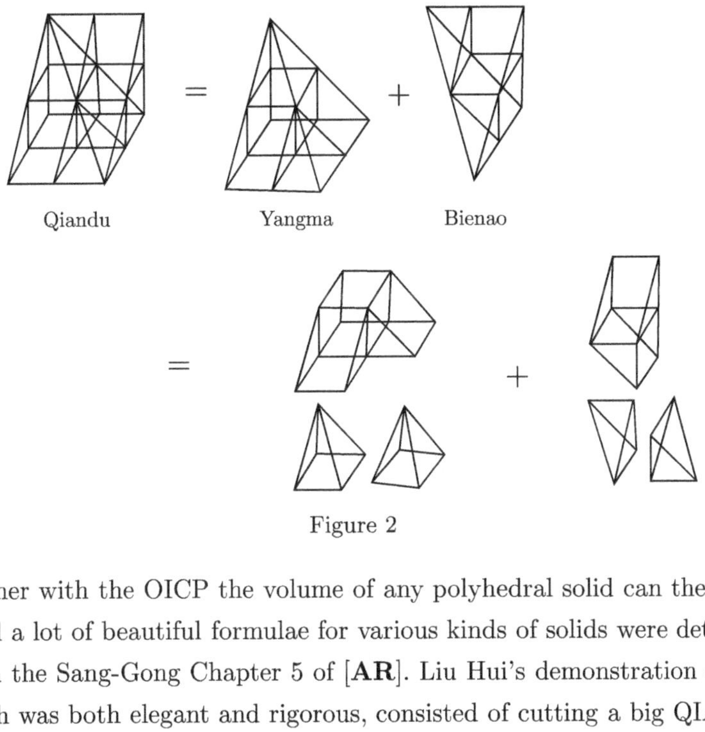

Figure 2

Together with the OICP the volume of any polyhedral solid can then be determined, and a lot of beautiful formulae for various kinds of solids were determined in this way in the Sang-Gong Chapter 5 of [**AR**]. Liu Hui's demonstration of his principle, which was both elegant and rigorous, consisted of cutting a big QIANDU into smaller yangma's, etc., as in Figure 2.

From Figure 2 it is now clear that

$$1\ \text{YANGMA} - 2\ \text{BIENAO} = 2(1\ \text{yangma} - 2\ \text{bienao}).$$

Continuing, the right-hand side will become smaller and smaller and can be ultimately neglected, as argued by Liu Hui:

"The more they are cut into smaller halves, the smaller will be the remains.The ultimate smallness is infinitesimal, and infinitesimal is formless. Accordingly it is no need to take into account the remain."

For more details see [**WA**], a remarkable paper by Wagner.

Liu Hui had also considered the determination of curvilinear solids, notably that of a sphere. He showed that the solution will depend on the determination of the volume of a curious solid defined as the intersection of two inscribed cylinders in a cube. Liu Hui himself cannot solve this problem and left it, being rigorous in thinking and strict in attitude, to later generations, saying that

"Fearing loss of rightness, I dare to leave the doubts to gifted ones."

The keen observation of Liu Hui had been closely followed and ripened finally to a complete solution of the problem in 5c A.D. by Zu Geng, son of great mathematician, astronomer, and engineer Zu Congtze. In fact, Zu Geng had formulated a general principle which was equivalent to the later rediscovered Cavalieri Principle, viz.,

"Since areas in equal height are equal the volumes cannot be unequal."

We shall leave Zu Geng's beautiful proof about the formula of volume of sphere to other known works. On the other hand, this principle was, in reality, already used by Liu Hui himself in deriving formulae of volumes of various simple curvilinear solids treated in [**AR**], though without an explicit statement. For this reason the author has proposed to use the name *Liu-Zu Principle* instead of the name *Zu-Geng Principle* which is usually used by our Chinese colleagues.

In a word, the OICP, the Liu Hui Principle, and the Liu-Zu Principle were sufficient to edify the whole theory of solids, curvilinear or not, in a satisfactory manner as done by the Chinese ancestors.

4. Algebra. Algebra was no doubt the most developed part of mathematics in ancient China. It should be pointed out that algebra at that time was actually a synonym for method of equation-solving. The problems of equation-solving seem to come from two different sources. One of the sources was rudimentary commerce or goods-exchange which led to the *Excess-Deficiency Shui* in very remote times up to *Fang-Cheng Shui* as depicted in Chapter 8 of [**AR**]. This Chapter 8 dealt with methods of solving simultaneous linear equations along with the introduction of negative numbers. The title "Fang Cheng", the same terminology for "equations" used in Chinese texts nowadays, could be better interpreted as "square matrices." In fact, "Fang" literally means square or rectangle while "Cheng", as explained in Liu Hui's [**AN**], was just data arranged on the counting board in the form of a matrix, viz.

"Arranged as arrays in rows, so it is called Fang Cheng."

Furthermore, the method of solution was just manipulations of rows and columns as in elimination nowadays. Details of such stepwise reduction of arrays to normal forms in some examples can also be found in [**AN**].

A second source of equations was from measurements or geometrical problems. Thus, in the study of sun-heights there were formulae for both sun-height and sun's level distance from the observer. The sun-observer distance was then determined by means of the Gou-Gu Theorem, well known in quite remote times, which then required extraction of square roots. Both the proof of the Gou-Gu Theorem and the method of square root extraction were seemingly based on the OICP—so, also, for the cubic root extraction. Now in Gou-Gu Chapter 9 of [**AR**] there was also a problem which led naturally, by OICP, to a quadratic equation. There was some technical terminology for solving such an equation literally meaning "square-root extraction with an extra term Cong", which clearly implied the origin as well as the method of solving such equations.

The second line was developed further to solving cubic equations in early Tang Dynasty, at the latest, and culminated in the method of numerical solution of higher degree equations in Song Dynasty, identical, actually, to the later rediscovered Horner's method in 1819.

A discovery of utmost importance during Song-Yuan Dynasties (10-14c) was the introduction of the notion "Tian-Yuan", literally meaning "Heaven-Element", which was nothing but what we call an *unknown* nowadays. Though equation-solving occupied a central position in the development of mathematics for thousands of years already, this was perhaps the first time that precise notion and systematic use of *unknowns* were thereby introduced. The Chinese mathematicians at that time recognized very well the power of this method of Tian-Yuan as expressed in some classic of Zhu Szejze:

"To solve by Tian-Yuan not only is clear the underlying reasons and is versatile the method but also saved large amounts of efforts."

The method of Tian-Yuan was further developed in Song-Yuan Dynasties up to the solving of simultaneous high-degree equations involving four unknowns. Along with it, algebrization of geometry, manipulations of polynomials, and the method of elimination were also developed. The two lines of development of equation-solving thus merged into one which was closer to algebra in the modern sense. The limitation to four unknowns was largely due to the fact that all manipulations had to be carried out on counting boards with coefficients of different-type terms of a polynomial to be arranged in definite positions on the board. If one was to get rid of the counting board in adapting another system, as was fairly probable since communications with the outside arabic world were more influential than ever, then mathematics would face an exceedingly fertile era of flourishment. However, all further developments stopped and mathematics actually came to death since the end of Yuan Dynasty. When Matteo Ricci came to China at the end of Ming Dynasty, almost no Chinese high intellectuals knew about *"Nine Chapters"*!

5. Conclusion. We shall leave other achievements about limit concept, high-difference formulae, series summation, etc. owing to space limitation. In short, Chinese ancient mathematics was mainly constructive, algorithmic, and mechanical in character so that most of the *Shuis* can be readily turned into computerized programs. Moreover, it used to draw intrinsic conclusions from objective facts, then sum up the conclusions into succinct principles. These principles, plain in reasoning and extensive in application, form a unique character of ancient Chinese mathematics. The emphasis has always been on the tackling of concrete problems and on simple, seemingly plausible principles and general methods. The same spirit permeates even such outstanding achievements as the algebrization and the place-value decimal system of numbers. In a word, Chinese ancient mathematics had its own merits, and, of course, also its inherited deficiencies. It is surely inadmissible to neglect the brilliant achievements of our ancestors, as was the case in the Ming Dynasty. It would also be absurd not to absorb the superior techniques of the foreign world, as was the case of early Tang Dynasty. At that time the writing system of Indian numerals was imported, but its use as an alternative for the counting board system was rejected. In fully recognizing the powerfulness of our traditional method of thinking, and in absorbing at the same time the highly developed foreign techniques, we foresee a novel new era of achievements in Chinese mathematics.

Bibliography

[**AN**] Liu Hui. *Annotations to "Nine chapters of arithmetic"*, 263 A.D.

[**AP**] Donald E. Knuth. *The art of computer programming*, Vol 2. Addison-Wesley, Reading, Mass., 1969.

[**AR**] *Nine chapters of arithmetic.* completed in definite form in 1c A.D.

[**MA**] Qin Jiushao. *Mathematical treatise in nine chapters*, 1247 A.D.

[**SI**] Liu Hui. *Sea island mathematical manual*, 263 A.D.

[**WA**] Donald B. Wagner. *An early Chinese derivation of the volume of a pyramid: Liu Hui, third century A.D.*. Historia Math., 1979, 6: 169-188.

从《数书九章》看中国传统数学构造性与机械化的特色 *

在已译成中文斯特洛伊克著的《数学简史》[1] 中, 有一段耐人寻味的议论:

> “在一切古代东方数学中没有任何地方足以使我们发现我们所谓证明的任何企图. 从未用过推理, 而仅仅是列出某些规则来:‘如此做, 做这个’. …… 对于我们这些被欧几里得的严格推理所教育的人, 这整个的东方思考方法在最初似乎是惊异而又高度地令人不满. 但是当我们认识到我们讲授给我们今天的工程师们和技术人员们的数学大部仍是‘如此做, 做这个’的方式, 而很少有严格的证明企图时, 这种惊异就会消灭了. 在许多中学中, 代数学现仍被教成一堆公式而不是一种演绎的科学. 东方数学似乎从未由它所由而生的几千年来技术学和行政问题的影响下解放出来.”

斯特洛伊克看出了以中国包括印度在内为代表的所谓东方数学, 与以欧几里得为代表的数学有着本质上的差别, 而且直到现在东方数学在中学教育中还占据着统治地位, 可谓见解精辟独到, 值得称道.

但是, 对于所谓东方数学缺少推理证明之说, 则不能不予以澄清.

欧几里得创造了一套用定义、公理、定理构成的逻辑推理演绎体系, 自有其独到之处, 但并不是必须按照这一格式才算是逻辑推理. 固然牛顿的《原理》是按照欧几里得的格式来写作的, 但笛卡儿的《方法》[3] 就没有照此办理, 总不能说笛卡儿就没有推理没有证明了. 不仅是 17、18 世纪的大量数学著作没有遵守欧几里得的格式, 即使是现代流行的数学刊物, 也可以看到不少重要的论文写作是没有遵守这一格式的.

至于我国的数学经典著作, 则更是另有一种独特的表达方式, 与欧几里得的方式尽管大相径庭, 却同样能起到一定的演绎推理与证明的作用, 国内论者已多, 不再重述. 特别值得一提的是李继闵同志的看法, 我国古代数学往往寓理于算, 不证自明, 下文当再说明此点.

其次, 公理、定义、定理的表达方式, 并不能保证逻辑推理就能严密无间. 欧几里得《几何原本》(以下将简称《原本》, 参阅 [2]) 在逻辑上弊病甚多, 这在 19 世纪数学批判性浪潮中已多所指摘, 即使 Hilbert 的《几何基础》一书被认为已奠定了所谓欧几里得几何的严密基础, 作者近年也已为文指出, 欧几里得的证明方式是

---

* 本文摘自《秦九韶与数书九章》(吴文俊主编). 北京师范大学出版社, 1987 年.

不可能达到应有的严密程度的, 而且是几乎无可挽救的. 由于离题过远, 在此不再深论.

另一面, 我国的古代数学并没有采用欧几里得的演绎形式. 但同样达到正确结论, 其成果之辉煌, 远非同时期世界其他地区的数学可以比拟. 像刘徽《九章注》中所表现的推理论证之严密细致, 当代数学家如 Wagner 等也已为之心折. 不能否认欧几里得的演绎体系与表达形式有某种优越之处, 但不能与推理的严密性视为等同. 而我国古算的表达形式有其另外优越的一面, 非欧几里得体例所能及, 作者以后有机会当专文评述, 在此不再深论.

总之, 形式应为内容、目的服务, 数学的内容实质才是主要的一面. 就内容实质而论, 所谓东方数学的中国古代数学, 具有两大特色, 一是它的构造性, 二是它的机械化.

19、20 世纪之交, 数学应否构造性地发展曾经引起激烈的争论. 并因此而深刻影响了当代数学的发展. 对于构造性概念的本身, 数理逻辑学家还分成了五个不同的层次. 对这些论争将由专门家来讨论, 非本文所能及. 就本文所拟讨论的《数书九章》来说, 不妨把构造性与机械化的数学看作是可以直接施用之于现代计算机的数学. 我国古代数学, 总的说来就是这样一种数学, 构造性与机械化, 是其两大特色, 算筹算盘, 即是当时施用没有存储设备的简易计算机.

就《数书九章》而论, 我们将就三个方面来举例说明.

一、质数与等数

欧几里得《几何原本》共分 13 篇, 其中 7, 8, 9 三篇是数论. 质数概念是整个数论的基石, 该书第 9 篇命题 20 证明了质数的数目比任何指定数目都要多. 欧几里得一书原来的证法就只有三个质数立论, 叙述也比较繁琐, 现在已成经典的证法, 则如下述. 假定只有有限个质数 $p_1, p_2, \cdots, p_n$, 作出 $p_1p_2\cdots p_n+1$, 于是不论这数本身是否质数, 都将引出矛盾, 因而有任意大的质数, 如所欲证.

这是一种典型的非构造性的证法, 只证明了任意大质数的存在, 但对于如何给出比一个数更大的质数来并未提供任何线索.

在我国, 则根本没有质数的概念, 自然谈不上奠基在质数概念上的数论等分支学科的形成.

但是, 数学决不能认为是单纯作为推理训练之用的学问, 更不能沦为数字游戏之学. 数学之所以重要, 主要是因为能有助于人类认识自然、控制自然, 为解决应用中产生的各种问题提供有效手段. 就这一点来说, 我国古代没有质数的数论要比欧几里得的数论不仅毫无逊色, 而且要优越得多. 《数书九章》中的大衍求一术, 就是我国古代数论的一项代表性的成就.

大衍求一术, 向被誉为中国剩余定理, 但在国外文献阐述中国剩余定理时, 往往局限于诸定母两两互质的特殊情形, 而在原来的大衍求一术中, 却没有这一限制. 在大衍求一术中, 并不需要质数与互质这些概念, 而代之以连环求等的方法, 巧妙地得到了一般情形的解法.

求等之等的等数, 即是现代通称的最大公约数. 在《原本》第 7 篇的第 1, 2, 3 三个命题, 即是关于求若干整数 (事实上不超过 3 个) 的最大公约数, 这在后世被称为欧几里得算法.

在我国, 求两数最大公约数即等数用更相减损之术, 将两数以小减大累减以得之. 如求 24 与 15 的等数, 其逐步减损如下表所示:

$$(24,15)\to(9,15)\to(9,6)\to(3,6)\to(3,3)$$

每次所得两数与前两数有相同的等数, 而两数之值逐步减少, 因而到有限步后必然获得相同的两数, 也即所求的等数, 其理由不证自明 (参阅沈康身同志的有关著作 [4]).

这个寓理于算不证自明的方法, 是完全构造性与机械化的, 尽可以据此编成程序上机实施.

欧几里得算法与上述更相减损之术实质上是相同的, 但《原本》除了引进许多概念、定义以外, 还给出了一个证明. 这个证明占用了足足三页的篇幅 (Heath 的注释已除去不算), 不仅繁长艰涩, 而且依据 Heath 有下面的注释:

> 请注意欧几里得假定了下面的事实作为一个公理, 即如果 a, b 都被 c 除尽, 则 $a-pb$ 也能被 c 除尽. 在下一命题中, 他也假定了一个公理, 即在同样情形下 c 也能除尽 $a+pb$.

这个注释无异是说, 欧几里得的原证在逻辑上并不严密而且有漏洞, 它隐含了一些不该略去的公理, 岂仅是证明繁长晦涩而已.

《原本》第 7 篇的命题 1 与 2, 虽然等价于后世通称的欧几里得算法, 但就其证明原来的叙述方式来说, 既不是构造性的, 也不是机械化的. 即使按照后世已经转化加工成真正算法的形式, 在整个欧几里得体系中, 也只能算是一个例外. 这与贯穿在我国古代数学中构造性与机械化的算法成果相比, 是不可同日而语的.

我国古代数学中有等数而没有质数, 没有质数该怎么办? 莫绍揆已有一文 [5] 论之, 甚为精辟, 定母完全任意的大衍求一术提供了不用质数概念的又一实例.

在任意定母的情形下秦九韶应用连环求等的术文虽少有瑕疵, 但不难纠正, 稍加改动即可, 可以参阅本书有关论文.

明代以来我国数学日益衰微, 九章之学几已湮没无闻. 一自利玛窦东来, 数学舞台遂为欧几里得之学所垄断独占. 清代虽不乏有志有为的杰出之士, 致力于发掘古籍发扬古学, 但终究因衰微日久, 往往只知以欧几里得之学生搬硬套, 对古籍强为穿凿作解. 有计算经验者都知道要把一数分解成质数因子并非易事, 而求两数的等数却要容易得多. 清张敦仁等以质数概念解释定母任意的大衍求一术, 既使原意全失, 又无异于化易为难, 我认为不足为法, 是不可取的.

二、增乘开方法与正负开方术

从《九章》中开平、立方发展至宋元时期增乘开方法与正负开方术的求方程数值解法, 是中国古代数学构造性与机械化思想方法的又一代表性成就.

为简单起见, 试考虑下面形式的方程

$$x^n + a_1x^{n-1} + \cdots + a_{n-1}x = a_n, \tag{1}$$

其中 a_i 都 > 0. 计算数学应讲求正确与效率, 我们试就这种方程对宋代古法作一检查. 检查方法将使用一个简单的计算器对这种方程求解来作出判断.

作者曾用一种 HP25 型的袖珍计算器做过这种检查工作. 这种 HP25 有 8 个存储单元可以存放数值, 利用这 8 个单元就可以编一个小程序解高至 5 次的方程 (1), 而且可达到任意预定的精度, 所用方法在于利用我国独创的十进位位值制数字表达法逐步求得解的各位数字. 例如对 $x^2 = 2$ 求 2 的平方根时, 将逐步求出 1, 1.4, 1.41, 1.414, 1.4141, $\cdots$ 其每次修正数值为 0.4, 0.01, 0.004, 0.0001, 而最后到 1.4141 为止时所达精度为 0.0001.

今以 3 次方程 (1) 为例, 利用 HP25 编程序如下.

HP25 的 8 个存储单元记作 $\boxed{0}$, $\boxed{1}$, $\cdots$, $\boxed{7}$. 我们将所设方程系数 a_1, a_2, a_3 各存入 $\boxed{1}$, $\boxed{2}$, $\boxed{3}$, 逐次求得的方程近似解设为 x_0 存入 $\boxed{0}$, 逐次解的修正数值记为 c 存入 $\boxed{6}$, 即每次近似解 x_0 改进为下一次的 $x_0 + c$, 又所预定要求的精度设为 $\delta = 0.0_k1$ 存入 $\boxed{7}$. 这里没有用到存储单元 $\boxed{4}$, $\boxed{5}$, 说明本例还没有使用上 HP25 的全部潜力, 实际上同样可以解 5 次方程.

先将 a_i, c, δ, 以及尝试解 x_0 存入 $\boxed{1}$, $\boxed{2}$, $\boxed{3}$, $\boxed{6}$, $\boxed{7}$, $\boxed{0}$ 后, 即可依照下面的程序逐步按键求得所要求精度的数值解, 程序右面部分是简单的说明.

用这一方法求方程实解所依据的原理, 从计算过程即已完全清楚, 已可不加辞费不证自明, 而且所得结果是绝对精确的 (指到预定精度而言), 用不着顾虑是否收敛以及收敛快慢的问题.

对于一般形式的方程, 可用益积减从正负开方等术, 其理相同, 可参见本书有关论著.

我国古算只涉及求实根, 其实求复根也一样可以. 因为每一个复系数求复根的方程, 相当于两实系数的实变方程组. 若变量为 x、y, 可依宋元时期消元的方法得

到一只有 x 的实系数方程, 即可依增乘开方与正负开方之术求得 x, y 的实数解, 也就是原来复方程的复数解.

步骤	程序	说明
1	$RCL0$	
2	$ENTER\uparrow$	将 $\boxed{0}$ 中的 x_0 取出 3 次
3	$ENTER\uparrow$	
4	$ENTER\uparrow$	
5	RCL 1	
6	$+$	
7	$\times$	
8	RCL 2	依 $x_0^3+a_1x_0^2+a_2x_0-a_3=((x_0+a)x_0+a_2)x_0-a_3$
9	$+$	的计算步骤将所得存显示中
10	$\times$	
11	RCL 3	
12	$-$	
13	$g:x=0$	显示中数 $=0$ 时
14	GTO 32	
15	$g:x<0$	显示中数 <0 时
16	GTO 26	
17	1	
18	0	显示中数 >0 时
19	$STO\div\delta$	将 $\boxed{6}$ 中 c 改为 $c/10$
20	RCL 6	
21	RCL 7	比较 $\boxed{6}$ 中的 c 与 $\boxed{7}$ 中的 δ, 相减所得 $c-\delta$ 存显示中
22	$-$	
23	$g:x\geqslant 0$	显示中数 $\geqslant 0$ 即 $c\geqslant\delta$ 时
24	GTO 28	
25	GTO 34	显示中数 <0 即 $c<\delta$ 时
26	$R\downarrow$	
27	STO 0	
28	RCL 0	将 $\boxed{0}$ 中 x_0 修改为 x_0+c 并返回第 2 步重新开始
29	RCL 6	
30	$+$	
31	GTO 2	
32	$R\downarrow$	
33	STO 0	$\boxed{0}$ 中的数即所求解并在显示中展出
34	RCL 0	

目前通行的方程求数值解法是 Newton 法一类的迭代法, 这种方法在初始值的选取、收敛与精度、系数稍有偏差时的影响, 都存在着复杂甚至颇为严重的问题. 当前 Berkeley 的 Smale 与 Princeton 的 Kuhn 都从不同的角度对 Newton 法进行了

理论探讨, 可见其问题之不简单. 与我国古法相较, 古法之直截了当且可排除各种病态的优越性是颇为显著的.

三、大衍求一术

大衍求一术是我国古代数学构造性与机械化思想方法的又一范例. 这在国外称为中国剩余定理, 但往往只涉及定母两两互质的情形, 用现代语言可表述如下:

设有 n 个两两互质的正整数 $m_1, \cdots, m_n$, 又设 $u_1, \cdots, u_n$ 为已知整数, 则有唯一的一个 $\geqslant 0$ 而 $< m = m_1 m_2 \cdots m_n$ 的整数 u 使

$$u \equiv u_j \mathrm{mod} m_j, \quad 1 \leqslant j \leqslant n.$$

在 Knuth[6] 一书中, 对中国剩余定理给出了两个证明, 一个是非构造性的, 另一个是构造性的. 这两证明颇可说明构造性与非构造性的区别, 故录之于此.

非构造性证明. 唯一性的证明是容易的, 故只须证明存在性即足. 为此, 对任一 $n > 0$ 记 $\geqslant 0$ 而 $< n$ 的整数全体为〔n〕, 又对任一整数 v, 记〔m_j〕中与 v 对 m_j 同余的唯一整数为 v_j, 考虑对应关系

$$\lambda: \begin{cases} 〔m〕 \rightarrow 〔m_1〕 \times \cdots \times 〔m_n〕, \\ v \rightarrow (v_1, \cdots, v_n). \end{cases}$$

显然〔m〕中不同的 v 将对应不同的 $(v_1, \cdots, v_n)$, 因集合〔m〕与〔m_1〕$\times \cdots \times$〔m_n〕中的个数相同, 故 λ 是一对一的. 特别对于每一组〔m_1〕$\times \cdots \times$〔m_n〕中的数, 例如 $(u_1, \cdots, u_n)$ 必有一 u 与之对应, 这就是要证明的定理.

与前面所引《原本》中质数个数无限这一定理的证明相仿, 这是一种典型的非构造性证明. 这种证法简单美妙, 但对要求得的 u 并不提供任何求法的线索. 构造性的证明则不然, 不仅证明 u 的存在, 同时也给出了 u 的求法甚至显豁公式. 下面的证明就属于这一种, 也在 Knuth 同书中给出.

构造性证明. 对任意数 n, 命 $\varphi(n)$ 是它的 Euler 数. 作

$$M_j = (m/m_j)^{\varphi(m_j)}, \qquad 1 \leqslant j \leqslant n,$$

则据整数论定理, 任意满足

$$u \equiv (u_1 M_1 + \cdots + u_n M_n) \bmod m$$

的数 u 都能使 $u \equiv u_j \mathrm{mod} m_j$, $1 \leqslant j \leqslant n$, 于是只须取 $\geqslant 0$ 而 $< m$ 的 u 即合所求.

证明中的 $\varphi(n)$ 是 Euler 函数, 即 $\leqslant n$ 而与 n 互质的正整数个数. 如果 n 分解成质因子的乘积

$$n = p_1^{e_1} \cdots p_s^{e_s},$$

其中 p_j 是不同质数, 则 Euler 证明

$$\varphi(n) = n\left(1 - \frac{1}{p_1}\right) \cdots \left(1 - \frac{1}{p_s}\right).$$

在 n 本身是质数 p 时,

$$\varphi(p) = p - 1, \quad \text{例如 } \varphi(83) = 82.$$

但对一般的 n, 则须先分解成质因子再求出 $\varphi(n)$, 例如

$$n = 225600 = 2^6 \cdot 3 \cdot 5^2 \cdot 47,$$

故

$$\begin{aligned}\varphi(225600) &= 2^6 \cdot 3 \cdot 5^2 \cdot 47 \cdot \frac{1}{2} \cdot \frac{2}{3} \cdot \frac{4}{5} \cdot \frac{46}{47} = 2^9 \cdot 5 \cdot 23 \\ &= 58880.\end{aligned}$$

由于分解因子并非易事, 而所得 $\varphi(n)$ 在 n 稍大时即相当大, M_j 因而 u 依上证的计算量将很可观, 甚至可使一台现代的计算机也难以处理.

我国古代数学没有质数概念, 自然更没有 Euler 函数以及整数理论, 但同样解决了这一问题, 而且原理浅显, 计算简易, 甚至解决得更彻底 —— 包括了诸 m_j 不必两两互质的情形.

为简单起见, 仍只考虑诸 m_j 两两互质的情形. 不论是 Knuth 所载的构造性证法 (以下简称西法), 还是秦九韶的大衍求一术, 其基本原理可以说都如下述:

假定有一组整数 N_j, 使

$$N_j \equiv \begin{cases} 1 \bmod m_j, \\ 0 \bmod m_i, i \neq j \end{cases} \qquad (1 \leqslant j \leqslant n),$$

则任意使

$$u \equiv (u_1 N_1 + \cdots + u_n N_n) \bmod m$$

的整数 u 都能满足同余式

$$u \equiv u_j \bmod m_j, \quad 1 \leqslant j \leqslant n.$$

在西法中, 所取 N_j 是

$$N_j = M_j = (m/m_j)^{\varphi(m_j)},$$

其依据是整数论中的一条定理, 其中 $\varphi(m_j)$ 的概念与公式以及定理的证明都是颇费周折的.

在秦法大衍求一术中, 则是先定 k_j, 使

$$k_j(m/m_j) \equiv 1 \bmod m_j,$$

再取

$$N_j = k_j(m/m_j).$$

计算简单而理论依据已寓于计算之中, 可以不证自明.

在大衍求一术中, 所用专门术语是

m_j—— 定母, $m = m_1 m_2 \cdots m_n$ —— 衍母,
m/m_j—— 衍数, (m/m_j) 对 m_j 之余 n_j —— 奇数,
k_j—— 乘率, $k_j(m/m_j)$—— 用数,
u_j—— 余数, u—— 总数.

这些数之间的关系是

$$k_j * n_j \equiv 1 \bmod m_j, \text{或乘率} * \text{奇数} \equiv 1 \bmod \text{定母},$$

$$u = \sum u_j * k_j(m/m_j), \text{或总数} = \sum \text{余数} * \text{用数}.$$

求一术的最主要一步在于从奇数与定母求乘率, 即已知 n_j, m_j 时求 k_j, 即解

$$k_j * n_j \equiv 1 \bmod m_j.$$

解法的出发点是考虑更一般形式的同余式

$$x * b \equiv c \bmod a,$$

其中 a, b, c 都是已知整数而 x 为所求, 在 $c = 1$ 而 b, a 各为 n_j, m_j, 所得 x 即为乘率 k_j .

上面的同余式有两个明显的解答:

$$c = b \text{ 时}, x = 1, \text{ 即 } 1 * \text{奇数} \equiv \text{奇数},$$

$$c = -a \text{ 时}, x = 0, \text{ 即 } 0 * \text{奇数} \equiv \text{一定数},$$

而在 $c = 1$ 时, x 应 = 乘率.

上面两个显然的同余式可以把其中出现的四数置于一个方阵的四角来简单地表示, 即置

$$\boxed{\begin{array}{cc} \text{左上} & \text{右上} \\ \text{左下} & \text{右下} \end{array}} = \boxed{\begin{array}{cc} 1 & \text{奇数} \\ 0 & \text{定数} \end{array}}$$

方阵四角的数符合下面的关系式:

$$\text{左上数} * \text{奇数} \equiv \text{右上数} \bmod (\text{定母}),$$

$$\text{左下数} * \text{奇数} = -\text{右下数} \bmod (\text{定母}).$$

开始时位于方阵右方上下的奇定二数可以很大, 求一术将四角之数递互累乘累减, 使右方两数逐步减小, 但却依然保持上面两个关系式成立. 到右上角之数减小至 1 时, 左上数由于上关系式就给出了所求的乘率.

将四角之数递互累相乘减以减小右方二数而保持两关系式之法, 实质上与古法求两数的等数时以少减多更相减损以减少两数之值, 而使等数重叠不变的更相减损之术理由是相同的, 只是更为复杂而已. 这可以说是求一术的真髓.

现取《数书九章》中余米推数题为例来对求一术作一具体说明. 该题是一件盗窃案的侦破术, 原题照录如下:

> 问有米铺, 诉被盗去米一般三箩, 皆适满, 不记细数. 今左壁箩剩一合, 中间箩剩一升四合, 右壁箩剩一合, 后获贼, 系甲乙丙三名. 甲称当夜摸得马杓, 在左壁箩, 满舀入布袋, 乙称踢着木履, 在中箩, 舀入袋, 丙称摸得漆椀, 在右边箩, 舀入袋, 将归食用, 日久不知数. 索到三器, 马杓满容一升九合, 木履容一升七合, 漆椀容一升二合. 欲知所失米数, 计赃结断三盗各几何.

今以合为单位, 则依题意

剩米数 = 余数 $u_j = 1, 14, 1$,

盗器容量 = 定母 $m_j = 19, 17, 12$,

衍母 $m = m_1m_2m_3$, $19 * 17 * 12 = 3876$,

衍数 $m/m_j = 204, 228, 323$,

奇数 = m_j 除 m/m_j 之余 = $14, 7, 11$,

所求乘率 = $k_j = 15, 5, 11$.

这里乘率 k_j 的求法依大衍求一术如下表所示:

其余两个乘率的求法也一样, 算式如下:

求 k_2, 使 $k_2 * 7 \equiv 1 \bmod 17$,

得 k_2 = 左上数 5.

求 k_3 使 $K_3 * 11 \equiv 1 \bmod 12$.

得 $k_3 =$ 左上数 11.

计算乘率 k 的过程颇为简单, 且其原理正与求等数的原理类似, 颇为显然, 即所谓理在算中, 不用多加辞费, 已可不证自明.

若用西法, 其计算量就要大得多. 试将两种方法列表比较如下.

步骤	大衍求一术云	
1	置奇右上、定居右下, 立天元一于左上.	1　14 0　19
2	先以右上除右下, 所得商数.	1　14 0　5　　1
3	与左上一相生入左下.	1　14 1　5
4	然后乃以右行上下、以少除多, 递互除之, 所得商数.	1　4　　2 1　5
5	随即递互累乘, 归左行上下.	3　4 1　5
6	(同第 4 步)	3　4 1　1　　1
7	(同第 5 步)	3　4 4　1
8	(同第 4 步)	3　1　　3 4　1
9	(同第 5 步)	15　1 4　1
10	须使右上末后奇一而止	停
11	乃验左上所得以为乘率	乘率 $k_1 = 15$

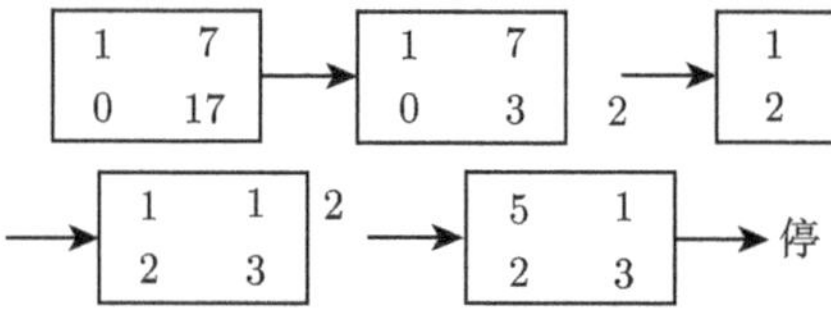

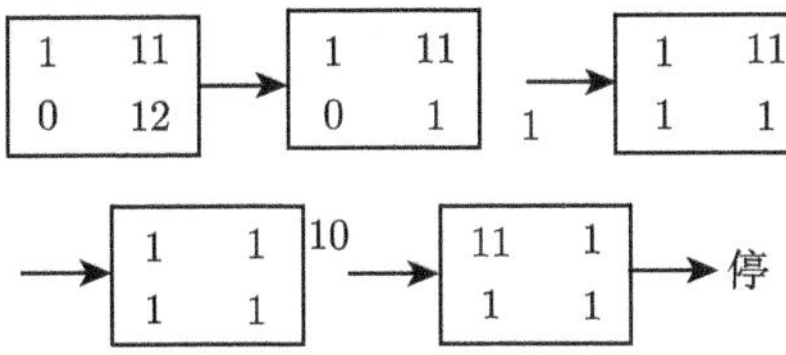

$$求\ u \equiv \begin{cases} 1\bmod 19, \\ 14\bmod 17, \\ 1\bmod 12. \end{cases}$$

在《数书九章》所列大衍求一术的 9 个问题中, 余米推数中的数都不大, 但西法的计算量已颇可观. 在另一题古历会积中, 出现了

$$奇数 = 9253, \quad 定母 = 225600,$$

西法	秦法 (大衍求一术)
$N_j = (m_1 \cdots m_n/m_j)^{\varphi(m_j)}$	$k_j * (m_1 \cdots m_n/m_j) \equiv 1\bmod m_j\ N_j = k_j(m_1 \cdots m_n/m_j)$
$N_1 = (17*12)^{\varphi(19)} = 204^{18}$	$k_1 * (17*12) \equiv k_1 * 14 \equiv 1\bmod 19 \Longrightarrow k_1 = 15$ $N_1 = 15*(17*12)$
$N_2 = (19*12)^{\varphi(17)} = 228^{17}$	$k2*(19*12) \equiv k_2 * 7 \equiv 1\bmod 17 \Longrightarrow k_2 = 5$ $N_2 = 5*(19*12)$
$N_3 = (19*7)^{\varphi(12)} = 323^4$	$k_3 * (19*17) \equiv k_3 * 11\bmod 12 \Longrightarrow k_3 = 11$ $N_3 = 11*(19*17)$
$u \equiv 204^{18} + 14*228^{17} + 323^4\bmod 3876$	$u \equiv 15*(17*12) + 5*(19*12) + 11*(19*17)\bmod 3876$

按大衍求一术计算, 易从

$$k * 9253 \equiv 1 \bmod 225600$$

算得

$$k = 172717.$$

若依西法, 则须计算

$$N = 9253^{\varphi(225600)} = 9253^{5880},$$

即使一台现代化的计算机, 也是难于完成这一计算任务的.

最后我们想指出, 载于 Knuth 一书的西法, 自然早已有之, 但是由于用到 Euler 函数, 因而此法出现的最早年限是 18 世纪. 至于大衍求一术, 则即使算完全是秦九韶一人的创造, 其出现的最低年限, 也至迟是 13 世纪 ——1247 年.

参 考 文 献

[1] 斯特洛伊克 D J. 数学简史. 关娴译. 科学出版社, 1956.
[2] Heath T L. The Thirteen Books of Euclid's Elements. Dover, 1956.
[3] Descartes R. La Déomètrie. Dover, 1954.
[4] 沈康身. 更相减损术源流. 全国数学史讨论会, 1981.
[5] 莫绍揆. 假如没有素数概念该怎么办? 数学研究与评论, 1982, 4: 183.
[6] Knuth D E. The art of computer programming, Vol. 2. Seminu Merical Algorithms, 1969.

近年来中国数学史的研究 *

一、绪　　论

本文的讨论限于对从远古时代至公元十四世纪的中国古代数学的研究. 近年来, 国内外学者对中国古代数学的研究已经蓬勃开展起来, 对中国古代数学所取得的成就有了更深刻的认识. 笔者在此将随意引用其中一些成果, 对文中所表述的观点, 概由笔者本人负责.

在中国古代数学史研究中, 有两条需要严格遵守的原则, 即:

原则一: 所有研究结论应该在幸存至今的原著基础上得出.

原则二: 所有结论应该利用古人当时的知识、辅助工具和惯用的推理方法得出.

本文将引用下列著作:

《九章算术》, 成书于公元一世纪.

《九章算术注》, 刘徽著, 成书于公元 263 年.

《海岛算经》, 刘徽著, 成书于公元 263 年.

《数书九章》, 秦九韶著, 成书于公元 1247 年.

就原则二来说, 因为中国古代数学中没有使用代数符号演算和添加平行线证明几何题的传统, 所以我们强调应该在代数和几何的推理中禁止使用诸如此类的"现代"方法. 中国古代数学独立于古希腊数学和作为其延续的西方数学, 有着自身发展的清晰主线, 其发展过程、思考方法和表达风格亦与西方数学迥然不同. 笔者在开始对中国古代数学成就进行叙述之前, 首先在此指出中国古代数学的一些特点.

第一, 古代中国人没有用纸笔作为计算工具, 而是在算板上用算筹进行一切计算. 为了使算筹运算成为可能, 早在远古时期, 我们祖先已经使用了十分完善的十进位位值制. 只要把筹摆在板上的适当位置即可准确表示一个整数, 特别地, 十进整数中的零和零本身都通过在相应位置上空位表示. 事实上, 我国古代把数学称作"算术", 正好反映了这种计算的方法.

第二, 结果通常是由独立问题的形式来表示. 每个问题由以下条目构成: (一) 叙述具体数值的问题; (二) 问题的数值解答; (三) 本文, 叙述获得结果所用

---

* 本文是 1986 年 7 月在美国加州大学伯克利分校召开的数学家大会 (ICM86) 上特邀讲演的讲稿之译稿, 原载《中国数学史论文集》(三). 山东教育出版社, 1987.

的方法, 在大多数场合相当于现在的“算法”, 但有时也相当于现今的公式或定理. 值得注意的是, (一) 中的具体数值, 在本文中并不起特殊作用, 以其他数值代入运算也同样成立, 因此, 本文是一般方法, 条目 (一) 中的具体数值只是作为举例说明之用. (四) 有时有“注”或“按”, 解释术文所依据的理论. 宋代以后的算书中, 常会有条目 (五) 演草, 抄录获得最终结果所进行运算的详细步骤.

二、关于整数理论的研究

本部分整数系指正整数.

在中国古代数学中, 未曾出现素数、因数分解等概念, 但是发明了求两整数的最大公因数的方法—— 更相减损术. 其算法如下:

“以少减多, 更相减损, 求其等也.”

在中国古代数学中, 将最大公因数称作“等”.

举个简单的例子, 用更相减损术求得 24 和 15 的最大公因数是 3, 其步骤如下:

$$(24,15) \longrightarrow (9,15) \longrightarrow (9,6) \longrightarrow (3,6) \longrightarrow (3,3). \tag{1}$$

正如刘徽在《九章算术注》中所说:“其所以相减者, 皆等数之重叠.” 此术所依据的原理是在更相减损过程中整数值逐渐变小, 而最大公因数不变.

中国古代虽然未出现过素数概念, 但却从不同于西方数学的角度对整数理论进行了相当广泛和深入的研究. 我们将引用南京大学莫绍揆和西北大学李继闵的两项研究工作.

在中国古代数学发展的漫长过程中, 勾股形一直是数学家们研究的偏爱对象. 特别是勾、股、弦三边长度所组成的三重整数组已经完全可以确定. 例如经典算书《九章算书》“勾股”章中就出现了以下八个三重数组: (3, 4, 5), (5, 12, 13), (7, 24, 25), (8, 15, 17), (20, 21, 29), (20, 99, 101), (48, 55, 73), (60, 91, 109). 这些三重数组的出现不是偶然的, 在勾股章第十四问中已隐含给出这种数组的一般组成形式. 今将此题照录如下:

今有二人同所立, 甲行率七, 乙行率三. 乙东行. 甲南行十步而邪东北与乙会. 问甲乙行各几何.”

术文为:“令七自乘, 三亦自乘, 并而半之, 以为甲斜行率. 斜行率减于七自乘, 余为南行率. 以三乘七为乙东行率.”

如前所述, 数字 7 和 3 仅起举例说明的作用, 可以用满足 $m > n > 0$ 的任意数对 m、n 替换它们. 术文所说就是三边成这样的比例:

$$\text{勾:股:弦} = \left[m^2 - \frac{m^2+n^2}{2}\right] : mn : \frac{m^2+n^2}{2}.$$

上述八个三重数组就可以用下数对来决定：(m, n)=(2, 1), (3, 2), (4, 3), (4, 1), (5, 2), (10, 1), (8, 3), (10, 3).

刘徽在《九章算术注》中，依据出入相补原理对此问作了几何证明. 本文第三部分将详细讨论出入相补原理. 刘徽的证明表明 $m:n$ 即股弦和与勾之比当且仅当勾股弦的长度成一个整数比时，$m:n$ 是一个整数比. 因此，利用术文所给的方法，可以列出由勾股弦长度所组成的详尽数表.

中国古代数学中对整数理论研究的第二个例子是大衍求一术，即著名的中国剩余定理. 最近的研究表明大衍求一术算法来源于汉代以来的历法计算，直到公元 1247 年秦九韶《数书九章》的问世，有一条相当清晰的发展路线. 秦九韶在书的序言中指出："独大衍法不载《九章》，未有能推之者，历家演法颇用之." 秦九韶第一次系统地解释了大衍求一术算法.《数书九章》卷一、二共九问，内容有历法计算、修筑河堤、计算财物、租税分配、出售谷物、计点军队、土木建筑，甚至还有一个盗窃案例. 如果使用现代符号表示，那么所有问题都可归结为以下形式：

$$u \equiv u_j (\mathrm{mod} M_j), \qquad 1 \leqslant j \leqslant r, \tag{2}$$

其中 u_j, M_j 已知. 秦九韶称模 M_j 为定母 (不必两两互素)，秦给出一种方法，可以反复运用更相减损术把定母化为两两互素，因此，这里只考虑模 M_j 两两互素的情况.

在现代数学中这一问题可以这样解决：

令 $\mathrm{Ph}_j(N)$ 表示整数 N 的欧拉函数，此函数可以将 N 进行素因数分解得到.

令 $M = M_1 \cdot M_2 \cdot \ \cdots \ \cdot Mr$,

$$N_j = \left(\frac{M}{M_j}\right)^{\mathrm{Ph}^j(N_j)}, \qquad 1 \leqslant j \leqslant r, \tag{3}$$

则 (2) 的解为

$$u \equiv \sum_j (u_j \cdot N_j)(\mathrm{mod}\ M).$$

读者可以参看 Knuth：Art of Computer Programming 卷 2 第 250 页.

(3) 的方法和结果似乎很简洁漂亮，然而用此法计算秦九韶的九个问题，即使有现代计算机辅助，得到最终结果也是相当困难的.

现在，我们介绍秦九韶的解法.

第一步，令 R_j 为 $\dfrac{M}{M_j}$ 模 M_j 后的余数，称为奇数，决定 K_j，使之满足：

$$K_j \cdot R_j \equiv 1(\mathrm{mod}\ M_j). \tag{4}$$

最后结果：$u \equiv \sum_j \left(u_j \cdot k_j \cdot \dfrac{M}{M_j} \right) (\text{mod } M).$ (5)

K_j 称为乘率, 求 K_j 满足 (4) 的算法被秦氏称为大衍求一术. 此术的第一步是将四个已知数 1、0 (留作空白)、R_j 和 M_j 分别放在正方形左上角 (LU)、左下角 (LL)、右上角 (RU)、右下角 (RL)：

$$\begin{array}{|cc|}\hline \text{LU} & \text{RU} \\ \text{LL} & \text{RL} \\ \hline \end{array} = \begin{array}{|cc|}\hline 1 & R_j \\ & M_j \\ \hline \end{array}$$

这四个数满足下列同余式：

$$\begin{aligned} &\text{LU} \cdot R_j \equiv \text{RU} \ (\text{mod } M_j), \\ &\text{LL} \cdot R_j \equiv -\text{RL} \ (\text{mod } M_j). \end{aligned} \tag{6}$$

算法第二步是对正方形四个数进行一定的运算, 不断减小右方的数值, 但保持同余式 (6) 的成立. 经过有限次运算后, 右上角的数值将减小为 1, 由 (6) 知左上角的数值就是所求的乘率 K_j. 通过下面对算法的详细叙述, 读者不难看出, 大衍求一术所依据的原理本质是与求两数最大公因数的更相减损术相同, 只不过大衍求一术比更相减损术复杂得多罢了. 求乘率的算法如下：

"以奇为右上, 定母为右下, 立天元一于左上. 先以右行上下两位以少减多, 所得商数, 乃递互乘内左行, 使右上得一而止. 左上为乘率."

今以秦书第九问为例. 这是一个盗窃问题. 负责此案的官员使用这种算法, 就可判断出三个盗贼每人所窃的稻谷数量. 计算其中一盗贼所窃物时, 其相应乘率：

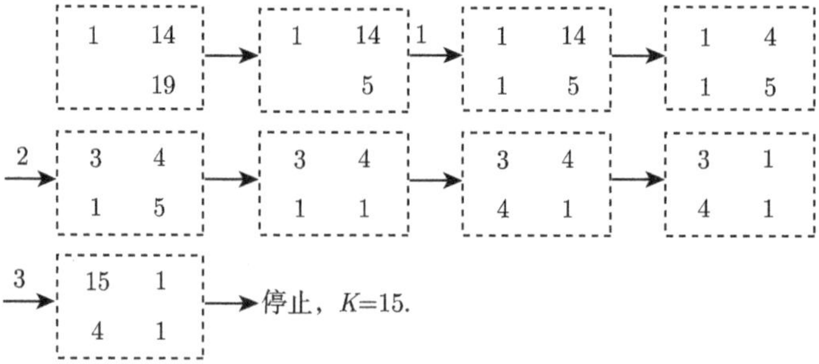

读者可将这一过程与 (1) 的计算过程作一番比较, 便不难体会大衍求一术与更相减损术的异同之处.

此例的数值是秦书九问中最简单的, 但若用 (3) 的方法计算则不是一桩易事. 另有三问中出现了庞大的天文数字, 如用 (3) 的方法最终将鞭长莫及, 但秦九韶用大衍求一术轻松地解决了这九个问题.

三、几　　何

通常认为, 中国古代没有几何学. 事实上却不是这样, 中国古代在几何学上取得了极其辉煌的成就. 人们的误解可能是因为中国古代几何学在内容和形式上都与欧几里得几何迥然不同的缘故. 这种不同表现在以下几方面:

第一, 中国古代几何没有采用定义 — 公理 — 定理 — 证明这种欧氏演绎系统, 取公理而代之的是几条简洁明了的原理, 在此基础上推导出各种不同的几何结果, 刘徽在《九章算术注》中就是这样做的.

第二, 中国古代几何与欧氏几何研究的侧重点不同. 我们祖先对直线的垂直性感兴趣, 而欧氏几何重视平行性的研究. 在中国古代数学数千年的发展过程中, 勾股形在几何研究中始终占据着主要地位. 其次, 古代中国人对角缺乏兴趣, 重视对距离的研究, 而欧氏几何则把角的研究放在重要地位.

第三, 中国古代几何学总是与应用问题紧密相联, 测量、面积和体积的研究占据了研究的中心地位.

第四, 中国古代的几何总是与代数互相渗透, 具有几何代数化的特点. 中国古代数学的几何代数化在宋元时期达到了顶峰. 李约瑟指出, 几何代数化是解析几何产生的前奏曲 (也是关键的一步).

我们用下面几例来进一步阐述这些观点.

例 1　日高术

"立两表于洛阳之城, 令高八尺. 南北各尽平地, 同日度其正中之景. 以景差为法, 表高乘表间为实, 实如法而一, 所得加表高即日去地也." 即

$$日高=\frac{表高\times 表面}{影差}+表高.$$

在汉代的一些著作中已出现了这个公式, 后来的历法书中也常引用它计算日高. 显然, 这个公式估值过于粗糙而实际上不能使用. 刘徽用海岛代替日高术中的太阳, 将日高术改造成为海岛公式, 成为一个地面测量实际可行的精确公式. 《海岛算经》包含九个类似公式, 上面这个公式是第一个, 也是最简单的. 古代对这个古老公式曾有证明及附图, 宋代书中记载了这一事实, 以后便失传了. 笔者根据三世纪赵爽所作的证明片断和残缺不全的彩图, 按照逻辑顺序重排了语句, 作出了日高术及海岛公式的证明. 下图中 Y 代表黄色, B 代表青色.

"黄甲 (Y_1) 与黄乙 (Y_2) 其实相等. 黄甲与青丙 (B_3) 相连, 黄与青己 (B_6) 相连, 其实亦等. 青丙与青己其实亦等. 以表高乘表相与为黄甲之实. 以影差为黄乙

之广而一, 所得则变为黄乙之袤. 上与日齐, 按图当加表高.”

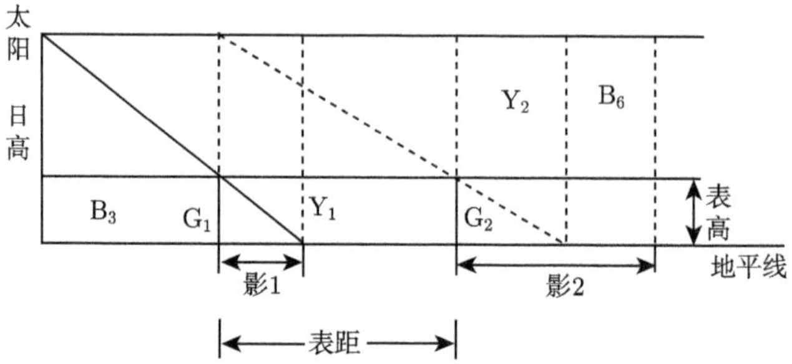

参看附图, 证明是很清楚的.

例 2 出入相补原理

例 1 中的面积相等关系是运用出入相补原理得出的. 在经典著作《九章算术》中可以看出出入相补原理已经形成, 并用简洁的语言清楚地表达出来. 出入相补原理的含义为: 一个平面或立体的图形被分割成几部分后, 面积或体积的总和保持不变. 这个简单的原理被古人成功地运用, 解决了各种各样的复杂问题, 有时问题解决的十分巧妙, 例 1 仅是其中一例. 仍以勾股形的三边为例. 这三边可以形成几种和与差, 例如勾股和、股弦差等, 连同三边有九个数. 在《九章算术》勾股章中, 有许多问题是已知这九个数中的两个利用出入相补原理求勾、股、弦. 如第十四问已知勾弦和与股的比值, 可得出整勾股数的一般公式, 如同第二部分中已给出的公式. 刘徽用出入相补原理证明了这一结果, 如下图所示 (R 表示红色, Y 表示黄色):

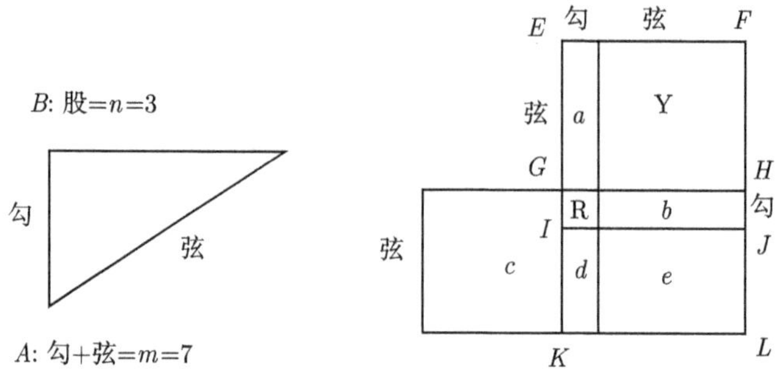

$$c+d=弦^2-勾^2=d+e=股^2=n^2,$$

$$2EFGH=EFKL=m^2+n^2=(勾+弦)^2+股^2,$$

$$a+Y=弦\cdot m=弦\cdot(勾+弦),$$

$$b+R=EFIJ-EFGH=勾\cdot m=勾\cdot(勾+弦)=m^2-\frac{m^2+n^2}{2}.$$

在《数书九章》中有一个已知三角形三边求三角形面积的公式:

$$4\cdot\text{三角形面积}^2=\text{短边}^2\cdot\text{长边}^2-\left(\frac{\text{长边}^2+\text{短边}^2-\text{中边}^2}{2}\right)^2.$$

这公式显然与海伦公式等价. 以公式的繁琐与海伦公式的简洁比较, 肯定此公式不是由海伦公式得出来的. 笔者按照中国古代数学的传统风格, 应用《九章算术》中基于出入相补原理的一些公式, 重新构造了一个证明, 可以很自然地得到秦九韶的公式.

出入相补原理事实上也是中国古代求平方根或立方根方法和二次方程解法的基础, 因而中国古代代数的本质是具有几何性的. 用出入相补原理可以很自然地得出《海岛算经》中的所有复杂公式, 但是如果用欧氏几何的方法推导这些公式就很困难, 至少会使人有不自然的感觉.

例 3　立体体积

运用出入相补原理可以决定多边形的面积, 但不能决定所有多面体的体积. 刘徽意识到这一点, 并出色地解决了这个问题. 斜解正方体成两个相等部分, 叫做堑堵. 斜解堑堵成两部分, 其中锥形部分叫阳马, 另一个四面体叫鳖臑. 刘徽运用极限以清晰的逻辑推理过程, 得出了结论, 笔者将其命名为刘徽原理:

"阳马居二, 鳖臑居一, 不易之率也."

用刘徽原理和出入相补原理, 可以求出任何多面体的体积. 《九章算术》商功章的许多公式便是这样得出的. 在刘徽对其原理的简洁严密的证明中, 有将一个大堑堵分割为较小的阳马的过程. 如下图所示:

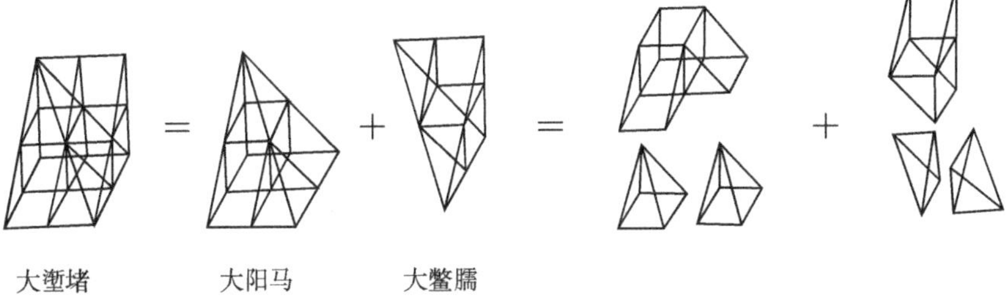

从图中可以看出:

一个大阳马 − 两个大鳖臑 = 2 (一个小阳马 − 两个小鳖臑).

继续分割, 则右边越来越小, 最终可以忽略不计. 正如刘徽所说:

"半之弥少, 其余弥细. 至细曰微, 微则无形. 由是言之, 安取余哉."

对阳马术的更详细的论述可参看 Wagner 的一篇出色论文, 发表于 *Historia Math*, 1979, 6: 169—188.

刘徽还研究了曲面体求积问题, 其中有著名的球体积问题. 他得出的结论是: 球的体积依赖于一个奇特的立体的体积, 这个立体是一个立方体的两个内切圆柱的公共部分. 刘徽不仅思维精密而且态度严肃, 他自己虽然未能解决这个问题, 但把这个问题留给后人. 他说:"欲陋形指意, 惧失正理. 敢不阙疑, 以俟能言者."

公元五世纪, 大数学家、天文学家和工程学家祖冲之的儿子祖暅, 继续了刘徽的工作, 终于得到了最后结果. 祖暅发现了一条原理, 等价于后来重新发现的 Caralieri 原理, 即

"缘幂势既同, 则积不容异."

在此不准备用较多篇幅叙述祖暅球体积公式的精彩证明. 刘徽虽然没有明确提出这一原理, 但他在多种简单曲面体体积的推导中确实使用了这一原理. 有鉴于此, 笔者倡议以"刘祖原理"取代我们中国学者常用的"祖暅原理"的命名.

总而言之, 古代中国人以令人陶醉的方式运用出入相补原理、刘徽原理和刘祖原理, 这些原理已足以建立起立体 —— 无论是否曲面体 —— 的整个体积理论.

四、代　　数

代数无疑是中国古代数学中最发达的部门. 应该指出, 中国古代的代数实际上是方程解法的同义语. 探究方程源流, 可以发现方程问题是由两个不同方面发展而来的. 其一是远古时期的物物交换导致的盈不足术发展而成方程术.《九章算术》的方程章叙述了联立线性方程组的解法, 这时引入了负数概念. 刘徽在注文中说:"并引为行, 故谓之方程."因而可以这样解释:"方程"的"方"即是正方形或矩形, "程"是将数字以矩阵形式排列在算板上.

《九章算术》所给出的解联立线性方程组的解法, 是进行行列之间的运算, 类似于今天的消去法. 在刘徽注中还可以看到将数字矩阵变为标准型的详细过程.

方程的第二个来源是测量和几何问题. 在求太阳高度时, 产生了日高公式和太阳距观测者水平距离的公式. 太阳与观测者的距离是利用勾股定理和开平方运算得出的. 勾股定理和开平方法的证明都可用出入相补原理推出.《九章算术》第九章中有一问由出入相补原理自然导出了一个二次方程, 并将解法命名为"带从开平方法", 这一名称不仅揭示了解此类方程的方法, 而且也显露了其根源.

唐朝初年, 我国已有了三次方程解法, 宋代高次方程的数值解法发展到了高峰, 这时的解法与 1819 年霍纳发明的方法本质上完全相同.

宋元时期 (十至十四世纪) 最重要的数学成就是天元概念的引进. 天元相当于今天的未知数. 尽管在数千年的数学历史发展中, 方程解法始终占据着中心地位, 但是直到宋元时期才第一次引进未知数的清晰概念和使用系统的方程解法. 当时

的数学家已认识到了天元术的巨大作用. 朱世杰在其著作中写道:“今以天元演之, 明源活法, 省功数倍.”

这一时期, 天元术不断发展, 最终产生了四个未知数的高次联立方程组的解法, 几何代数化、多项式运算和消去法也随之得到了发展. 方程发展的两条主线到此时合二为一, 解方程的理论更接近现代代数的有关内容. 由于当时所有的运算要在算板上进行, 多项式不同类项的系数要摆在板上的不同位置, 这就将未知数的个数限制为最多是 4. 在当时与外部世界如阿拉伯的交流日益加强的情况下, 如果放弃算板而采用其他系统, 数学将面临一个空前繁荣的时代. 但事与愿违, 由于种种原因, 到元朝末年, 深入的研究工作停止了, 数学处于停滞不前的境地. 当明末利玛窦到中国时, 几乎没有一个中国高级知识分子懂得《九章算术》!

五、结　束　语

本文因篇幅所限, 不讨论极限概念、高阶内差公式和级数求和等成就. 简而言之, 中国古代数学的大多数成就具有构造性、算法化和机械化的性质, 因此大多数的“术”可以无困难地转化为程序用计算机来实现. 中国古代数学家善于从简明的事实得出深刻的结论, 并总结成简洁的原理. 正是这些简单易明而应用广泛的原理, 形成了中国古代数学的独特风格. 中国古代数学的研究方法是从研究具体问题入手, 从中提出简单明了的原理和一般方法. 代数化和十进位位值制这样杰出的成就也是在这种思想的指导下取得的. 总之, 中国古代数学有其自身的长处, 当然也有传统的不足. 我们既不能像明先祖们那样妄自菲薄, 漠视我们祖先所取得的成就, 亦不可仿效唐人, 妄自尊大, 拒绝接受外国的先进技术. 只要我们充分认识我们传统思想方法的威力, 同时吸收外国的先进科学技术, 可以预见中国数学将进入一个辉煌灿烂的新时代.

(高素娟译)

《九章算术》暨刘徽学术思想国际研讨会开幕词 *

各位女士、各位先生:

这个会议是很隆重的. 今天这次讲话本应是卢嘉锡教授讲的, 但很抱歉, 因为他突然生病了不能来, 所以我只好临时来充数.

《九章算术》在国内数学界一般都知道它是一部名著. 对于《九章算术》, 向来有许多人都认真钻研过, 而且做了大量的工作. 可是, 把现代与过去的 70 年代相比, 有很大的改变. 我觉得就是比以前钻研得更深了. 我举一个例子: 就是大约在两三年前, 在合肥开会时, 李继闵教授和我讲, 无理数在《九章算术》里就有, 我们开方不尽时, 就有一个专门名词来代表开不尽的数, 所谓“以面命之”就是一个定义. 开不尽的数就叫“面”. 开不尽的数就相当于无理数. 而且还有一套简单的规则, 比如 $\sqrt{2}$ 乘以 $\sqrt{3}$ 就等于 $\sqrt{6}$ 之类. 可见尽管有那么多数学家对《九章算术》钻研了那么许多年, 可是就在前两三年, 还有这样一个为过去所忽略掉的、非常重要的东西被发现. 再继续钻研下去是否还有类似的、新的东西被发现, 那就很难说了. 反正这说明, 从 70 年代到现在, 对《九章》本身及刘徽的研究工作比以前大大超过一步了.

可是, 我觉得这还不够. 我们研究历史, 当然应当搞清楚历史上所有事物的发展过程, 例如许多重要概念、重要思想的来龙去脉和演变过程等等. 但我们不能停留在为史而史, 不能光搞清楚历史上事物的发展情况, 而更重要的, 我想是“古为今用”. 这就是说, 我们研究了《九章算术》, 研究了刘徽的学术思想, 对于现代数学以及未来数学有没有什么重要的指导作用. 我想这一点应该比单纯地研究历史重要得多.

我希望通过这次会议, 或通过其他什么方式, 更进一步使《九章算术》所代表的或刘徽所代表的中国古代学术思想能够对于我们现代的以及今后中国数学的发展起到一种指导作用, 而且真正贯彻到我们工作中去. 这说明, 我们以《九章算术》及刘徽为代表的学术思想, 与西方国家的数学有所不同的地方, 能够对于数学发展起到一个西方数学所不能起到的作用. 我想, 从 70 年代到现在以及今后若干年, 这应该是我们一个很重要的目标, 也就是我所说的“古为今用”. 我希望, 通过我们的

* 本文原载《北京师范大学学报》(自然科学版), 99, vol.27. 增刊 3.

努力把这种思想带给全体数学界, 而且促使他们能够把这种思想贯彻到未来的数学研究中去.

因为卢嘉锡教授没有来, 这是临时想到的, 就这些. 谢谢.

(白尚恕根据录音整理, 经由本人审阅)

A Survey of Developments of Mathematics Mechanization in China*

Abstract The present survey is devoted to activities in China on theorem-proving and equations-solving, the two main topics of MM (Mathematics Mechanization), restricted to works mainly due to the MM group in the Institute of Systems Science, Academia Sinica. The contributions on equations-solving in ancient China are also briefly described.

1 Mathematics mechanization in ancient times

There are two main kinds of activities in mathematics, viz. equations-solving and theorem-proving. The latter one was typically of Greek origin and Euclid's Elements served as its representative work. In this classic a deductive system was established and the exposition bore the style of the form Definition-Axiom-Theorem-Proof. On the other hand the equations-solving was originated and well-developed in ancient China. In fact, the ancient Chinese were mainly devoted to solve concrete problems arising in practice which led naturally to problems of equations-solving. The representative works were the classic "Nine Chapters in Arithmetic" and its "Annotations" by Liu- Hwei, which, in accordance with the main spirit, adopted an exposition bearing the style of the form Example- Answer- Method & Result-Explanation. The item Method & Result was usually expressed in a form which now-a-days we would like to call it an **ALGORITHM**. The item Explanation usually gave the underlying reasons of the algorithm somewhat like a now-a-days correctness-proof. The sources of such equations were two-fold. One of such sources was rudimentary commerce or goods-exchange which led to the Excess-Deficiency Algorithm in Chapter 7 of "Nine Chapters" corresponding to, in modern language, the method of solving a system of two linear equations in two unknowns. It was developed into a general method of solving simultaneous linear equations which was the main concern of Chapter 8 of

* 本文原载 *Chinese Mathematics into the 21st Century*, eds. Wu Wen-tsun & Cheng Min-de, Peking University Press, Beijing, 1991.

"Nine Chapters". This method was the same as the one bearing the name of Gaussian Elimination Method in modern writings, which, what seems to be legitimate, would be more accurately to be called Nine-Chapters-Elimination-Method. A second source of equations-solving was from problems of measurements. The simplest one of such problems consists in extracting square roots for the determination of the hypothenus (e.g. the sun-observer distance) from the known values of the two sides of a right-angled triangle (e.g. the sun-height and level-distance of sunobserver). It requires the extraction of square roots which is equivalent to the solving of a quadratic equation of the form $x^2 = A$. It is perhaps owing to this origin that throughout the incessant development of equations-solving up to the method of numerical solution of any higher degree algebraic equations during the Song dynasty the Chinese ancestors called equations-solving simply roots-extraction (with extra terms). The discovery of the notion of Tian-Yuan or Heavens-Element equivalent to the present-day notion of Unknown during the Song and Yuan dynasties furnished a systematic method of establishing equations for given problems. The two lines of developments of equations-solving were also rendered possible to merge into one which was closer to algebra in modern sense. It cultimated in the classic of Zhu Szejze bearing the title "The Jade Mirror of Four Elements" which gave an elimination method of solving systems of algebraic higher degree equations up to four unknowns. The following, expressed in modern languages, was one of the representative examples given in Zhu's classic:

Problem. For a right-angled triangle the hypothenus z and the two sides x and y are connected by the relations

$$x \cdot y \cdot z - x \cdot y^2 - z - x - y = 0, \tag{1.1}$$

$$x \cdot z - x^2 - z - y + x = 0, \tag{1.2}$$

$$x^2 + y^2 = z^2. \tag{1.3}$$

Find x, y, and z.

Method of Zhu (a little simplified).

Eliminate y from (1.1) by means of (1.2), (1.3) and remove the factor x one gets

$$-2 - z - 2 \cdot z^2 + x + x \cdot z + x \cdot z^2 + x^2 - x^2 \cdot z = 0. \tag{1.4}$$

Eliminate y from (1.2) by means of (1.3) and remove the factor x one gets

$$-2 \cdot z - 2 \cdot z^2 + 2 \cdot x + 4 \cdot x \cdot z + x \cdot z^2 - 2 \cdot x^2 - x^2 \cdot z + x^3 = 0. \tag{1.5}$$

Write (1.4) and (1.5) as equations in x and eliminate x^3, x^2 from (1.5) by means of (1.4), one gets successively equations in x^2 and x:

$$\begin{aligned}&(-3 - z + z^2) \cdot x^2 + (4 + 3 \cdot z - z^2 - z^3) \cdot x - 2 \cdot z + 2 \cdot z^3 = 0,\\&(7 + 3 \cdot z - z^2) \cdot x - (6 + 7 \cdot z + 3 \cdot z^2 - z^3) = 0.\end{aligned} \tag{1.6}$$

Eliminate finally x from (1.6) and (1.4) one gets then an equation in z alone:

$$z^4 - 6 \cdot z^3 + 4 \cdot z^2 + 6 \cdot z - 5 = 0. \tag{1.7}$$

Solving, one gets one root $z = 5$. Substituting in (1.6) one finds $x = 3$. Substituting the values of x and z in (1.2), one finds $y = 4$. A solution of the problem is thus given by $(x, y, z) = (3, 4, 5)$.

The limitation of Zhu's method to utmost 4 unknowns was due to the fact that the Chinese ancients made all calculations on counting boards. Otherwise the method is entirely general and may be considered as a direct generalization of Nine-Chapters-Elimination-Method. Moreover, all such methods are highly mechanical in character and may be turned readily into computerized programs if one likes. This is indeed in high contrast with the theorem-proving dated from the ancient Greece which is exceedingly non-mechanical in character.

A turning point occurred in 17th century when Descartes, and also Fermat, created the method of analytic geometry. It seems that Dscartes, as shown by his monumental classic "La Géomètrie", paid great emphasis on solving of concrete problems, which led naturally to equations-solving, while theorem-proving was some what neglected. In this respect the attitude of Descartes seems to be much in the same spirit of our Chinese ancestors. In any way the creation of analytic-geometrical method opened the way of mechanization, not only of equations-solving, but also theorem-proving, no matter how late such mechanization does begin to occur.

2 Discovery of mechanization methods for theorem-proving

The mathematics mechanization in a strict sense may be considered to begin since the appearance in 1899 of Hilbert's classic "Grundlagen der Geometrie". Hilbert was the doubtless founder of the modern axiomatization of mathematics. However, it was first time pointed out by Wu ([Wu3,5,6]) that Hilbert may also be considered as the pioneer of the actual mechanization of mathematics, especially in the realm of theorem-proving. In fact, in the end of the main body of the above classic, i.e. in the end of Chap 6, there was an obscure passage which was turned into the form of a theorem in the later editions, viz.

Theorem 62. Each pure intersection-point theorem in a Pascalian geometry, if true, can always be proved by the aid of suitably constructing auxiliary points and lines, as consequence of a combination of a finite number of Pascal configurations.

It seems that this theorem has never been taken into notice, in spite of the fact that Hilbert's classic was widely and seriously studied for all the time. It was Wu who first recognized the significance of this theorem and reformulated it in the following form:

Hilbert Mechanization Theorem. In a planar Pascalian geometry there is a mechanical procedure which permits to prove or disprove in a finite number of steps any pure intersection-point theorem of constructive type under certain subsidiary non-degeneracy conditions also generated mechanically during the procedure.

It would be better to elucidate the actual meaning of this theorem by a concrete example. Let us consider thus the following

Theorem of Gauss (Werke, Bd. 4, S. 385–392). For a complete quadrilateral consisting of 4 lines $L_1, \cdots, L_4$ intersecting in 6 points L_{ij}, the mid-points M_1, M_2, M_3 of the 3 diagonals $L_{12}L_{34}, L_{13}L_{24}$, and $L_{14}L_{23}$ are co-line.

The occurrence of the concept mid-point would surpass the range of applicability of the above mechanization theorem which does not matter, however. The mechanical procedure of Hilbert still works and runs as follows.

Take an arbitrary point L_{12} as the origin O . Take arbitrary lines L_1 and L_2 through L_{12} as the x-and the y-axis. Take on the x-axis L_1 arbitrary trary points L_{13} and L_{14} to be given the coordinates $(U_1, 0)$ and $(U_2, 0)$ with U_1 and U_2 as parameters. Take on the y-axis L_2 arbitrary points L_{23} and L_{24} to be given the coordinates (0, U_3) and (0, U_4). Draw now the line joining L_{13}, L_{23} and also the line L_4 joining L_{14} and L_{24}. Form the intersection point L_{34} of lines L_3 and L_4 and give it the coordinates (Y_1, Y_2) for which Y_1, Y_2 are no more arbitrary parameters but bounded with coordinates U of points already taken. The equations deter mining Y_1, Y_2 may be readily put in the following form:

$$Y_1 = U_1 \cdot U_2 \cdot (U_4 - U_3)/(U_1 \cdot U_4 - U_2 \cdot U_3), \tag{2.1}$$

$$Y_2 = U_3 \cdot (U_1 - Y_1)/U_1. \tag{2.2}$$

Draw now the line $L_{12}L_{34}$ and take the mid-point M_1 to be given the coordinates (Y_3, Y_4) so that

$$Y_3 = Y_1/2, \tag{2.3}$$

$$Y_4 = Y_2/2. \tag{2.4}$$

Draw next the line $L_{13}L_{24}$, take the mid-point M_2, and give it the coordinates (Y_5, Y_6) with

$$Y_5 = U_1/2, \tag{2.5}$$

$$Y_6 = U_4/2. \tag{2.6}$$

Finally draw the line $L_{14}L_{23}$ with mid-point $M_3(Y_7, Y_8)$ such that

$$Y_7 = U_2/2, \tag{2.7}$$

$$Y_8 = U_3/2. \tag{2.8}$$

The conclusion of the theorem is equivalent to G=0, with the conclusion polynomial (abbr. henceforth as pol) G given by

$$G = Y_3 \cdot Y_6 + Y_5 \cdot Y_8 + Y_4 \cdot Y_7 - Y_3 \cdot Y_8 - Y_4 \cdot Y_5.$$

The proof of theorem now runs as follows.

Eliminate Y_8 in $G_8 = G$ by means of (2.8) to get a pol G_7 in U and $Y_1, \cdots, Y_7$ alone. Eliminate next Y_7 in G_7 by means of (2.7) to get a pol G_6 in U and $Y_1, \cdots, Y_6$ alone, etc. Finally, after eliminating Y_1 form G_1 by means of (2.1) one would get a pol G_0 in U alone which turns out to be identically 0. This proves the theorem. Moreover, it shows that the theorem is proved to be true only under the conditions $U_1 \neq 0$ and $U_1 \cdot U_4 - U_2 \cdot U_3 \neq 0$ which are the non-degeneracy ones as stated in the Mechanization Theorem and are found automatically with $U_1, U_1 \cdot U_4 - U_2 \cdot U_3$ as the denominators occurring in the equations (2.1)–(2.8).

The method of proof is a general one applicable to the whole class of theorems possessing the following properties:

Coordinates can be so chosen such that parameters $U_1, U_2, \cdots$ and bounded variables $Y_1, Y_2, \cdots$ will be introduced one by one with hypothesis of the theorem expressible in the form

$$Y_i = P_i/Q_i \quad i = 1, 2, \cdots,$$

the P_i and Q_i being pols in U and Y_j alone for $j < i$. The conclusion is also expressible in the form $G = 0$ with the conclusion pol G one in U and Y. Eliminate now the Y's in G successively in the reverse order by means of these hypothesis equations. The theorem in question will then be seen to be true or un-true according to whether the final result is identically 0 or not. In the affirmative case the theorem is true GENERICALLY under the NON-DEGENERACY CONDITIONS $Q_i \neq 0$.

The method is seemingly a very trivial one which permits, however, to prove already quite non-trivial theorems. In year 1977 Wu discovered, being entirely ignorant of the above Hilbert's result at that time, a more general method of much wider applicability for mechanical geometry theorem-proving as follows (of. [Wu1,2,3]).

Let K be a field of characteristic 0. For any pol in variables $U_1, \cdots, U_d$ and $Y_1, \cdots, Y_e$ on coefficients in K let c be the greatest subscript of Y such that Y_c actually occurs in G. One can then write G in the form

$$G = I \cdot Y_c^D + \text{lower degree terms in } Y_c,$$

in which all coefficients of Y_c-powers, if not 0, will be pols in U and Y_i with $i < c$ alone. We call then I the INITIAL of G and Y_c the LEADING VARIABLE of G . Suppose now a theorem T be such that with coordinates suitably chosen, the hypothesis are expressible as $H_i = 0$, $i = 1, \cdots, e$ with H_i pols having Y_i as leading variables:

$$H_i = I_i \cdot Y_i \cdot D_i + \text{lower degree terms in } Y_i. \tag{2.9}$$

If in particular H_1 is irreducible as a pol in Y_1 on the field $K_0 = K(U_1, \cdots, U_d)$, H_2 is irreducible as a pol in Y_2 on the field $K_1 = K_0\ (Y_1)$ extended by adjoining Y_1 to K_0 by means of $H_1 = 0$, etc. Then the hypothesis set forming of $H_1, \cdots, H_e$ will be said to be IRREDUCIBLE. Suppose that $G = 0$ with G a pol in U and Y on K be the conclusion of the theorem T. To see whether T is true of not let us just divide G successively by $H_e, \cdots, H_2, H_1$ to remove the Y's as much as possible. We get then, for some non-negative integers S_i, and also pols A_i, a formula of the form

$$I_1^{S_1} \cdots I_e^{S_e} \cdot G = A_1 \cdot H_1 + \cdots + A_e \cdot H_e + R, \tag{2.10}$$

in which R is a pol in U and Y with degree in each Y_i less than the corresponding degree D_i in H_i. We call R the REMAINDER of the pol G w.r.t. the hypothesis-set $HYP = \{H_1, \cdots, H_e\}$ and write it as

$$R = \text{Remdr}(G/HYP).$$

From the remainder formula (2.10) we have the following

Mechanical Theorem-Proving Principle (abbr. MTP). If the remainder R off G w.r.t. the hypothesis-set HYP is identically 0, then the theorem T in question is GENERICALLY true under the non degeneracy conditions $I_i \neq 0$, $i = 1, \cdots$, e. Moreover, the condition R=0 is not only sufficient, but also necessary for the theorem T to be generically true under the above non-degeneracy conditions in case the hypothesisset is irreducible.

The above principle serves as the basis for proving, or even disproving, theorems in elementary geometries. We remark that theorems in elementary geometries can be usually, after some simple manipulations, put in the form of (2.10). Even trigonometrical identities can be transformed into the form of (2.10) by treating the various trigonometric functions as separate variables connected by algebraic relations. We refer to the examples given in the earliest paper [Wu1] of Wu on this subject which already show clearly how efficient the method could be. The method may even be served to discover new non-trivial ones since once one guesses some possible geometrical truth, one may just make verifications by the above principle to see whether it is really true or not. Among the earliest new theorems discovered in this way we may mention the Pascal Conic Theorem about chord intersections of 6 points on a conic, cf. e.g. [Wu2,3]. The following example is a further illustration of this principle ([Wu9]).

Example. Consider a plane moving over a fixed one and occupy 4 different positions. To move from i-th position to the j-th position there is associated a center of rotation of POLE P_{ij} and an angle of rotation R_{ij} mod $2 \cdot p_i$. Suppose that all such poles P_{ij} are situated in the finite part of the fixed plane so that we have a 6-pole-configuration. In some particular cases the configuration may degenerate into a complete quadrilateral with 3 pairs of diagonals $P_{12}P_{34}$, $P_{13}P_{24}$ and $P_{14}P_{23}$. In view of the theorem of Gauss we may ask ourselves whether this theorem remains true for the general 6-pole-configuration.

To see this let us first remark that the configuration will be completely determined by the positions of P_{12}, P_{13}, P_{14} and the 3 rotation angles R_{12}, R_{13} and R_{14}. Let us take thus coordinates such that

$$P_{12} = (0,0), \quad P_{13} = (U_1, 0), \quad P_{14} = (U_2, U_3),$$

and set

$$\mathrm{Tan}(R_{12}/2) = U_5 : U_4, \quad \mathrm{Tan}(T_{13}/2) = U_7 : U_6, \quad \mathrm{Tan}(R_{14}/2) = U_9 : U_8.$$

From fundamental theorems in planar kinematics we know that

$$\angle(P_{12}P_{13}, P_{12}P_{23}) = \angle(P_{12}P_{14}, P_{12}P_{24}) = R_{12}/2 \text{ mod } p_i, \text{ etc.}$$

Let the coordinates of P_{23}, P_{24}, P_{34} and the mid-points M_1, M_2, M_3 of the diagonals $P_{12}P_{34}, P_{13}P_{24}$, and $P_{14}P_{23}$ be given by

$$P_{23} = (Y_1, Y_2), \quad P_{24} = (Y_3, Y_4), \quad P_{34} = (Y_5, Y_6),$$

$$M_1 = (Y_7, Y_8), \quad M_2 = (Y_9, Y_{10}), \quad M_3 = (Y_{11}, Y_{12}).$$

The geometrical conditions will then be turned into a hypothesis set consisting of 12 equations which, after simple manipulations, will be of the form $H_i = 0$, $i = 1, \cdots, 12$, with

$$\begin{aligned}
H_1 &= +Y_1 \cdot U_7 \cdot U_4 - Y_1 \cdot U_6 \cdot U_5 - U_7 \cdot U_4 \cdot U_1, \\
H_2 &= -Y_2 \cdot U_7 \cdot U_4 + Y_2 \cdot U_6 \cdot U_5 + U_7 \cdot U_5 \cdot U_1, \\
H_3 &= -Y_3 \cdot U_9 \cdot U_4 + Y_3 \cdot U_8 \cdot U_5 - U_9 \cdot U_5 \cdot U_3 + U_9 \cdot U_4 \cdot U_2, \\
H_4 &= -Y_4 \cdot U_9 \cdot U_4 + Y_4 \cdot U_8 \cdot U_5 + U_9 \cdot U_5 \cdot U_2 + U_9 \cdot U_4 \cdot U_3, \\
H_5 &= -Y_5 \cdot U_9 \cdot U_6 + Y_5 \cdot U_8 \cdot U_7 - U_9 \cdot U_7 \cdot U_3 + U_9 \cdot U_6 \cdot U_2 \cdots \\
&\quad - U_8 \cdot U_7 \cdot U_2 + U_8 \cdot U_7 \cdot U_2 - U_8 \cdot U_7 \cdot U_1, \\
H_6 &= -Y_6 \cdot U_9 \cdot U_6 + Y_6 \cdot U_8 \cdot U_7 \cdots \\
&\quad + U_9 \cdot U_7 \cdot U_2 - U_9 \cdot U_7 \cdot U_1 + U_9 \cdot U_6 \cdot U_3, \\
H_7 &= 2 \cdot Y_7 - Y_1, \\
&\cdots\cdots \\
H_{12} &= 2 \cdot Y_{12} - Y_2 + U_3.
\end{aligned}$$

The conclusion to be verified is $G = 0$ with the conclusion pol given by

$$G = Y_7 \cdot Y_{10} + Y_9 \cdot Y_{12} + Y_8 \cdot Y_{11} - Y_{10} \cdot Y_{11} - Y_7 \cdot Y_{12} - Y_8 \cdot Y_9.$$

It is readily verified, HYP being the polset $\{H_1\}$, that

$$\text{Remdr}(G/HYP) = 0.$$

We have thus discovered a new theorem generalizing the theorem of Gauss. The non-degeneracy conditions are given by $I_i \neq 0$ with I_i the initial of H_i. It is readily seen that $I_i = 0$ corresponds to the degeneracy of the 6-pole-configuration into a complete quadrilateral and the theorem is already known to be true in this case owing to above theorem of Gauss.

In general, if we want to know whether a theorem remains to be true in some degenerate case $I = 0$, we may just add I to the original hyp-set to form a new one HYP' and try to see whether the conc-pol is still 0 at that time. Now it may happen, as is usually the case, that the hyp-set HYP' will be no more in the well-ordered form like (2.9). Some preliminary manipulations are then necessary to bring HYP' again to a well-ordered form. This and other considerations induce us to seek a more general setting of treatments as we shall see in the next section.

3 A general method of mechanization for equations-solving

Now there are theorems in elementary geometries for which it is rather complicate to bring the hypothesis set in some coordinate system to the form of (2.9). There are also occasions to consider problems dealing with sets of pols entirely arbitrary. It is also important to extend the whole theory to the case of differential geometries. Thus, after the completion of the work [Wu1], Wu saw the importance of the works of Ritt, at that time somewhat lying in the obscurity in the mathematics world, and began to study seriously the second book of Ritt, [R2]. The study was a fruitful one and brought about fertile results in diverse directions which will be explained below.

Let us consider a set of variables $X_1, X_2, \cdots, X_m$ and a field K of characteristic 0 fixed henceforth. Any polynomial in the ring

$$K[X_1, \cdots, X_m]$$

will be simply called a POL. A finite set of non-zero pols is them called a POLSET. Any point $A = (A_1, \cdots, A_m)$ with A_i in some extension field K' of K is called a K'-ZERO or simple a ZERO of a pol P if P becomes 0 when X_i in P are replaced by A_i. The set of K'-zeros of all pols in a polset PS will be denoted by K'-Zero(PS) or simply Zero(PS) if K' is taken to be arbitrary or unnecessary to be specified. If G is any other pol, then we shall also set

$$\text{Zero}(PS/G) = \text{Zero}(PS)\backslash\text{Zero}(G).$$

We are now interested in solving the system of equations $P_i = 0$ with P_i running over the pols in a given polset PS, and in the study of the structure of the set

Zero(PS). For this purpose we shall introduce the notions originated in Ritt's works ad follows.

For any pol P let us set

$$c = \text{greatest subscript of } X \text{ for which } X_c \text{ actually appears in } P,$$
$$d = \text{highest degree of } X_c \text{ in } P.$$

For a non-zero constant pol we set simply $c = 0$ and $d = 0$. We call c the CLASS and d the DEGREE of P to be denoted by Cls(P) and Deg(P) resp. A non-zero pol Q will be said to be REDUCED w.r.t P if P is not a constant one and, for $c =$ Cls(P) > 0, the degree of Q in X_c is less than Deg(P). We introduce now among the non-zero pols a partial ordering $<$ such that $P < Q$ if either Cls(P) $<$ Cls(Q)or Cls(P)= Cls(Q)and Deg(P) $<$ Deg(Q). If neither is $P < Q$ nor is $Q < P$ in the above ordering then we say that P, Q are INCOMPARABLE in ORDER and we write then $P <=> Q$.

Consider now a finite sequence of non-zero pols

$$(P) \quad P_1, P_2 \cdots, P_r.$$

We call (P) an ASCENDING SET if one of the following cases holds true:

(1) $r = 1$ and Cls(P_1) $= 0$ or P_1 is a non-zero constant in K. The asc-set in this case is then said to be TRIVIAL of CONTRADICTORY.

(2) 0<Cls(P_1) $< \cdots <$ Cls(P_r)

and each P_i is reduced w.r.t. any preceding P_j with $j < i$.

We say that a pol G is REDUCED w.r.t. an asc-set (P) if G is reduced w.r.t. any pol in (P).

Let (P) be now a non-trivial asc-set as above and G any pol, then by successively dividing by pols of G in the reverse order, we get a for mula of the form

$$J \cdot G = \sum_i A_i \cdot P_i + R,$$

in which J is a power-product of initials I_i of P_i, and A_i, R are pols with R reduced w.r.t.(P). We can choose exponents of I_i in J to be as small as possible. The pol R is then uniquely determined and will be called the REMAINDER of G w.r.t.(P), to be denoted by

$$R = \text{Rembr}(G/(P)).$$

We now introduce a partial ordering $<$ among all the asc-sets in the following way. A trivial asc-set will be always $<$ a non-trivial one. Let us consider, besides the non-trivial asc-set (P) as given above, a second non-trivial asc-set

$$(Q)\ Q_1, Q_2, \cdots, Q_s.$$

Then we say P is $< Q$ if one of the following conditions holds true:

(1)$'$ There is some k such that $P_i <=> Q_i$ for $i < k$, while $P_k < Q_k$.

(2)$'$ $r > s$ and $P_i <=> Q_i$ for $i = 1, \cdots, s$.

If for two asc-sets (P) and (Q) neither is $(P) < (Q)$ nor is $(Q) < (P)$, then we say that (P) and (Q) are INCOMPARABLE in ORDER and we write then $(P) <=> (Q)$.

Consider now any polset PS. Any asc-set of lowest order contained in PS will be called a BASIC-SET (abbr. bas-set) of PS. All such basset of PS are clearly incomparable in order each other. It is therefore legitimate to define for any two polsets PS_1 and PS_2 whether PS_1 is $< PS_2$ or PS_2 is $< PS_1$ according to their bas-sets.

For any polset PS we form now a certain particular asc-set CS according to the following scheme:

$$\begin{aligned} PS = & PS_0 \subset PS_1 \subset \cdots \subset PS_s \\ & BS_0 > BS_1 > \cdots > BS_s = CS \\ & RS_0 \quad RS_1 \quad \cdots \quad RS_s = \text{Empty} \end{aligned} \qquad \text{(S)}$$

The above scheme (S) is formed in the following way:

Each BS_i is a bas-set of PS_i.

Each RS_i is the polset consisting of all non-zero remainders of pols in $PS_i \backslash BS_i$ w.r.t. BS_i.

Each polset PS_i is the union of PS_j and RS_j where $j = i - 1$:

$$PS_i = PS_j + RS_j, \quad j = i - 1.$$

We have then

$$BS_0 > BS_1 > \cdots$$

a sequence steadily decreasing in order and the construction should end in a finite number of steps so that in certain stage s we should have

$$RS_s = \text{Empty}.$$

DEF. The corresponding bas-set $BS_s = CS$ in the above scheme (S) is called a CHARACTERISTIC SET (abbr. char-set) of the given polset PS.

Well-Ordering Principle. Let I_i be the initials of pols in CS and J be the product of all these I_i. Then

$$\text{Zero}(CS/J) \subset \text{Zero}(PS) \subset \text{Zero}(CS),$$

or more precisely,

$$\text{Zero}(PS) = \text{Zero}(CS/J) + \sum_i \text{Zero}(PS_i). \tag{I}$$

In the formula (I) each PS_i is the enlarged polset obtained from PS by adjoining to it the initial I_i of the i-th pol of CS.

Now each polset PS_i in (I) is of lower order than PS. Hence if we apply (I) to each of PS_i and proceed in the same way again and again we should stop in a certain stage and arrive at the following

Zero Decomposition Theorem (Weak Form). There is an algorithmic procedure which permits to give for any polset PS a decom-position of the following form:

$$\text{Zero}(PS) = \sum_k \text{Zero}(CS_k/J_k). \tag{II}$$

In the formula each CS_k is an asc-set and J_k is the product of all initials of pols in CS_k.

Consider now a non-trivial asc-set (P) as before. we shall say that (P) is REDUCIBLE at a certain stage i if we have a relation of the form

$$H_i \cdot P_i = P_i' \cdot P_i'' + \sum_j A_j \cdot P_j,$$

in which P_i', P_i'' are pols having same class as P_i while H_i is a pol with smaller class and is reduced w.r.t. the partial asc-set $(k = i - 1)$

$$(PP_k) \quad P_1, \cdots, P_k.$$

The $\sum_j$ means summation over j from 1 to k with A_j some pols.

If (P) is not reducible at any stage, then (P) is said to be IRREDUCIBLE. In that case we can extend the field K to a field IK by successively adjoining Z_1, Z_2, $\cdots$, Z_m to K with each Z_c either a transcendental element or an algebraic element defined by the equation $P_i = 0$, when c is the class of some pol P_i in(P). The point

$Z = (Z_1, Z_2, \cdots, Z_m)$ in the space IK^m is then called a GENERIC POINT of the irreducible asc-set (P). We have now the following

Theorem. W.r.t. an irreducible asc-set (P) with a generic zero Z we have for any pol G:

$$\text{Remdr}(G/(P)) = 0 <===> Z \in \text{Zero}(G).$$

A point Z' in K'^m where K' is any extension field of K is called a SPECIALIZATION of Z if for any pol$P$,

$$Z \in \text{Zero}(P) ===> Z' \in \text{Zero}(P).$$

The set of all specializaitons of Z forms then an algebraic variety with Z as generic point in the usual sense. This variety is completely determined by Z, which, if it is a generic point of an irreducible asc-set (P), is in turn completely determined by (P). We shall call accordingly this variety as one ASSOCIATED TO (P), to be denoted by Var(P).

Consider now an asc-set (P) which is reducible at certain stage i as before. Then we have a decomposition of the form

$$\text{Zero}(P) = \text{Zero}((P)'/H_i) + \text{Zero}((P)''/H_i) + \text{Zero}(P+),$$

in which $(P)', (P)''$ are the sequences obtained from (P) in replacing P_i of (P) by P' and P'' resp., while $(P+)$ is the polset enlarging (P) by adjoining to it the pol H_i. Applying now this procedure to the decomposition (II) whenever some asc-set CS_k is reducible and proceed in the same manner further and further as long as possible, we shall arrive at the following theorems:

Zero Decomposition Theorem (Strong Form). There is an algorithmic procedure which permits to give for any d-polset PS a decomposition of the form

$$\text{Zero}(PS) = \sum_k \text{Zero}(IRR_k/J_k), \tag{III}$$

in which each IRR_k is an irreducible asc-set and each J_k is the product of all initials of pols in IRR_k.

Variety Decomposition Theorem. For any polset PS we have a decomposition of the form

$$\text{Zero}(PS) = \sum_k \text{Var}(IRR_k), \tag{IV}$$

in which Var(IRR_k) is the algebraic variety associated to certain irreducible asc-set IRR_k. Moreover, this decomposition can be rendered uncontractible, and hence also unique, by mere computations.

The above decomposition theorems and the formulas (I)–(IV) give a complete overview of the structure of the zero-set of any polset. They form also the basis of a constructive theory of algebraic varieties. Moreover, since each asc-set possesses a form which permits to solve the corresponding equations one by one, they furnish us also a general method of solving arbitrary systems of algebraic equations which may be considered as a direct and more systematic generalization of the elimination method created by Zhu Szejze and his predecessors. Cf. [Wu9-11, 16, 20]. We remark however that there are various modified improved forms of the scheme (S) for the formation of char-set, cf.e.g.[Wu16, 21]. We remark also that Gao in a paper [Gao4] has introduced the notion of Minimal Char-Set which is uniquely determined by the given polset.

The above theory has also been extended by Wu to the case of differential polsets, along the lines of development by M.Ch. Riquier, M.M.Janet , E.Cartan, J.M.Thomas, and particularly J.F.Ritt. The results are analogous to those in the above polynomial case but, of course, much more complicated in that integrability conditions or passivity in the sense of Riquier should be taken into consideration. We shall not enter into it here but refer to the relevant papers of Wu, particularly the paper [Wu20] in MM-Preprints No.3.

4 Basic principles of mechanization of theorem proving

The various decomposition theorems given in Sect 3 will naturally give rise to mechanization methods for the proving of theorems which are more general than the one in Sect 2 and are complete in a certain sense. Let us restrict ourselves first to the case of elementary geometries, i.e. geometries for which no notions of differentiations are involved. On the other hand it is immaterial whether the geometry concerned is the ordinary, the affine, the projective, or any one else. To make precise let us define a THEOREM in such geometries as a couple consisting of a polset called HYPOTHESIS SET (abbr. hyp-set) and a pol called CONCLUSION POL (abbr. conc-pol). We lay down now the following

DEF. Let the hyp-set and the conc-pol of theorem T be resp. HYP and $CONC$. Then we say:

(1) T is TRUE if

$$\mathrm{Zero}(HYP) \subset \mathrm{Zero}(CONC).$$

(2) T is GENERICALLY TRUE under NON-DEGENERACY CONDITIONs

$$DEG_i \neq 0$$

for DEGENERACY POLs (abbr. deg-pol) DEG_i if

$$\mathrm{Zero}(HYP/\prod_i DEG_i) \subset \mathrm{Zero}(CONC).$$

(3) T is TRUE on a part PV of the algebraic variety $\mathrm{Zero}(HYP)$ if

$$PV \subset \mathrm{Zero}(CONC).$$

We remark that a zero in $\mathrm{Zero}(HYP)$ is nothing but a geometrical configuration verifying the hypothesis of the theorem T and $\mathrm{Zero}(HYP)$ is just the algebraic variety of all such geometrical configurations.

For the hyp-set HYP of a theorem T let us form now a char-set CS according to scheme (S) in Sect 3. Let the initials of pols in CS be I_i and J their product. Let HYP_i be the enlarged polsets obtained from HYP by adjoining to it I_i. Then by the well-ordering Principle we have

$$\mathrm{Zero}(HYP) = \mathrm{Zero}(CS/J) + \sum_i \mathrm{Zero}(HYP_i).$$

From now the remainder R of the conc-pol $CONC$ of theorem T w.r.t. CS :

$$R = \mathrm{Remdr}(CONC/CS).$$

Suppose that $R = 0$ as a pol. Then we see from the remainder formula in Sect 3 that $HYP = 0$ would imply that $CONC = 0$ so far $J \neq 0$ or no I_i is 0, i.e.

$$\mathrm{Zero}(HYP/J) \subset \mathrm{Zero}(CONC).$$

The theorem T is thus seen to be generically true under the nondegeneracy conditions

$$I_i \neq 0.$$

If the asc-set CS is furthermore irreducible, then the generic zero Z of CS is a zero of CS for which no I_i is 0 and so it is also a zero of HYP.

If the theorem T is generically true under the nondegeneracy conditions $I_i \neq 0$ so that in particular Z is a zero of $CONC$ by the formula above, then it follows from the theorem about generic zero in Sect 3 that we have necessarily $R=0$ as a pol. Hence we have:

Principle of Mechanical Theorem Proving or MTP-Principle I(Weak Form). If the remainder R of $CONC$ w.r.t. a char-set CS of HYP is 0, then the theorem T with hyp-set HYP and conc-pol $CONC$ is generically true under the non-degeneracy conditions $I_i \neq 0$ for which I_i are the initials of pols in CS. Moreover, if the char-set CS is irreducible, then the above condition $R = 0$ is also a necessary one for the theorem T to be generically true under the above non-degeneracy conditions.

Let us now apply the zero-decomposition theorem (weak form) (II) to the hyp-set HYP so that

$$\text{Zero}(HYP) = \sum_k \text{Zero}(CS_k/J_k),$$

in which each CS_k is an asc-set and J_k is the product of initials of pols in CS_k. Let R_k be the remainder of $CONC$ w.r.t. CS_k. Then we have the following

MTP-PRINCIPLE I'(General Weak Form). If $R_k = 0$, then the theorem T is true on the part $\text{Zero}(CS_k/J_k)$ of the whole variety $\text{Zero}(HYP)$ of geometrical configurations verifying the hyp-set HYP. The condition $R_k = 0$ is also necessary if CS_k is irreducible.

More generally, let us apply the variety-decomposition theorem to HYP so that we have

$$\text{Zero}(HYP) = \sum_k Var(IRR_k),$$

in which IRR_k are all irreducible asc-sets. Then we have the following

MTP-PRIN CIPLE II(Strong Form). For a theorem T with hyp-set HYP and conc-pol $CONC$ to be true on the irreducible component $\text{Var}(IRR_k)$ of the variety $\text{Zero}(HYP)$, it is necessary and sufficient that the remainder of $CONC$ w.r.t. IRR_k is 0:

$$\text{Remdr}(CONC/IRR_k) = 0.$$

The last principle MTP-II is a complete one in that it can be completely decided whether a theorem is true or not true on this or that irreducible component of the whole variety of $\text{Zero}(HYP)$. No more degeneracy conditions will be intervened. As an example we may cite the Feuerbach Theorem stating that the 9-point circle of a triangle is tangent to the 4 inscribed and escribed circles of that triangle. With lines and circles oriented we can establish the hyp-set HYP with Zero(HYP) decomposed into 8 irreducible components. The conclusion is seen to be true just on 4 of such components which reflects the geometrical fact that each of the two oriented 9-point circles is tangent in the same sense just to two of the four oriented in- or es-cribed circles. For this or other examples we refer to the paper [Wu15]. We should remark that, in practice the less general MTP-Principle I seems to be preferred which is already so efficient that a lot of non-trivial and difficult theorems have already been proved and even discovered.

The mechanization methods as given above for elementary geometries have also been extended to the differential case so that differential-geometrial theorems can be proved also in a mechanical way as in the case of elementary geometries. We refer again to the relevant papers of Wu, particularly [Wu20].

5 Further developments and applications

In the Institute of Systems Science, Academia Sinica, there was organized a small MM-Group (Mathematics-Mechanization Group) devoting mainly to the developments and applications of the mechanization method of mathematics as explained in previous sections and other intimately related subjects. The group edited also an irregular publication "MM-Res. Preprints" for which 2 issues have since already appeared and the third one is also in the press. We list below some of such studies in these years.

A1 Mechanical theorem proving and discovering of elementary geometries

This was the beginning and also the most well-developed direction of the whole MM-method (mathematics mechanization method). It was proved by Wu in starting from axiomatic systems that theorems of various kinds of elementary geometries, whether ordinary, affine, projective, non-euclidean, line or circle ones, etc., can all be proved in a mechanical manner by the general method, so far no order relations are involved, cf. [Wu3]. Such results are formulated in the form of Mechanization theorem of this or that geometry, just like the Hilbert Mechanical The orem in Sect 2. Gao has also made a detailed comparative study of various geometries connected with the parallelism axiom, cf. [Gao3]. For particular theorems we may mention the list of theorems proved or discovered by Wang and Gao as outlined in their joint paper [W-G]. The most extensive study has been undertaken by Chou and a book devoting to it has already been published, cf. [Ch1, 2]. Furthermore, Wu has introduced the notion of oriented lines and circles to avoid or alleviate the difficulties of factorization in the case of ordinary geometry which has further increased the efficiency of the method and promise to discover much more difficult new theorems, cf. [Wu15]. Besides, some theorems in algebraic geometry and planar kinematics, have also been proved or discovered by Wu, cf. [Wu19]. In the case of ordinary geometry for which the hypothesis set is already in the well-ordered form, Hong and Tau-Zhang- Yang have proposed very interesting methods of mechanical theorem proving by means of a single example or a set of examples. cf. e.g. [H1, 2]and papers of Tau et al to be published.

A2 Mechanical theorem proving and discovering of differential geometries

In principle for differential geometries the same can be done as in the case of elementary geometries but much less have been actually carried out. For concrete results we may cite a detailed study of theorems about pairs of curves of Bertrand type in either ordinary or affine space, cf. [Wu14]. The same has also been partially carried out including a theorem generalizing the classical Baecklund theorem to the affine space which has been considered in recent years by S. Clern et al. (to be published).

A3 Automatic determination of unknown relations

Wu showed how by well-arranging the variables involved our method will give rise automatically to the desired unknown relations. One of the simplest of such examples is furnished e.g. by the automatic discovery of Chin-Heron formula of the area of a triangle in terms of its 3 sides, cf. [Wu12,13]. It seems that the same method can furnish us with a formula for the volume of a hyperbolic tetrahedron in terms of its 6 edges, a problem which has greatly attracted the attention of mathematicians in recent years. Note that the occurrence of highly transcendental functions is not an insurmountable barrier for applying out method, see A6 below.

A4 Automatic loci determination

Again by well-arranging the variables involved our method will permit to give automatically the equations of loci to be studied. A concrete example is furnished by the determination of coupler-curve equation of a 4-bar-linkage by Wu (unpublished).

A5 Problems about polynomials

Hu and Wang have discovered a new method of factoring multivariate polynomials with coefficients in an arbitrary finite extension filed of rational number field which is based on our general MM-method, cf. [H-W]. Gao has introduced the notion of general discriminant system of a unary polynomial and gave also an algorithm of its determination which has been improved by W.D.Wu, cf. [Gao 1] and [WDWu]. Liu has studied the complex root isolation and degree- depressing of polynomials by decomposition instead of factorization, cf. [Liu1,2]. Li has discovered an interesting general phenomenon of occurrence of unavoidable factors which generalizes the known theorem of Collins about successive pseudo-divisions of two polynomials, cf.[Li1-3]. In connection with such phenomenon Wu has proposed some alternative procedures in elimination for the formation of char-sets which would avoid the occurrence of such un-desirable factors, cf. [Wu10]. Concrete examples have shown that efficiency of computations will be raised to a much higher level and our new implementation of programming has taken into account of this advantage.

A6 Problems involving transcendental functions

At first sight it seems that the occurrence of transcendental functions would be an insurmountable barrier to the application of our general MM-method which is essentially algebraic in character. However, as already pointed out by Wu since his earliest writings, quite often it is rather the algebraic relations among the transcendental functions, but not the functions themselves, which will play an actual role in the problems to be solved. The transcendence may then be rendered disappear if one replaces the transcendental functions by new variables connected by algebraic relations or by applying ration– alization process. It is for this reason that a lot of theorems involving trigonometric or hyperbolic functions, including trigonometric identities, have been proved or discovered by our MM-method. Recently Wu et al have shown how transcendental equations like the Kepler equation in astronomy can be turned into an algebraic(more exactly an algebrico-differential) ones so that one can solve it in an algebraic manner, in contrast to the generally used graphical or numerical methods of solution, cf. [W-W]. The method consists in replacing the transcendental function in question by a new function and a new differential equation determining that function. The method is again a general one and will be useful in many occassions.

A7 Studies on limit cycles

Some papers of Wang, e.g.[Wang1] have shown how our MM-method can be applied to study the Lyapounov functions at a singular point of a polynomial differential equation system in the plane. The Soviet and Chinese mathematicians have shown how such knowledge could be applied to the construction of limit cycles, whose study is seemingly the only one of the 23 problems of Hilbert which has little advance up to the present time.

A8 Automatic derivation of newton's gravitational laws from Kepler's Laws

In [Wu17] Wu has shown how Newton's gravitational laws can be automatically derived from the Kepler's Laws. This may serve as a simplest example of automatically formulating underlying mathematical principles from experimental facts in physical sciences.

A9 Inequalities proving

A lot of inequalities occurring in elementary mathematics can be put into the form of equations-solving by means of method of Lagrange's multipliers. The latter one can then be dealt with by our general mechanization method of equations-solving. In [Wu18] Wu has shown how this can actually be carried out for various kinds of inequalities. There is also a paper of Wang [Wang2] dealing with the same subject.

A10 Non-linear programming

The linear programming deals with the optimization of a linear function involving variables under linear constraints for which the variables and constraints are both large in number. On the contrary, the non-linear programming deals with optimization of a non-linear function involving variables under non-linear constraints for which the variables and constraints are both relatively few in numbers. The fewness of the number of constraints may be taken into great advantage by our method of inequalities-proving in A9 while the non-linearity of the function to be optimized and the constraints may be treated in the usual manner by our method. Wu has thus been able to solve in a new way certain problems in chemical engineering, viz. chemical equilibrium problem and chemical reaction optimization problem (to be published). Note that transcendental functions occurring quite often in non-linear programming can be dealt with again by the tactics in A6.

A11 Robotics

The solving of inverse kinematical equations (I.K.E.) of robot motions is usually considered as one of the most difficult problems in robotics studies. However, Wu has applied his MM-method of equations-solving to give simple solutions of I.K.E. for certain simple robots usually used in practice and is able to furnish the equations of continuous variation of control parameters meeting the continuous motion of robot hands (to be published). A complete solution in the general case is quite difficult but seems to be still possible and is yet in the course of study.

A12 Mechanical design and control theory

In some early papers in Chinese Wu has indicated how our mechanization method of equations-solving can be used to some simple problems of linkage design, pole-assignment of control theory, etc. Now in the subsequent years the programming has been greatly improved and the MM - Group has been equipped with much more powerful computers than the ones available at that time. It seems that much harder problems in these realms will be successfully attacked in years to come.

References

[BL] Bledsoe W W and Loveland D W (Ed.). *Automated Theorem Proving, after 25 Years.* Amer. Math. Soc., 1984.

[CH1] Chou S S. Proving elementary geometry theorems using Wu's algorithm, in [BL], 243–286.

[CH2] —. *Mechanical geometry theorem-proving.* Reidel, 1988.

[Gao1] Gao Xiao-shan. The discriminant systems of unary equations and their computation. *MM-Res. Preprints*, 1987, 1: 13–32.

[Gao2] —. Transcendental functions and mechanical theorem proving in elementary geometries. *MM-Res. Preprints*, 1987, 2: 37–47.

[Gao3] —. Mechanical theorem proving in Cayley-Klein geometries. *MM-Res. Preprints*, 1989, 3.

[Gao4] —. The minimal characteristic set of polynomial ideal. *J.Sys. Sci. and Math. Scis.*, 1989, 2.

[H1] Hong Jiawei. Can we prove geometry theorem by computing an example? *Scientia Sinica*, 1986, A29: 824–834.

[H2] —. How fast the algebraic approximation can be? *ibid*, 1986, A29: 813–823.

[H-W] Hu Sen and Wang Dongming. Fast factorization of polynomials over rational number field of its extension fields. *Kuxue Tongbao*, 1986, 31: 150–156.

[J-W] Jin Xiaofan and Wang Dongming. On Kukles' condition for the existence of a center. *MM-Res. Preprints*, 1989, 3.

[Li1] Li Zi-ming. A new proof of Collins's theorem. *MM-Res. Preprints*, 1987, 1: 33–37.

[Li2] —. On the trianguration for any finite polynomial set (I). *MM-Res. Preprints*, 1987, 2: 48–54.

[Li3] —. Determinant polynomial sequences. *MM-Res. Preprints*, 1989, 3.

[Liu1] Liu Zhuo-jun. A method of isolating complex roots of polynomials — An application of Wu-Ritt Principle. *MM-Res. Preprints*, 1989, 2: 55–61.

[Liu2] —. Algorithm of decomposing high degree polynomials. *MM-Res. Preprints*, 1989, 2: 62-67. Also *Chinese Q. J. Math.*, 1988, 3: 101–108.

[Ritt1] Ritt J F. *Differential equations from the algebraic standpoint.* Amer. Math. Soc., 1932.

[Ritt2] —. *Differential algebra.* Amer. Math. Soc., 1950.

[Wang1] Wang Dong-ming. Mechanical manipulation of differential systes. *MM-Res. Preprints*, 1987, 1: 38–52.

[Wang2] —. A decision method for definite polynomial. *MM-Res. Preprints*, 1987, 2: 68–74.

[Wang3] —. On Wu's method for proving constructive geometric theorems. *MM-Res. Prep rints*, 1989, 3.

[Wang4] —. Proving-by-examples method and inclusion of varieties. *Kexue Tongbao*, 1988, 33: 2015–2018.

[W-G] Wang Dong-ming and Gao Xiao-shan. Geometry theorems proved mechanically using Wu's method — Part on Euclidean geometry, in *MM-Res Preprints*, 1987, 2: 75–106.

[WDWu] Wu Wen-da. A note to the discriminant systems for the unary equations. *MM-Res. Preprints*, 1989, 3.

[Wu1] Wu Wen-tsun. On the decision problem and the mechanization of theorem -proving in elementary geometry. *Scientia Sinica*, 1978, 21: 159–172, re-published in [BL], 213–234.

[Wu2] —. Some recent advance in mechanical theorem-proving of geometries, in [BL], 235–242.

[Wu3] . *Basic Principles of Mechanical Theorem Proving in Geometries. Part on Elementary Geometries* (in Chinese). Science Press, 1984.

[Wu4] —. Basic principles of mechanical theorem-proving in elementary geometries. *J. Sys. Sci. and Math. Scis.*, 1984, 4: 207–235. Republished in *J. of Automated Reasoning*, 1986, 2: 221–252.

[Wu5] —. Toward mechanization of geometry—Some com ments on Hilbert's "Grundlagen der Geornetrie". *Acta Math. Scientia*, 1982, 2: 125–138.

[Wu6] —. Some remarks on mechanical theorem-proving in elementary geometry. *Acta Math. Scientia*, 1983, 3: 357–360.

[Wu7] —. On the mechanization of theorem-proving in elementary differential geometry. *Scientia Sinica, Math. Supplement(I)*, 1979: 94–102 (in Chinese).

[Wu8] —. Mechanical theorem proving in elementary geometry and differential geometry. in *Proc.1980 Beijing D D-Symposium*, Beijing, 1982, 2: 1073–1092.

[Wu9] —. A constructive theory of differential algebraic geometry, in Differential Geometry and Differential Equations. *Lect. Notes in Math.* Springer, 1984, 1255: 173–189.

[Wu10] —. On zeros of algebraic equations — an application of Ritt principle. *Kewue Tongbao*, 1986, 31: 1–5.

[Wu11] —. A mechanization method of geometry I. Elementary geometry. *Chinese Q. J. Math.*, 1986, 1: 1-14. Errata and addenda. *ibid*, 1987, 1: 20.

[Wu12] —. A mechanization method of geometry and its applications, I. Distances, areas, and volumes. *J. Sys. Sci. and Math. Scis.*, 1986, 6: 204–216.

[Wu13] —. A mechanization method of geometry and its applications, I. Distances, areas, and volumes in euclidean and non-duclidean geometries. *Kuxue Tongbao*, 1986, 32: 436–440.

[Wu14] —. A mechanization method of geometry and its applications, 2 Curve pairs of Bertrand type. *Kuxue Tongbao*, 1987, 32: 585–588.

[Wu15] —. On reducibility problem in mechanical theorem proving of elementary geometries. *Chinese Quarterly J. of Math.*, 1987, 2. Also in *MM-Res. Preprints*, 1987, 2: 18–36.

[Wu16] —. A zero structure theorem for polynomial-equations- solving and its applications. *MM-Res. Preprints*, 1987, 1: 2–12.

[Wu17] —. Mechanical derivation of Newton's Gravitational Laws from Kepler's Laws. *MM-Res. Preprints*, 1987, 1: 53–61.

[Wu18] —. A mechanization method of geometry and its applications, 3. Mechanical proving of polynomial inequalities and equations-solving. *MM-Res. Preprints*, 1987, 2: 1–17. Also in *J. Sys. Sci. and Math. Scis.*. Inst. of Systems Science, 1989, 2.

[Wu19] —. A mechanization method of geometry and its applications, 4. Some theorems in planar kinematics. *J. Sys. Sci. and Math. Scis.*. Inst. of Systems Science, 1989, 2: 97–109.

[Wu20] —. On the foundation of algebraic differential geometry. *MM-Res. Preprints*, 1989, 3, also *J. Sys. Sci. and Math. Scis.*

[Wu21] —. Some remarks on characteristic-set formation. *MM-res. Preprints*, 1989, 3.

[W-W] Wu Wen-tsun and Wu Tianjiao. A mechanization method of geometry and its applications, 5. Solving transcendental equations by algebraic methods. *MM-Res. Preprints*, 1989, 3.

On the Development of Polynomial Equations Solving in China*

1. Introduction

In Chap. 2 of the classic *Mathematical Discovery* Polya has called our attention about a posthumous work of Descartes, *Rules for the Direction of the Mind.* Polya described a rough outline of the scheme that Descartes expected to be applicable to all types of problems which we reproduce below:

First, reduce any kind of preblem to a mathematical problem .

Second, reduce any kind of a mathematical problem to a problem of algebra.

Third, reduce any problem of algebra to the solution of a single equation.

The third step may be further clarifed as shown in the paragraph below which we again reproduce from the above classic of Polya:

Descartes advises us to set up as many equations as there are unknowns. Let n stand for the number of unknowns, and x_1, x_2, $\cdots$, x_n for the unknowns themselves; then we can write the desired system of equations in the form

$$r_1(x_1, x_2, \cdots, x_n) = 0,$$
$$r_2(x_1, x_2, \cdots, x_n) = 0,$$
$$\cdots\cdots$$
$$r_n(x_1, x_2, \cdots, x_n) = 0,$$

where r_1 $(x_1,x_2, \cdots, x_n)$ indicates a polynomial in x_1, x_2, $\cdots$, x_n , and the left-hand sides of the following equations must be similarly interpreted. Descartes advises us further to reduce this system of equations to one final equation.

It seems that Descartes was absolutely absurd in reducing any kind of problem to one of polynomial equations solving. Even the last step of reducing such a system of polynomial equations to one single final equation is not at all evident how to do

* Proc. 1991 Nankai Seminar on Mathematics Mechanization, or Computer Mathematics (Eds.W.T.Wu & G.D.Hu), Singapore, 1993: 1—7.

and is actually entirely non-trivial. However, let us reproduce again some paragraph from the same classic:

Descartes' project failed, but it was a great project and even in its failure it influenced science much more than a thousand and one little projects which happened to succeed. Although Descartes' scheme does not work in all cases, it does work in an inexhaustible variety of cases, among which there is an inexhaustible variety of *important* cases.

In fact, in now-a-days we see that there are really inexhaustive problems from mathematics, from sciences, from technologies, etc. which will ultimately be reduced to polynomial equations solving. Among all kinds of systems of equations to be solved, those of polynomial forms are clearly the simplest, the most fundamental, and at the same time entirely non-trivial one. Among all kinds of problems in mathematics, the problem of polynomial equations solving should therefore be considered as one of primary importance to be settled with highest priority.

2. Polynomial equations solving in ancient China

In contrast to the Euclidean system of ancient Greek for which theorem-proving was the main concern, equations-solving occupied the central position in Chinese ancient mathematics. Below we shall give a brief outline of the main achievements of our ancestors on this subject.

The earliest mathematical classic of ancient China which fortunately had been preserved up to present day was *Nine Chapters in Arithmetic* (abbr. *NC*), completed about 1c B. C. In that classic there had already appeared the method of solving a system of linear equations together with the introduction of negative numbers which is actually the same as the present-day Gaussian elimination method. The coefficients of linear equations were represented by well-arranged counting rods put in a matrix form on a counting board. By manipulating the counting rods in some mechanical way the matrix of coefficients will be reduced to a form which in modern notations is in general equivalent to a set of equations as shown below:

$$\begin{aligned} & c_{11} * x_1 + d_1 = 0, \\ & c_{22} * x_2 + c_{21} * x_1 + d_2 = 0, \\ & \qquad \cdots\cdots \\ & c_{nn} * x_n + \cdots + c_{n1} * x_1 + d_n = 0, \end{aligned} \tag{2.1}$$

In the above equations (eventually some may be lacking as shown by one example in NC) all the leading coefficients c_{ii} are non-zero and the solutions are then readily found (eventually in terms of some parameters corresponding to the leading variables x_{ii} of the missing equations).

In another classic *Annotations to NC* (abbr. *AN*) appeared in 263 A . D . by Liu Hui there were shown some variants of the above elimination method, comparison of efficiency of these variants, and detailed computations of some concrete equation-system in 5 unknowns.

There was already some trace of quadratic equations in NC. In fact, the extraction of square root corresponding to the solving of simplest quadratic equation $x^2 = a$ was solved by means of some geometrical principle, viz. the so-called $Out - In$ *Complementary Principle*. This geometrical mthod of square-root extraction led to the solving of more general quadratic equations. This may be seen from most of our ancient classics that instead of saying as in our modern language *solving quadratic equation of the form* $x^2 + a * x = b$, *one said extracting square root of b with cong a*. In NC there was even a geometrical problem which was reduced to the square-root extraction with *cong*. In AN Liu Hui had given proofs of the validity of the above methods. In a classic of Zhao Shuang in about the same period as Liu Hui it was implicitely indicated how to express the solutions of a quadratic equation in terms of its coefficients. However, we have to remark that our ancestors seems to have little interest in the general expression of roots of equations interms of coefficients of the equations.They were rather interested in the determination of their real numerical solutions. This attitude of meeting practical applications permeated the whole period of later development of equations-solving in our ancient time.

The geometrical method of square-root extraction worked well also for cubic-root extraction corresponding to the solving of cubic equations of particular form $x^3 = a$, as already shown in NC as well as AN. It was natural to extend the method to the solving of general cubic equations, as in the case of quadratic equations. Probably the celebrated mathematician Zu Congzhi of 5c had tried to solve such general cubic equations , though it was not quite certain since no written records were preserved. However, in the beginning of Tang Dynasty in 7c there appeared the classic of Wang Xiaotong in which were exhibited complicate problems arising from geometry and practice. After the description of how the final cubic equations should be formed from such concrete problems, Wang gave directly the numerical solutions in saying simply *by* $root-extraction$. This shows that before the time of Wang the intellectuals should already know how to solve in numerical values a given cubic equation in numerical coefficients.

The way of further development was quite clear. Thus, according to the late renown historian in Chinese ancient mathemtics Professor Yan Dongji, in calendars of Sung Dynasty (10c) there were biquadratic equations to be solved numerically. Unfortunately Professor Yan died prematurely in 1988 and no written manuscripts were left to us. In any way , throughout the whole period of Sung Dynasty (10 - 13c, very likely beginning from much earlier time) efforts were exerted for the solving of polynomial equations of arbitrary degree. The goal was ultimately reached at latest in 13c. In fact, in 1 249 there appeared the classic *Mathematics in Nine Chapters* of Qin Jiushao of Sung Dynasty. In that classic algorithm for the determination of numerical solutions of a polynomial equation of arbitrary degree was given which is actually the same as the much later re-discovered Horner's method.

During the period of Sung and Yuan Dynasties there was a discovery of utmost importance in the introduction of the precise notion of an *unknown* under the name of *Heaven's Element*. A so-called *Heaven's Element Method* was developed which permitted to turn easily geometrical entities into the form of polynomials and geometrical relations into polynomial equations. It was known that there were texts about treat-ment of pairs of polynomial equations in two unknowns *Heaven's* and *Earth's Elements* but unfortunately such texts were lost. Fortunately there remained a classic *Four Elements of Jade Mirrors* of Zhu Szejie in 1303 of Yuan Dynasty which treated polynomial equations up to even four unknowns. The method is one of elimination and may be seen clearly from one of the representative examples in Zhu's classic as shown below.

A geometrical problem was led to a set of three equations in three unknowns which in modern notations may be written in the following form (after removal of the factor x which will be supposed to be non-zero for simplicity):

$$x * y * z - x * y^2 - z - x - y = 0,$$
$$x * z - x^2 - z - y + x = 0,$$
$$z^2 - x^2 - y^2 = 0.$$

Zhu's method runs briefly as follows. Eliminate first y to get two equations in x and z alone. Eliminate then x to get a single equation in z alone. Choose from these equations three to be written in the modern form below :

$$
\begin{aligned}
&z^4 - 6 * z^3 + 4 * z^2 + 6 * z - 5 = 0,\\
&x^3 - (z+2) * x^2 + (z^2 + 4 * z + 2) * x - (2 * z^2 + 2 * z) = 0, \qquad (2.2)\\
&y - (x * z - x^2 - z + x) = 0.
\end{aligned}
$$

Solve the equations (2.2) successively in single unknowns z, x, and y we get one of the solutions to be $(z, x, y)=(5, 3, 4)$. In general Qin Jiushao's method may be applied to get all possible real solutions if required.

3. Polynomial equations-solving in MMRC of modern China

Let K be a field of characteristic 0 and $x=(x_1, \cdots, x_n)$ be a set of indeterminates to be fixed in what follows. By a *pol* will be meant a polynomial in the ring $K[x_1, \cdots, x_n]$ and by a *polset* a finite set of such pols. For a polset PS consisting of non-zero pols $P_1, \cdots, P_n$ we shall write simply $PS = 0$ for the set of equations $P_1 = 0, \cdots, P_n = 0$. The totality of all possible solutions of $PS = 0$ or zeros of PS in all conceivable extension fields of K will be denoted by $Zero(PS)$. For any other pol G we shall write $Zero(PS/G)$ for the set $Zero(PS)$-$Zero(G)$, i.e. the totality of zeros of PS which are not zeros of G. The problem of polynomial equations-solving a mounts then to the determination of the set $Zero(PS)$ for any given polset PS .

The equations (2.1) and (2.2) serve now as a clue for the solving of polynomial equations which had been carried out in recent years by the Mathematics-Mechanization Research Center (MMRC) of Institute of Systems Science in our Academy, cf. e.g. [WU1,2].

To begin with, let us first introduce the following all the more important concept of an *ascending set* (abbr. *asc - set*) which we have borrow ed from the two classics of J. F. Ritt, cf. [R1, 2].

For a non-constant pol P let c be the greatest subscript for which x_c. appears actually in P . Let d be then the degree of P considered as a pol in x_c. Such a pol can then be written in the *canonical form*

$$P = I * x_c^d + lower\ degree\ terms\ in\ x_c$$

with coefficients themselves pols in the ring $K[x_1, \cdots, x_{c-1}]$. We call c the *class* and d the *class – degree* or simply *degree* of P, to be denoted by $cls(P)$ and $cdeg(P)$

or simply $deg(P)$ resp. The leading coefficient $I\ of\ P$ w.r.t. the leading variable x_c is then called the *initial* of the pol P . For a non-zero constant pol the class will be defined to be 0 while the degree may be either defined as-1 or m ay be left undefined.

Consider now a polset AS of the following particular form. Suppose that the inde-terminates $x_1, \cdots, x_n$ can be rearranged as $u_1, \cdots, u_d, y_1, \cdots, y_r (r+d=n)$ such that the pols in AS can be arranged as $A_1, \cdots, A_r$ in canonical forms below:

$$\begin{aligned} A_1 &= I_1 * y_{1}^{d}{}_{1} + lower\ degree\ terms\ in\ y_1, \\ A_2 &= I_2 * y_{2}^{d}{}_{2} + lower\ degree\ terms\ in\ y_2, \\ &\cdots\cdots \\ A_r &= I_r * y_{r}^{d}{}_{r} + lower\ degree\ terms\ in\ y_r. \end{aligned} \tag{3.1}$$

In (3.1) for each i the coefficients of y_i-powers in A_i are pols in $K[u_1, \cdots, u_d, y_1, \cdots, y_{i-1}]$. We suppose also each pol I_i has a degree in y_j less than $deg(A_j) = d_j$ for any pair (i, j) with $j < i$. In that case we say that the polset AS is an *ascending set* and the coefficient pols I_i are *initials* of the corresponding pols A_i. Note that in returning back to original notations, y_i are just x_{c_i}. with $c_i = cls(A_i)$ where

$$0 < c_1 < \cdots < c_r,$$

while $u = (u_1, \cdots, u_d)$ are the remaining $x's$ arranged say in the same order as before.

mcomparing with the equations (2.1) and (2.2) in Sect 1, we see clearly that an asc-set defined by (3.1) is just a generalization of the polsets occuring in the left-side of (2.1) and (2.2).

A polset consisting of a single no n-zero constant will be called a *trivial asc-set*. An asc-set of form (3.1) will then be said to be *a non-trivial* one. It is clear that the zero-set of a trivial ascset is empty, and for a non-trivial asc-set AS the zero-set Zero (A S) may also be considered as completely determined.

Our method of solving polynomial equations consists of now in reducing the problem of solving arbitrary polynomial equations to those of solving such equations correspond-ing to asc-sets. One of the variants of such method is expressed in the theorem below.

Main Theorem. There is an algorithm which permits to determine for any polset PS a finite set of asc-sets AS_i in a finite number of steps such that

$$\mathrm{Zero}(PS) = \mathrm{Sum}_i \mathrm{Zero}(AS_i/IP_i), \tag{3.2}$$

in which each IP_i is the product of all initials of pols in the corresponding AS_i.

The formulas (3.2) as well as its variants will be called *decomposition formulas* for $Zero(PS)$. The corresponding Main Theorems and the decomposition formulas form the corner-stones on which are based our method of polynomial equations-solving as well as all the applications. We leave these to the relavant papers published mostly in the irregular publication Mathematics Mechanization Research Preprints (abbr. MM-Preprints)

References

[R1] Ritt J F. Differential equations from the algebraic standpoint. Amer. Math. Soc., Providence, 1932.

[R2] Ritt J F. Differential algebra. Amer. Math. Soc. Providence, 1950.

[WU1] Wu Wen-tsun. On Zeros of algebraic equations—an application of Ritt principle. Kexue Tongbao, 1986, 31: 1–5.

[WU2] Wu Wen-tsun. A zero structrue theorem for polynomial-equationss-olving and its applications. MM-Res. Preprints, 1987, 1: 2–12.

A Tentative Comparative Study of Mathematics Developments in Ancient China and Ancient Greece*

In the present paper we shall try to give a tentative comparative study of mathematics developments in ancient China and ancient Greece. Now the mathematics in ancient Greece is well-known in the whole world while that in ancient China is very little known even among mathematicians. In view of this we shall lay the emphasis of our exposition on the special features of ancient Chinese mathematics, pointing out only occasionally its contrast to the ancient Greek mathematics when necessary.

To begin with, let us recall some passages on oriental mathematics from the classic *A Concise History of Mathematics* by D.J. Struik in 1948, 1967, and 1987:

Nowhere in all ancient oriental mathematics do we find any attempt at what we call a demonstration. No argumentation was presented, but only the prescription of certain rules: "Do such, do so".

Oriental mathematics, in this respect, never seems to have been Emancipated from the millennial influence of the problems in technology and administration, for the use of which it had been invented.

Note that by oriental mathematics D.J. Struik means mathematics in ancient China and India, as in contrasting mathematics mainly in ancient Greece.

Note that Struik had rightly recognized the strong vitality of oriental mathematics, in spite of its great deficiency as pointed out above. In fact he says:

······ most of the mathematics we teach our present day engineers and technicians is still of the "Do such, do so" type, without much attempt at rigorous demonstration. Algebra is still being taught in many high schools as a set of rules rather than a science of deduction.

Algebra, until the middle of the 19th century, revealed its oriental origin by its lack of an axiomatic foundation, in this respect sharply contrasting with Euclidean geometry. The present day school algebra and geometry still preserve these tokens of their different origin.

---

* Intelligencer. ICM-2002 特辑. Springer, 2002.

We shall explain our views about oriental mathematics, mainly ancient Chinese mathematics, by considering first the more or less subtle subject of geometry studies in ancient China.

It is true that in ancient China there was no Euclidean fashion geometry studies mainly geometry theorem-proving. However, it is not true that China had no geometry studies at all in ancient times. In fact, in ancient China there had developed a kind of geometry in a way entirely different from that of Euclid. While Euclid was devoted mainly to geometry theorem-proving, the ancient Chinese paid no attention at all to theorems and their proving, but devoted themselves to geometry studies centering around *geometry problem-solving, instead of geometry theorem-proving.* This does not mean, however, that in ancient China there were no results in the form of some kind of theorems. Neither does it mean that in ancient China there were no arguments or demonstrations. There were actually proofs in a fashion of her own, quite different from that of Euclid. We shall consider this in more detail below.

In a word, ancient Chinese geometry was devoted mainly to geometry problem-solving, emphasizing naturally on "how", however, the "why" in the form of rigorous demonstrations also strictly observed.

The geometry problems studied in ancient Chinese geometry involve area-volume determination, astronomical and geological measuration, GouGu Form (i.e. right-angled triangles) studies, reconstructions, etc., arising usually from practical requirements. We shall cite several such problems dealt with in remote times. These problems all appear in the Chinese classic *Zhou Bi Suan Jing* in 100B.C. which has been fortunately preserved up to the present day and will be cited as ZB below. Note that in the title of the classic, Zhou is the name of the dynasty from mid 11c B.C. to 256 B.C.; Bi is some gnomon-like scaled instrument for various kinds of measurations; Suan means counting or arithmetic; and Jing in ancient time corresponds somewhat to classic in present-day terminology.

ZB is actually a book on astronomy. However, it describes some dialogues between a scholar Shang Gao and the famous politician, Duke of Zhou (1120B.C.), and also between some other scholars. The dialogues involve the discussions about measurations of astronomical significance. These lead to problems of great geometrical interest. Both the methods and results have geometric significance and furnish impetus and influences to geometry developments in later generations. Among such problems we may cite the following ones.

Problem 1. Determine the height of the sun over the surface of the land.

Problem 2. Determine the distance underneath the sun from some observer.

Problem 3. Determine the distance from the sun to the observer.

Problem 4. Determine the width of the sun.

See the accompanying Fig.1.

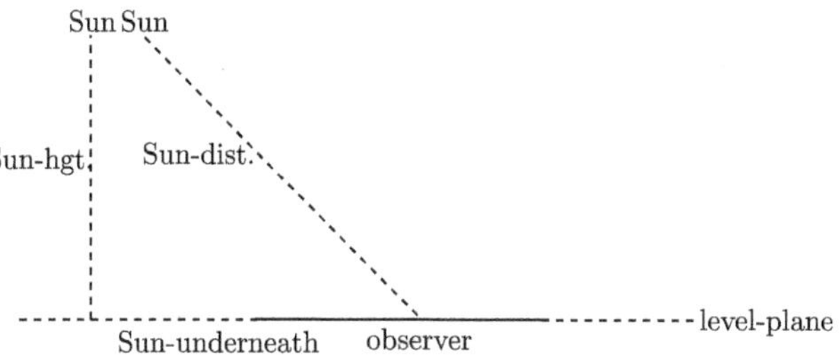

Fig.1 Schematic diagram of the problems in ZB

ZB gives the solution of the above astronomical measuration problems in the following way. At noon, plant two identical gnomons with a known distance apart in the south-north direction. By measuring the difference of shadow-lengths of the gnomons then, both the SunHeight and SunUnderneath are readily determined. In ZB the results are formulated in the form of the following Shu, somewhat equivalent to rule or method in the present-day terminology, as is usually the case in ancient China. Thus we have:

Shu says: The length of Zhou-Bi is 8chi. The difference of Gous is 1cun for each 1000li apart.

Plant now a gnomon of height 8chi to look at the pole. The Gou is of length 1zhang3cun. From this it follows that north to Zhou-land 103000li will be the place right underneath the pole.

In the above Shu, li, zhang, chi, cun (and bu, introduced later) are all units of length in ancient China with 1li = 1800chi, 1zhang = 10chi, and 1chi = 10cun. Naturally here we have written the numerical data in the above Shu in Arabic numerals, instead of literal ones in the original text.

The pole in Shu should be understood to be the sun. Gou in ancient Chinese mathematics means the shorter arm of a GouGu Form or a right-angled triangle in present-day terminology, with Gu as the longer arm and Xuan as the hypothenuse. In Shu the Gou means the shadow-length of the gnomon from the sun. The first statement of Shu is a conclusion from direct measurements, asserting that one cun of difference of Gous, i.e., the difference of shadow-lengths of the gnomons from the sun, will correspond to a distance of 1000 li between the gnomons. From this it would follow that the shadow-length 1zhang3cun will correspond to a distance of 103000 li of gnomons on the ground. This will also be the distance in the heavens of the sun from its original place to the place right underneath the sun where the gnomon will have a zero shadow-length, as in the second statement of Shu.

Both the methods and conclusions in Shu seem to be obscure and even absurd, which we shall further discuss and clarify below.

That the measuration is too rough to be reliable is natural in that remote time. However, the conclusion of the shadow being 1 cun longer 1000 li further northward is somewhat unreasonable. Furthermore, the conclusion seems to have implicitly implied that the earth is flat instead of being spherical. The refutation of the above conclusion has been raised as early as 442 A.D. by the astronomer He Chengtian (370—447 A.D.) in the Southern and Northern Dynasties (420—589 A.D.). In fact, in later generations the emperors of various dynasties often sent delegations of official astronomers to remote districts to make more accurate measurations of shadow-lengths for the sake of calender-making. Overall measurations at 12 different locations were carried out in the 8th century of Tang Dynasty (618—917 A.D.), being initiated by the famous astronomer Yi Xing. The measuration results definitely refuted the assertion of 1 cun to 1000 li. Moreover, the delegations had also made measurations of altitudes from the north-pole at various locations which gave the length of the earth's meridian for the first time in mankind's history. The result, though, had a large error compared to the length in modern days, but had nonetheless a reasonably close value to it. Moreover, the result implies the fact that the earth along the meridian is curved in form.

In spite of obvious defects, the principle and the method of measuring the length of gnomon's shadow image are of utmost importance to the development of both astronomy and mathematics in China. In fact, somewhere in the plain of Province Henan, at the hillside of the sacred Song-Hill and near the famous Shao-Lin Temple, there was erected a Zhou-Duke Observatory of Sun-Image by the famous astronomer and scientist Guo Shoujing (1231—1316 A.D.) in the period of the Yuan Dynasty (1271—1368 A.D.). The place of the Observatory was believed to be where the Duke of Zhou had made such observations. Concerning this, let us cite some other paragraphs of ZB as follow (see the accompanying Fig. 2.)

Gnomon corresponds to Gu and shadow corresponds to Gou. The more to the south, the longer will be the shadow …… Somewhere wait till Gou is of length

6chi ······ Then from the present place a southern distance of 60000li it will be just underneath the sun and a gnomon erected there will have a vanishing shadow. It is then of height 80000li from that place up to the sun ······

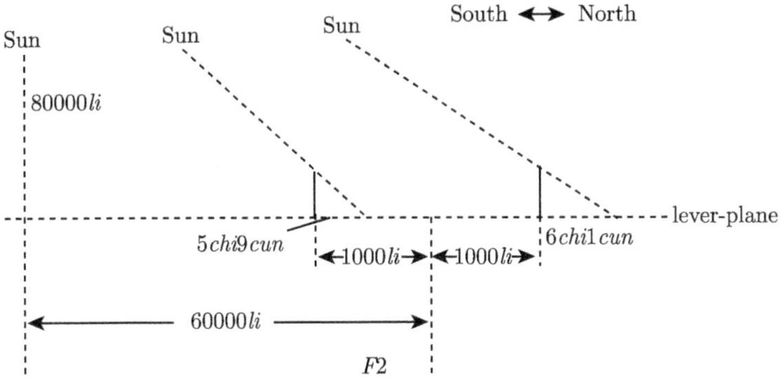

Fig.2 Schematic diagram of problems 1 and 2 in ZB

In short, in spite of the obvious defects, the principle and method of measuring height of sun over a level-plane are all right as we shall see below.

From the Problem 3, ZB says:

To find the slant distance to the sun, take the SunUnderneath as Gou, and Sun-Height as Gu. Multiplying by itself each of Gou and Gu, adding and extracting its square root. Then we get the SlantDistance from the gnomon to sun to be 100000li.

Clearly, the determination of SlantSun Distance concerns the GouGu Relation

$$\mathrm{Gou}^2 + \mathrm{Gu}^2 = \mathrm{Xuan}^2, \tag{GG}$$

known as Pythagorean Theorem in western mathematics. In ZB in the dialogue between Shang Gao and Duke of Zhou, the general GouGu Relation (GG) is implied as well as a demonstration which we shall discuss below in more detail.

Finally, for Problem 4, ZB says:

Somewhere wait till Gou is of length 6chi. Take then a bamboo pole of hole-diameter 1cun and length 8chi. Trap the shadow and look at the sun. It turns out that the hole end of the bamboo-pole just covers the sun or the sun corresponds to the hole. From this it follows that the ratio is 80cun [of pole-length] corresponding to 1cun diameter [of bamboo-hole].

Taking account of this ratio 80li will correspond to 1li of diameter, and 100000li [of slant-distance to sun] will correspond to a diameter of 1250li. Therefore we say that the diameter of the sun is 1250li.

Note that the sentences in the square bracket in the above or latter citations are added by the present author or other ones to clarify the matter. The geometry-proportionality implied in the above statement of ZB is quite clear. See the accompanying Fig.3.

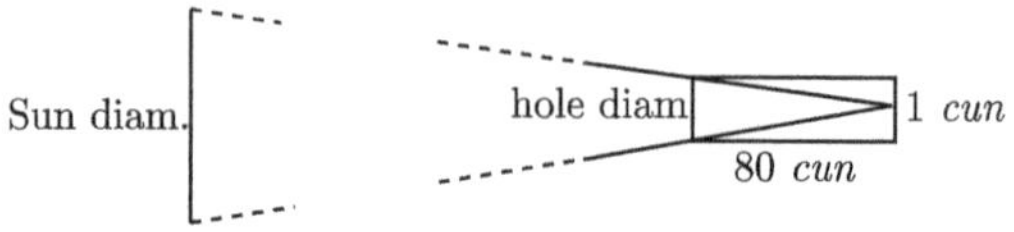

Fig.3　Schematic diagram of problem 4 in ZB

Among the ancient Chinese mathematics classics which fortunately had survived up to the present day, doubtlessly *Nine Chapters of Arithmetic*, to be cited as NC below, is the most important one. The nine chapters of NC bear the titles below:

Chapter 1. Field Measurement.

Chapter 2. Millet and Rice.

Chapter 3. Distribution by Proportion.

Chapter 4. Short Width.

Chapter 5. Construction Consultations.

Chapter 6. Fair Levies.

Chapter 7. Excess and Deposit.

Chapter 8. Rectangular Arrays.

Chapter 9. GouGu Forms.

NC, as in other mathematics classics in ancient China, is a book of Problems. Each Problem in NC consists of 3 Items: Item 1 is *Ask* which raises a question in numerical data. Item 2 is *Answer* which gives the answer to the above Problem in numerical values. Item 3 is *Shu* which gives the rule or method of arriving at the result. It was most often just what we call today the Algorithm, sometimes also just a formula or one may say Theorem in some sense. Note that Shu is quite general in character so that the numerical values in Item 1 play actually no role at all in the rule or method, and any other numerical values of the same type could substituted equally well. Item 1 thus serves just as an illustrative example which shows the motivation of considering such kind of problems to be solved by this Shu. In classics of later generations which printing devices available, also is added a further Item 4 of *Cao*, meaning drafts, which gives details of the calculations for arriving at the final numerical results in the Answer.

The 3rd century master in mathematics: Liu Hui
(Portrayed by Jiang Zhaohe)

There is some special terminology in *Fair Levies* in Chapter 6 of NC which is allied to some governmental policy believed to have occurred only in the time of Emperor Wu (140—87 B.C.) of the Former or Western Han Dynasty (206 B.C.—8 A.D.). This is one of the reasons that the late mathematics historian Qian Baozong (1892—1974 A.D.) had fixed the dates of completion of NC to be in 1c A.D. However, excavations in recent years show that the policy of fair levies occurred already in the early years of the Former Han Dynasty, so there are reasons to fix the date of completion of NC to be in 1c B.C. or even earlier.

In the period of Three Kingdoms (220—280 A.D.), some low-grade officer Liu Hui of Kingdom Wei wrote Annotations to NC in year 263 A.D.. In later editions of NC, Liu Hui's annotations as well as annotations of various other scholars were usually published together, with annotations due to different scholars clearly pointed out. However, the annotations due to Liu Hui are so remarkable and surpass all the others so much that we shall denote them by AN below the annotations due to Liu Hui alone. In fact NC and Liu Hui's AN together may be considered as the bible of ancient

Chinese mathematics. Its role in the development traditional Chinese mathematics, even probably in the development of mathematics in the whole world, is comparable to the role enjoyed by reverend Euclid's Elements of Geometry, cited below as EG, though of quite different character and style.

It is fortunate that NC, together with AN, has been translated into English by Shen Kangshen of Hangchow University. The translation bears the title *The Nine Chapters on the Mathematical Art*. It was published recently by Science Press in China and Oxford University Press in New York. The translation contains besides NC and AN themselves, also valuable sources about ancient mathematics in other regions of the world with comparisons and comments of the translators themselves. The present author will make free use of their translations below, though occasionally will present author's own translations, when it seems more fitting to do so.

Liu Hui wrote for his AN a Preface which is also of high importance in many respects. Thus, Liu Hui wrote in his Preface about the origin of NC:

Fu Xi ······ in remote antiquity invented the NineNines Algorithm ······ According to [history] the Duke of Zhou drew up the Ethical Codes in which were the Nine Arithmetic Arts. The Nine Chapters follow in the tradition of Nine Arithmetic Arts.

The Qin [Qin Dynasty 221—207 B.C.] tyrant [First Emporer of Qin] ordered the burning of books. Classics and literature were ruined or lost. Years after that, in the [Former or Western] Han Dynasty the Marquis of Beiping, Zhang Cang [c.250 B.C.—152 A.D.] and the Deputy Minister of Agriculture and Finance, Geng Shouchang [c. 1c B.C.] are noteworthy of their proficiency in mathematics. Working on the basis of the remains of incomplete old manuscripts each, as they saw fit, revised and supplemented [the text]. Consequently, examining their titles and comparing them with the ancient ones, [they] differ somewhat, and the contents contain much recent terminology.

This paragraph clearly shows that Zhang and Geng's completion of NC occurred in the latest time in 1st century B.C. Moreover, their completion is based on previous mathematics texts in quite remote times, as excavations in recent years have verified.

In the Preface the measuration of shadow-length is also cited. Thus, the Preface says:

The administrative system of Zhou Dynasty stipulated that one of the duties of the Minister of Home Affairs is to use an 8chi-tall vertical gnomon to measure the length of shadow at noon on the summer solstice; the place where the shadow stretches for 1chi5cun is called the earth centre. It is said that the sun is then 15000li south of it, as can be inferred from the rules. In fact, the Nine Chapters only mentions a form of distance measurement with four gnomons [Problem 22 in Chapter 9 of NC], as well as the measurement of the height of hill by a tree [Problem 23 in Chapter 9 of NC]. All the points are within walking distance, visible to one another, without involving such superhuman distance.

From this paragraph we see that Liu Hui, at least in year 263 A.D., had already seen clearly the fallacy of reasoning in ZB, in a time much earlier than the year 442.A.D., As He Chengtian mentioned above. Moreover, Liu Hui had even pointed out that the fallacy is actually due to transferring measurations within walking distance visible to one another to superhuman distance. On the other hand, Liu Hui had the deep insight in seeing the rightness of double-measurements of shadow-lengths and had transferred the principle and method in the time of the Duke of Zhou as described in ZB to geological measurements of distance not too far away. Thus Liu Hui says in his Preface:

······ *I found the double difference in the Nine Arithmetical Arts, which was just meant for such exotic problems. It can be used [in] all types of measurement involving extreme heights, depths or distance. It is so called because the difference taken as rates between the corresponding sides of GouGu Forms are applied twice.*

Liu Hui recalls next the celestial measurements in ZB as mentioned before which should be well-known to scholars in later generations. Thus, Liu Hui wrote in the Preface:

Set up two gnomons, 8chi high each, south to north on a plain, as far apart as possible in the city of Luoyang [The capital of East-Han Dynasty], and measure the shadows at noon simultaneously. Take the difference between the shadows as divisor, the height of the gnomon multiplied by the distance between the gnomons as dividend, and add the quotient to the height of a gnomon and we get the distance of the sun over the plain. Take the southern shadow multiplied by the gnomon-to-gnomon distance as dividend and divide it by the difference of the shadows. The quotient would be the horizontal distance. Let this distance and the SunPlain distance be the Gou and Gu, respectively. The Xuan of the GouGu Form is the distance of the sun from the surveyor. When we observe the sun southward through a tube one cun in diameter, if the sun just fills the tube, then the length of the tube is assumed to be the Gu, and the tube diameter the Gou. Take the SunSurveyor distance as the large Gu, and its Gou equals the diameter of the sun.

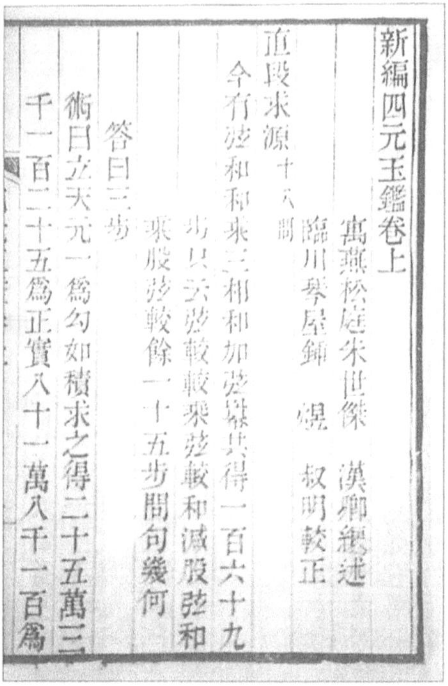

新編四元玉鑑卷上
寓燕松庭朱世傑　漢卿編述
臨川琴屋鍾　煜　叔明較正
直段求源十八問
今有弦和和和乘三和和和加弦冪共得一百六十九
步只云弦較較乘弦較和減股弦和
乘股弦較餘一十五步問句幾何
答曰三步
術曰立天元一爲勾如積求之得二十五萬三
千一百二十五爲正實八十一萬八千一百爲

The first page of Zhu Shijie's Jade Mirror of the Four Elements (1303), a work which might be considered as the peak of the medieval Chinese mathematics represented by two major achievements: the solution of polynomial equations by elimination and the method of finite differences (Reproduced from a copy printed in the Qing Dynasty)

From this paragraph we see that Liu Hui had formulated the solutions of Problems 1-4 mentioned above in the precise form of formulas. These formulas are naturally non-symbolic but literal ones as given below:

$$SunHeight = \frac{GnomonHeight * GnomonDistance}{ShadowDifference} + GnomonHeight \quad (\mathrm{SH}_1)$$

$$SunUnderneath\ to\ Surveyor = \frac{Shadow * GnomonDistance}{ShadowDifference} \quad (\mathrm{SH}_2)$$

$$(SunSurveyorDistance)^2 = (SunUnderneath)^2 + (SunHeight)^2 \quad (\mathrm{SH}_3)$$

$$SunSurveyorDistance : SunDiameter = TubeLength : TubeDiameter \quad (\mathrm{SH}_4)$$

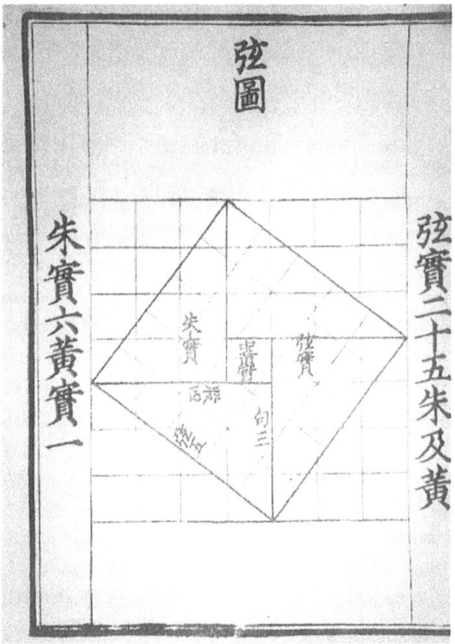

Xuan Tu (hypotenuse diagram), given by Zhao Shuang (the 3rd century A.D.) in his annotations to Zhou Bi Mathematical Manual. The diagram shows a proof of the Gou Gu theorem (i.e. Pythagoras' theorem) based on the out-in complementary principle. (Reproduced from a copy of Zhou Bi Mathematical Manual printed during the Southern Song Dynasty (1127—1279)

Liu Hui went much further in making the following statements in his Preface:

Once celestial bodies can be measured, then why not measure high mountains, vast rivers and seas? Existing historical records, I think, should have contained some of the cosmic phenomena with their descriptions and data, so that the outstanding academic achievements could have been preserved. Therefore I have written the "Rule of Double Differences", with some comments, so as to facilitate our search for the original meaning. This is appended to the chapter on GouGu. Height measurement involves two gnomons, and depth measurement two gnomon-like instruments too. If another point is added, we ought to observe thrice; a fourth observation is needed if the additional point is not in the same plane as the other points. By analogy and extension, these rules can be applied to the most tricky problems. Curious gentleman, please read the text thoroughly.

Thus, after the insight of seeing the fallacy of applying the method of double-difference to measurements of cosmological superhuman distance, Liu Hui had successfully and correctly applied the method to geological measurements. The writing, which was to be added as the 10th Chapter to NC, was in later generations separated from NC to become an independent pamphlet with the title *Sea-Island Suan Jing*, to be cited below as SI. From the last sentences of the above paragraph it seems further that Liu Hui had grasped the essence of multi-point measurements for all kinds of measurations problems, however tricky the may be.

The pamphlet SI contains 9 Problems with the contents listed below:

Problem 1. Survey of Sea-Island.

Problem 2. Survey of Pine-Tree on a Hill.

Problem 3. Survey of Square-City in the South.

Problem 4. Survey of Deep Valley.

Problem 5. Survey from a Hill of a Building on the Level-Ground.

Problem 6. Survey of Mouth of a South-Eastward River.

Problem 7. Survey of Clear Pool with a White Stone at the Bottom.

Problem 8. Survey of from a Hill of a River South of Hill.

Problem 9. Survey from a Hill of a City South of the Hill.

For each of these Problems Liu Hui gave the method of measurements 2, 3, or 4 times and also the solutions in the form of precise (of course, literal) formulas. These methods and precise formulas verify the statements at the end of the previous paragraph in Liu's Preface.

We recall now the statement of Problem 1 of SI as follows:

Problem 1. Now survey a sea island. Erect two gnomons of the same height, 3zhang, so that the front and rear gnomons are 1000bu apart. They are aligned with the summit of the island. Move backwards 127bu from the rear gnomon, sighting at ground level, and find that the summit of the island also coincides with the tip of the gnomon.

Tell: What are height of the island and its distance from the front gnomon?

Shu says: Multiply the distance between the gnomons by the height of a Gnomon as dividend. Take the difference in distance from the points of observation as divisor and divide. Adding the quotient to the height of a gnomon, get the height of the island. To find the distance of the island from the front gnomon, multiply the distance between the two gnomons by the distance moved backwards as dividend. Take divisor as above and divide to obtain the distance between the island and the front gnomon in li.

The above Shu gives the precise formulas below which are essentially the same as formula (SH_1) and (SH_2) in the sun-height measurements:

$$IslandHeight = \frac{GnomonHeight * GnmonDistance}{BackwardDifference} + GnomonHeight \quad (SI_1)$$

$$GnomonIslandDis\tan ce = \frac{GnomonBackward * GnomonDistance}{BackwardDifference} \quad (SI_2)$$

Liu Hui said in his Preface that he had tried to explain the whole theory as concisely as possible, with space forms shown in diagrams. This shows that there should be illustrations or demonstrations accompanied by diagrams for all of these nine problems. All these had unfortunately been lost. In some classic Yang Hui's Method of Computation (1275 A.D.) of Yang Hui in the Song Dynasty, he said:

I once put the Sea-Island Diagram by the side of myself, to investigate the idea of our sage ancestor.

In Yang's classic there was even a diagram which should have had its origin from Liu Hui's original one. We reproduce it as Fig.4.

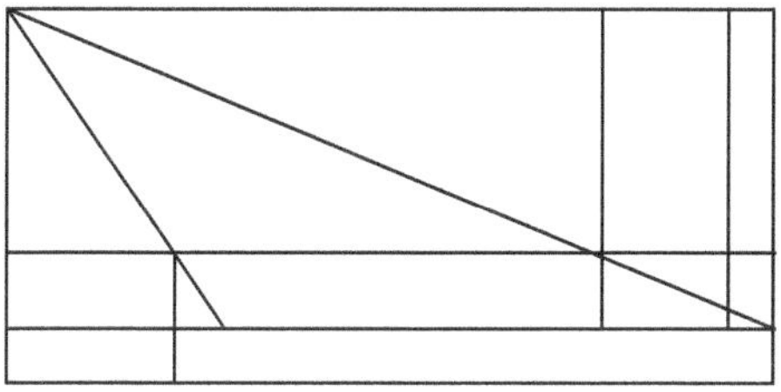

Fig.4 Yang Hui's diagram for Sea-Island Formula

During the Qing Dynasty (1644 A.D.—1911 A.D.), some scholar Li Huang in the beginning of the 19th century wrote *Detailed Explanations of NC and SI with Diagrams*, in which proofs in Euclidean fashion were supplemented. For SI-Formulas, Li wrote a Preface in which he said:

Originally there was a diagram for the Problem on survey of sea-island. The diagrams for the other eight Problems are supplemented by the present author.

From the above it is clear that the original diagrams due to Liu Hui himself, at least the diagram of Problem 1 on sea-island, were existent in the time of Yang Hui or even in the time of Li Huang, but no more afterwards. In fact, in the classic *Systematic Treatise on Arithmetic* (1592 A.D.) of Cheng Daiwei (1533—1606 A.D.)

in the Ming Dynasty (1368—1644 A.D.), there was a diagram which even bears a title, *Diagrams for Survey of Sea-Island.* Clearly, the diagram should have a remote origin. See accompanying Fig.5.

Fig.5 Sea-Island diagram in Cheng Dawei's Systematic Treatise on Arithmetic (1592 A.D.)

From the Song Dynasty (or earlier) up to the present day many scholars, Chinese or non-Chinese, have tried to give proofs of the Sea-Island Formulas of Liu Hui (or equivalently the SunHeight Formulas in ZB) and/or the formulas for the other 8 problems in SI. We recall that in the end of Ming Dynasty EG of Euclid had been transmitted to China by Matteo Ricci (1552—1610 A.D.) about 1600 A.D.. Thus Euclidean geometry and its proofs-fashion became known and had been accepted by Chinese scholars since that time. So many proofs based on Euclidean-fashion reasoning, in drawing auxiliary parallel line for example, appeared from time to time by Chinese scholars. There were also proofs based on proportionalities between similar triangles and then derived formulas by algebraic manipulations. Sometimes trigonometrical functions were also used for the derivation.

However, all such proofs, though logically correct and rigorous in reasonings, are, in the present author's opinion, unacceptable.

In fact, in [Wu2] or [Wu4], the present author had stated two basic principles for the study of ancient Chinese mathematics, which should be strictly observed, viz.:

P1. All conclusions drawn should be based on original texts fortunately preserved up to the present time (naturally also texts excavated).

P2. All conclusions drawn should be based on reasonings in the matter of our ancestors in making use of knowledge and in utilizing auxiliary tools and methods available only at that ancient time.

I would like to emphasize that such principles should also be strictly observed for the study of ancient mathematics of any other countries or regions.

Let us reproduce some paragraph from [Wu4] for the sake of illustrating our point of view:

For P2 we shall emphasize that use of algebraic symbolic manipulations or parallel-line drawings should be strictly forbidden in any deduction of algebra or geometry since they were seemingly nonexistent in ancient Chinese classic. In fact, ancient Chinese mathematics had its own line of development, its own method of thinking, and even its own style of presentation. It is not only independent of, but even quite different from, the western mathematics as descendents of Greeks.

Return now to the ancient proofs of SI-Formulas of Liu Hui or SH-Formulas originated from ZB. As we have said, Liu's proofs had been lost, while in ZB there were no traces of exact statements of formulas, not to say their proofs. Fortunately in the Kingdom Wu of Period of Three Kingdoms, some scholar Zhao Shuang (3c A.D.) wrote two annotations to ZB bearing the titles SunHeight Theory with Diagrams, to be cited below as ZS_1 and ZS_2 respectively. These annotations will permit us to recover the ancient original proofs of both GouGu Theorem (GG) and the SI-or SH-Formulas in some sense.

Before doing this, let us recall some basic principles on which the recovery of the ancient original proofs are to be based.

In Chapter 9 on GouGu Forms of NC, the first three problems concern the determination of one unknown of the sides Gou, Gu and Xuan from the other two supposed known. The method of determination is given by the following Shu:

GouGu Shu says: Add the square of the Gou and the Gu, take the square root giving the Xuan.

Further, the square of the Gu is subtracted from the square of Xuan. The square root of the remainder is the Gou.

Further, the square of the Gou is subtracted from the square of Xuan. The square root of the reminder is the Gu.

In AN, Liu Hui wrote of a proof of the GouGu Formula GG:

Let the square on the Gou be red in colour, the square on the Gu be blue. Let them be taken out or moved in complementing each other into corresponding positions. With remaining parts unmoved, the moved parts will be combined to form a square on Xuan.

From this we see that the proof of Liu Hui is accompanied with some diagram in which various parts are depicted in different colors. Secondly, there parts are taken out and moved in to form some new figure. Finally, from the last statement we see that Liu Hui has based his conclusion on some general principle that the figure taken out and the figure moved in should have the same area.

In view of this, the present author has called the Liu Hui-based principle the *Out-In Complementary Principle* and restated it in the following form:

Out-In Complementary Principle. When a planar (or a solid) figure is cut into pieces, which are moved to somewhere else and combined together, the area (or volume) of the figure will remain the same.

In Yang Hui's classic of 1275 A.D. Yang said that he had studied thoroughly the Problem of Sea-Island to try to understand the basic idea in order to know the underlying principle. According to Yang, this underlying principle is that the area A should be equal to the area B as shown in Fig.6.

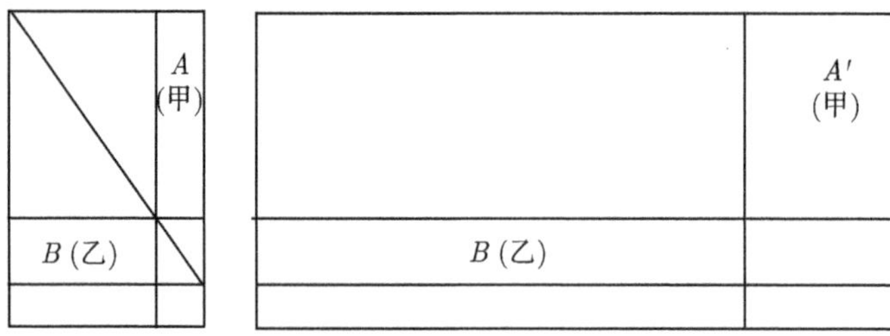

Fig.6 Yang Hui's Underlying Principle $A = B$ of Sea-Island Formulas

It is readily seen that this underlying principle is an immediate consequence of the Out-In Complementary Principle. However, this much more general Principle seems to have escaped the notice of Yang Hui.

Let us come now to a recovered proof of the SunHeight Formula.

In [ZS_1] there was associated some Sun-Height Diagram marked with different colors. Based on the diagram, somewhat mutilated, and the article [ZS_1] itself the present author had given a proof which seems to be, if not the original one of Zhao Shang, at least it is essentially so. For this purpose let us first reproduce a literal translation of some passage in the article [ZS_1] with some re-ordering of sentences as follows, the number (1) ~ (9) being added by the author.

(1) Y_1 and Y_2 are equal in areas.

(2) Y_1 is connected with $B_3$and Y_2 is connected with B_6.

(3) They are also equal in areas.

(4) $B_3$and B_6 are also equal in areas.

(5) Multiply GnomonDistance by GnomonHeight to be the area of Y_1.

(6) Take ShadowDifference as breadth of Y_2.

(7) Divide to get height of Y_2.

(8) The heights rise up to the same level as the sun.

(9) So from the diagram, GnomonHeight is to be added.

In the above statements Y, B means that the corresponding areas were in colors yellow and blue, respectively. From these statements, especially the statement (8), we shall complete the mutilated diagram somewhat as in Fig.7. We may also compare this recovered diagram with that in Fig.4.

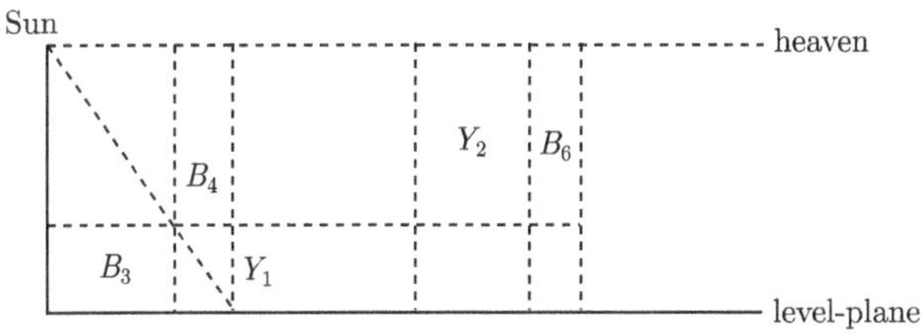

Fig.7 Recovered Mutilated SunHeight Diagram in [ZS1]

The proof now becomes quite clear. In fact, as a simple consequence of the Out-In Complementary Principle or the underlying principle pointed out by Yang Hui, we have from statements (1), (2) and (3) the following equalities for areas:

$$Y_1 = Y_2, B_3 + Y_1 = B_6 + Y_2.$$

Whence we have (4)

$$B_3 = B_6.$$

In the same way we have $B_3 = B_4$ so that we have

$$B_4 = B_6.$$

Statement (5) gives

$$Area\ Y_1 = GnomonDistance * GnomonHeight.$$

By (1) this is also the area of Y_2. Now

$$\begin{aligned} BreadthY_2 &= Breadth(Y_2 + B_6) - Breadth\ B_6 \\ &= Breadth(Y_2 + B_6) - Breadth\ B_4. \end{aligned}$$

Whence we get statement (6), viz.

$$Breadth\ Y_2 = ShadowDifference.$$

Then we further get as in statements (7) and (8),

$$\begin{aligned} &SunHeight\ over\ Gnomon \\ &= \frac{Area\ Y_2}{Breadth\ Y_2} = \frac{GnomonHeight * GnomonDistance}{ShadowDifference}. \end{aligned}$$

In statement (9), we have then

$$\begin{aligned} &SunHeight\ over\ LevelPlane \\ &= SunHeight\ over\ Gnomon + GnomonHeight. \end{aligned}$$

This gives the SunHeight Formula (SH_1).

The present author had also given recovered proofs of the formulas given by Liu Hui for the other 8 Problems which are quite complicate in form. However, in applying the Out-In Complementary Principle, we arrive naturally and quickly at these complicate forms. This shows that we are on the right way of recovering the original ancient proofs.

Concerning GouGu Theorem (GG), let us cite the following passage in (ZB):

Hence bending a right-angled instrument with Gou 3 and Gu 4, then the slant side is 5. Form squares about the sides. Take away halves of the Ju, Rotate and combine to form a new square.

Note that Ju is some kind of instrument for measurement. It is also a knife-shaped region gotten from removing a smaller square in one corner from a larger square.

In referring to some diagrams which remain up to the present day, Li Jimin had given a recovered proof of the general GouGu Formula (GG) from the above statement, based again on the Out-In Complementary Principle. Note that the particular case of 3, 4, 5 serves, as already pointed out above, merely as an illustrative example having nothing to do with the general proof. In recent years there are many scholars trying to give recovered proofs of GouGu Formula in this or that way. But in the present author's opinion, that of Li Jimin seems to be the one closet to the original ancient one. For more details, we refer to the original paper [LJM3].

In Chapter 9 on GouGu Forms, there are many interesting and delicate problems which have been solved and proved by the Out-In Complementary Principle. What is most striking is Problem 14 which we reproduce as follows:

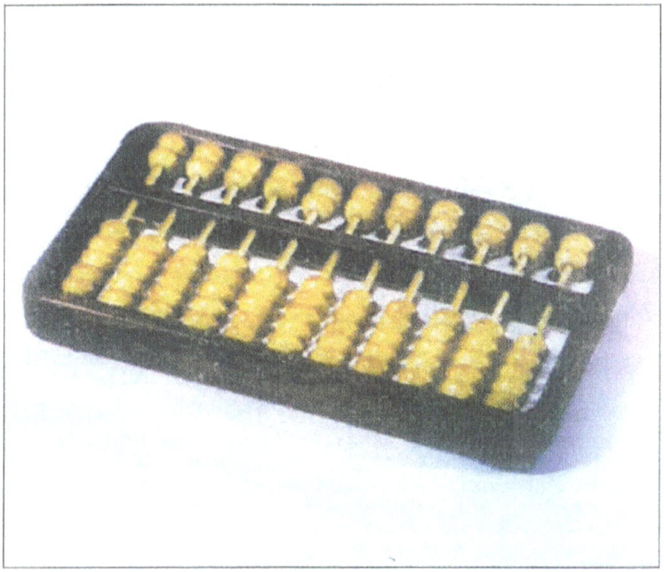

An ivory abacus from the Ming Dynasty (1368—1644)
(Chinese History Museum)

Problem 14. Two persons start from the same position. Person A has a speed-rate 7 while person B rate 3. B goes eastward while A goes first southward 10 units and meets B going north-east-wise. To find: units traversed by A, B.

Answer: B goes eastward 10bu and half. A goes slantwise 14bu and half to catch B.

Shu says: Squaring 7, also 3. Taking half of sum.

This will be slant unit-ratio of A. Subtract this unit-ratio from square of 7. The remainder is the southern unit-ratio. Multiply 7 by 3 is eastern unit-ratio of B.

At first sight the Problem seems a curious one and the solution given by Shu is also a little mysterious. However, Liu Hui's annotations clarifies the whole matter. We cite this below. See the accompanying Fig.8.

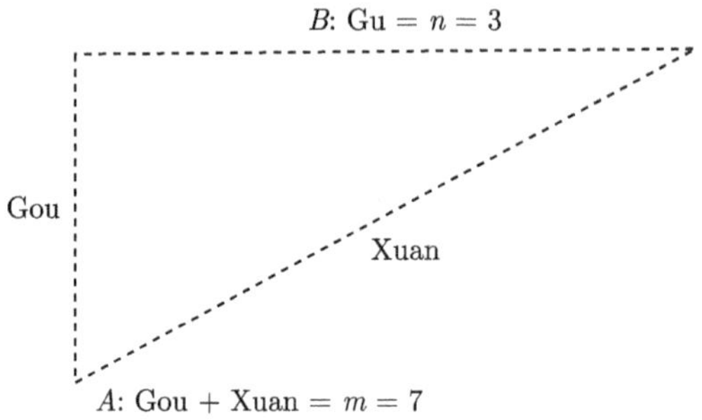

Fig.8　Diagram for Problem 14 in Chapter 9 of NC

Here, take the southerly distance as the Gou, the easterly as the Gu, and the slant distance as Xuan. The rate of Gu is 3, the rate of GouXuanSum is 7. In order to obtain the rate of Xuan, one has to divide the square on Gu by GouXuanSum to get the GouXuanDifference. Add this to the sum and halve it to get the Xuan. Subtract the GouXuanDifference from the Xuan to get the Gou. Fractions, if any, should be reduced to a common denominator, and simplified before the required rates are determined.

From Liu's annotation we see that the above problem is equivalent to the geometrical problem of determining Gou, Gu, Xuan from the given Gu = 3 and Gou + Xuan = 7. As we have pointed out before, the numerical values 3, 7 serve only as illustrative examples, and we may replace them by any values n, m with m > n (> 0) to be integers. Then the Shu in NC says that

$$SlantRate = \frac{m^2+n^2}{2},$$

$$SouthernRate = m^2 - \frac{m^2+n^2}{2}, \quad EasternRate = m*n.$$

It follows that we have

$$Gou : Gu : Xuan,$$

$$m^2-n^2 : 2*m*n : m^2+n^2. \qquad \text{(GGX)}$$

In Liu's annotations it is further explaned how to get Gou, Gu, Xuan from Gu and GouXuanSum in the following way:

$$\begin{aligned}Gu^2 &= Xuan^2 - Gou^2 \\ &= (Xuan + Gou) * (Xuan - Gou), \ whence \\ Xuan - Gou &= \frac{Gu^2}{Xuan + Guo}, \\ Xuan &= \frac{(Xuan + Gou) + (Xuan - Gou)}{2}, \\ Gou &= \frac{(Xuan + Gou) - (Xuan - Gou)}{2}.\end{aligned}$$

Liu Hui showed further how to prove (GGX) by means of the Out-In Complementary Principle as in further annotations below:

In Shu the GouXuanSum is taken as the denominator. Hence take the square on GouXuanSum as the join of red and yellow squares. Take the square on Gu as the Ju [the knife-shaped figure which remains when a smaller square in a corner of a larger one is removed] of a blue square. In straitghening the Ju and adding the deficiency, get a rectangle with GouXuanSum as length and GouXuanDifference as width.

The diagram is then, as a whole, a rectangle with twice the Xuan in length, and the GouXuanSum in width. Cut it horizontally half and half, with one half as the XuanRate. The square of 7 is considered as the rate for the GouXuanSum. Hence in subtracting the XuanRate the remainder is the GouRate. The point where the two persons stand is the start of the walk. All the rates have GouXuanSum as their lengths, while Xuan and Gou are their respective width. Hence the GuRate will also be a rectangle with GouXuanSum as its length and Gu as its width.

The southerly distance, 10bu, is known as the "given Gou". It should be multiplied by the XuanRate and the GuRate respectively and divided by the GouRate to obtain the required Xuan and Gu.

From the annotation we see that Liu Hui had a diagram in various colors for his proof. Li Jimin in his paper [LJM1] had recovered this diagram and the proof in accordance with Liu's above annotation. See the Fig.9. Thus in Fig.9 ABCD is the square on GouXuanSum as the join of GouSquare in red color R and XuanSquare in yellow color Y. The knife shaped Ju DEFGHI is the remainder of a XuanSquare with a GouSquare in red removed from it. This Ju, after straightening and adding the deficiency, is moved to the position CDJK which is a rectangle with GouXuanSum and GouXuanDifference as its length and width. Note that such a procedure is used quite often in studies of GouGu Forms in Chap.9 of NC.

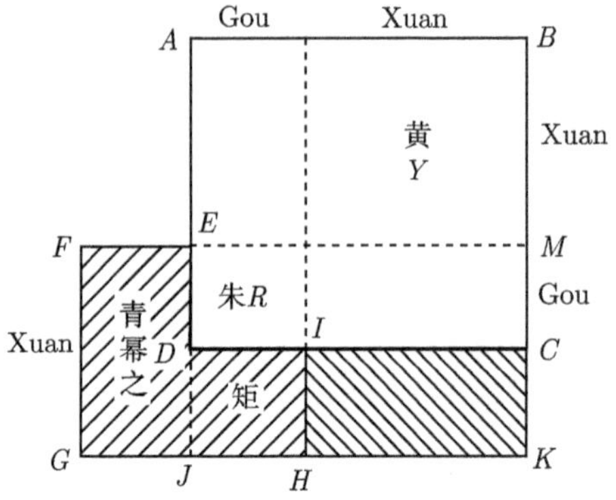

Fig.9　Schematic diagram for Liu Hui's proof of rational GouGu Form

The diagram as a whole is now a rectangle ABKJ with twice Xuan and GouXuan-Sum as its length and width. This rectangle is divided into two halves by a horizontal cut EM. We have now

$$\begin{aligned}
Rect\ ABCD &= GouXuanSum^2 = m^2,\\
Rect\ CDJK &= Ju(DEFGHI)\\
&= GouXuanSum * GouXuanDifference\\
&= Xuan^2 - Gou^2 = Gu^2 = n^2,\\
Rect\ ABME &= \frac{Rect\ ABKJ}{2}\\
&= \frac{RectABCD + RectCDJK}{2} = \frac{m^2+n^2}{2},\\
Rect\ EMCD &= Rect\ ABCD - Rect\ ABME\\
&= m^2 - \frac{m^2+n^2}{2}.
\end{aligned}$$

The last two rectangles have GouXuanSum as the common length or common rate with Xuan and Gou as widths. Hence in removing this rate as common denominator, we will get

$$\begin{aligned}
&Gou : Gu : Xuan\\
&= Gou * GouXuanSum : Gu * GouXuanSum : Xuan * GouXuanSum,
\end{aligned}$$

or

$$Gou : Gu : Xuan = \left(m^2 - \frac{m^2+n^2}{2}\right) : m * n : \frac{m^2+n^2}{2}.$$

This gives the formula (GGX).

Formula (GGX) gives the most general formula for the rational GouGu Forms with sides in ratios of positive rationals and hence of positive integers too. In NC there occurred 8 such triples of integral sides corresponding to various integer pairs of (m, n). For example, the triple (22, 99, 101) in Problem 8, 10 of Chap. 9 of NC corresponds to the pair $(m, n) = (11, 9)$ and the triple (60, 91, 109) in Problem 13 corresponds to the pair (13, 7). It would be interesting to compare the general formula (GGX) with the many ones, usually only special ones and without any indication of proofs which occurred in ancient times, in various countries or regions [Sh], pp. 487-494. The purely theoretical character of (GGX) shows very well that the oriental mathematicians were not merely interested in problems arising from technology and administration, as was supposed from Struik's classic.

What we have said above shows a sharp contrast between ancient Greek mathematics and the ancient oriental mathematics with China as its undisputable representative. Thus, instead of Geometry Theorem-Proving of Greek Euclidean mathematics to which Chinese ancient scholar paid no notice at all, our ancestors had interests mainly in Geometry Problem-Solving with Problem arisen from reality or necessity. A problem, geometric or not, may be solve with results expressed in some form, for example, formulas, or theorems in the modern sense. Then our ancestors will give reasons for the results, in the form of annotations, or proofs, in the modern sense.

Furthermore, the manner of proofs for western and oriental geometric theorems is quite different. Thus, the Greek Euclidean fashion of proofs is based on a lot of axioms. Consider for example Hilbert's classic Grundlagen der Geometrie of 1898, which put Euclidean geometry on a rigorous foundation. The axioms of Euclidean space geometry are divided into 5 groups with totaling to 8+4+5+1+2=20. As for proofs in ancient Chinese fashion, one gives proofs for a lot of theorems based on very few plausible and common-place Principle. Such Principles were formulated on behalf of experiences, raw conclusions, elementary reasonings, etc. Once one was formulated, then it was applied to problems of extreme diversity, sometimes even unexpected, as we have seen for the Out-In Complementary Principle, which is the simplest of such Principles.

Perhaps one of the most striking achievements in our ancient mathematics is the volume theory established in NC and AN. In the case of planar areas, then in making the convention of taking the area of a unit square to be 1, the Out-In Complementary Principle will permit us to establish a satisfactory area theory of planar polygonal figures. The same problem is also settled in above-mentioned Hilbert's classic based on the concept of Zerlegungs-Aequivalenz which is somewhat analogous to the Out-In Complementary Principle.

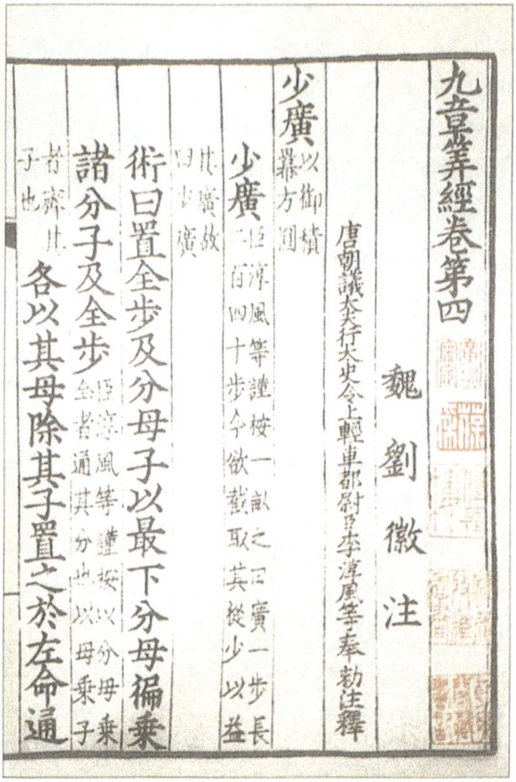
九章筭經卷第四
魏 劉徽 注
唐朝議大夫行太史令上輕車都尉臣李淳風等奉勅注釋
少廣 以御積冪方圓
少廣 臣淳風等謹按一畝之田廣一步長二百四十步今欲截取其從少以益其廣故曰少廣
術曰置全步及分母子以最下分母徧乘
諸分子及全步 臣淳風等謹按以分母乘全者通其分也以母乘子者齊其子也
各以其母除其子置之於左命通

The first page of the Nine Chapters on the Mathematical Art: The most important mathematical classic left from ancient China (Reproduced from a copy printed in the Southern Song Dynasty)

However, the situation becomes very delicate in the case of polyhedral solids. The critical point is to establish the volume formula of a tetrahedron:

$$Vol(Tetrahedron) = \frac{Altitude * Base}{3}, \tag{VT}$$

which is analogous to the area formula of a triangle.

$$Area(Triangle) = \frac{Altitude * Base}{2}. \tag{AT}$$

Once the area formula (AT) is proved, either by Out-In Complementary Principle or by Zerlegungs-Aequivalenz, then the establishment of an area theory of polygonal figures is easily done. However, neither the Out-In Complementary Principle nor the Zerlegungs-Aequivalenz will permit us to get a proof of volume formula (VT). In the west, a student of Hilbert, M. Dehn, had given a counter example which shows that it is utterly impossible to prove (VT) by means of Zerlegungs-Aequivalenz alone. On the other hand, it seems that our ancestors had the keen insight of intuition that the Out-In Complementary Principle alone would not be sufficient to give the formula (VT).

It would be instructive to compare how western mathematics and oriental mathematics had solved the above delicate problem.

In Euclid's EG Chapter 11, 12 and 13 dealt with solid geometry. It was proven that pyramids which are of the same height and have triangular based are to one another as the based (Prop.5, Chap12), that any cone is a third part of the cylinder which has the same base with it and equal height (Prop.10, Chap 12), and many other propositions of the same type about solids or planar figures. It seems that Euclid was interested only in the proportionality relations between the areas or volumes but had little interest in the actual quantitative determination of polygonal areas or polyhedral volumes themselves, as given by the explicit formulas (AT) and (VT). Furthermore, the proofs of such proportionality propositions depend on the so-called Exhaustion Method of Eudoxus which is turn depends on some indirect reasoning leading to a contradiction. The method is approximate and rigorous, but is only a step in the direction of the rigorous limit concept.

In Hilbert's well known speech on Mathematische Probleme at the International Congress of Mathematicians, year 1900, the Problem 3 bears the title Die Volumengleichheit zweier Tetraeder von gleicher Grundflaeche und Hoehe. After recalling some critic of Gauss about Euclid's Prop.5, Chap.12 of EG on pyramids cited above, Hilbert stated Problem 3 in the following form, see [Hil]:

Zwei Tetraeder mit gleichen Grundflaeche und von gleichen Hoehe anzugeben, die sich aufkeine Weise in kongruenter Tetraeder nicht zu solchen Polyeder ergaenzen lassen, fuer die ihrerseits eine Zerlegung in kongruente Tetraeder moeglich ist.

Shortly after the speech of Hilbert, his student M.Dehn solved Hilbert's Problem 3 in giving a necessary condition for the Zerlegungs-Aequivalenz of two solids which permits concrete examples of solids with equal volumes that are not Zerlegungs-Aequivalent, cf. [Del, 2]. It waits for more than 60 years until Sydler proved that Dehn's necessary condition was so sufficient, see [Syd]. The Dehn-Sydler condition is very intricate, which shows that volume-equality and Zerlegungs-Aequivalenz are two different concepts for polyhedral solids, contrary to the case of planar-polygons, for which area-equality and Zerlegungs-Aequivalentz are equivalent to each other.

As for the actual volume-determination as given by the formula (VT) then, there appeared a number of articles in Math. Annalen around the year 1900, which show that, for the proof of (VT), some concept equivalent to a limiting process in actually unavoidable. This also gives the reason why the ancient Greeks had not been able to get the quantitative expression (VT) in applying the mere exhaustion method, which is yet only a step to the limiting process.

Let us consider now how the ancient Chinese scholars settled the problem of volume determination as shown by the formula (VT).

In the annotations to Problem 14 and 15 of Chap.5 of NC, Liu Hui described his method of treatment as follows. Take a rectangular parellelopiped and halve it diagonally to get two equal solids called qiandu which are actually some square-based prisms of a particular type. Cutting now a qiandu by a slant plane, one gets two solids called yangma and bienao respectively. The solid yangma is actually a pyramid with a rectangular base and the solid bienao is a tetrahedron with 3 successive edges in mutually perpendicular directions. See Fig.10.

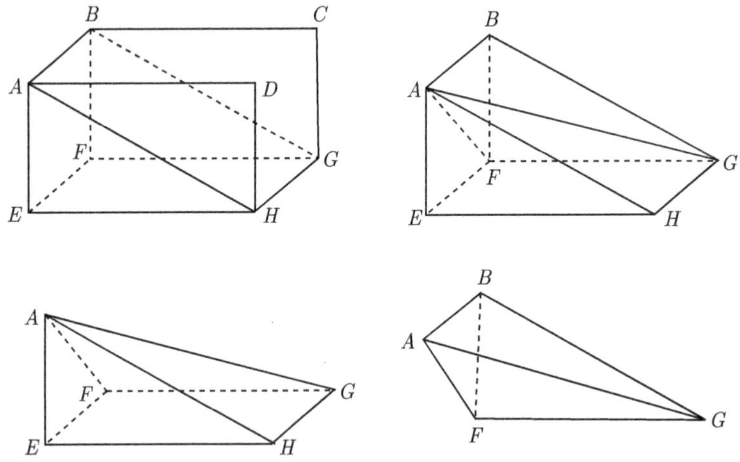

Fig.10 Diagram for Yangma an Bienao

Now in Problem 15, Chap.5 of NC, there is a Shu which gives the quantitative determination of yangma as follows:

Yangma Shu says: Multiply the breadth by the length, then multiply by the altitude. Divide by 3.

In other words, the volume of a yangma is given quantitatively by the formula below:

$$Vol(Yangma) = \frac{1}{3} * Breadth * Length * Altitude. \qquad \text{(YM)}$$

Liu Hui in his annotations to Problem 15 above actually gave a proof of the formula (YM) and also the extremely remarkable formula below:

$$Vol(Yangma) : Vol(Bienao) = 2 : 1. \qquad \text{(Liu)}$$

Liu Hui's proof consists of dissecting the solid yangma and bienao, gotten from the given parallellopiped, into pieces of smaller yangmas and bienaos. In repeating the process again and again, Liu Hui showed that

$$1 * Vol(Yangma) - 2 * Vol(Bienao), \qquad \text{(Liu)}$$

will become smaller and smaller and can be ultimately neglected, as argued by Liu Hui:

The more they are cut into smaller halves, the smaller will be the remains. The ultimate smallness is infinitesimal, and infinitesimal is formless. Accordingly there is no need to take into account the remain.

From these arguments we see that Liu Hui had a clear concept of limiting process in that the expression (Liu') will approach infinitesimally to zero and may be neglected. It is thus legitimate to put forth from (Liu') the formula (Liu) with which we shall baptize the following statement of Liu in his AN as a general Principle in honor of Liu Hui:

Liu Hui's 2:1 Principle. Yangma occupies two and Bienao occupies one. That's an invariable ratio.

Note that for successive dissections, Liu Hui used some standard cubic block as model to verify the process. However, as pointed out by Liu himself, this will not affect the reasoning, and the block may be arbitrary lengths, breadths, or forms. We note also that the original texts of Liu Hui are quite difficult to understand, which had vexed quite a number of present-day Chinese scholars. However, the Danish scholar Wagner had deciphered the relevant passages of Liu Hui, recovered the original proof of Liu Hui, and showed that Liu Hui is right and rigorous in his reasoning. See his important paper [Wag].

Based on Liu Hui's 2:1 Principle, combined with the Out-In Complementary Principle, it is easy to establish the critical formula (VT) for the volume of a tetrahedron. The volumes of various polyhedral solids are then easily deduced from (VT).

In fact, in NC there are a lot of such beautiful formulas for various kinds of solids occurring in earthwork constructions.

Consider now the problem of quantitative determination of volumes of curved solids. Before doing this, let us consider the corresponding problem in the planar case. Clearly the determination of circumference or area of a circle is a particular one of such problems, but is of utmost importance.

增乘方求廉法草曰：釋鎖求廉本源。列所開方數，如前五乘方，列五位，隅筭在外。以隅筭一，自下增入前位，至首位而止。首位得六，第二位得五，第三位得四，第四位得三，下一位得二。復以隅筭如前陞增，遞低一位求之。

求第二位
六舊數 五加十而止 四加六為十 三加三為六 二加一為三

求第三位
六 十五五舊數 十加十而止 六加四為十 三加一為四

求第四位

左衺乃積數。右衺乃隅筭。中藏者皆廉。以廉乘商方。命實而除之。

A page reproduced from Yong Le Da Dian (Great Encyclopaedia of the Yong Le Reign, Vol.16344, in the year 1408). It shows a diagram (right below) so called "Jia Xian Triangle" which was first introduced as "basic diagram for solving equations" by the mathematician Jia Xian in his book (1050): Detailed Solutions of the Problems in the Nine Mathematics Chapters of Huang Di. The diagram tabulates the binomial coefficients up to the 6th power. The similar diagram is known in Europe as "Pascal Triangle"

Again it seems that Euclid in EG was interested only in the proportionality properties as Prop.2, Chap.12 of EG, but not the actual determination of circumference or area of the circle which amounts to the actual numerical determination of the number pi. On the other hand, the numerical determination of pi was ever since considered as a problem of fundamental importance and occupied a central position in the development of ancient Chinese mathematics. While the ancient Chinese struggled for a closer and closer approximate value of pi for centuries, it was again Liu Hui who gave the general method and underlying principle for arriving at values of pi as close as possible.

Chapter 1 of NC is entitled Filed Measurement which, according to Liu Hui's annotations, has the purpose of determining the boundary and area of field. Problem 32 of this chapter deals with such determination for a circular field.

The corresponding Shu for the circular field says:

Multiplying half the circumference by the radius yields the area of circular field.

This Shu may be put in the form of the following interesting formula for a circle:

$$Area\ (Circle) = \frac{1}{2} * Circumference * Radius. \qquad \text{(ALC)}$$

Liu Hui wrote a long annotation to this Shu which should be considered of very high value to the mathematics development of the whole world. The method of Liu Hui consists in starting with a regular hexagon inscribed in the given circular field. He pointed out that the area of the hexagon gave since remote times the very rough approximate value of the area of the circular field, namely 3*radius^2, or $\pi = 3$ in modern notation. Liu Hui showed then how to get closer and closer approximate value by successive bisections to get inscribed regular polygons of successive double side-numbers. He gave also the loss in substituting the regular polygonal area for the circular area which amounts in modern notations to the following inequality:

$$S_{2*n} < S < S_{2*n} + (S_{2*n} - S_n). \qquad \text{(SL)}$$

In the inequality S is the area of the circle, and S_k is the area of the inscribed regular polygon of k sides. In taking an inscribed regular polygon of side number $6*2^9 = 3072$, Liu Hui obtained an approximate value of $\pi \approx 3927/1250$, or 3.1416. Moreover, Liu Hui says:

The finer we cut the segments, the less will be the loss. Cut further and further until unable to cut further. Then [the polygon] will coincide with the circle and there will be no more loss.

The above statements actually amount to a proof of the above Shu about circular field. In fact, it amounts to saying that if we cut the circular field into an infinite number of infinitesimal triangles with vertices all at the center of the circle, and sides as infinitesimal triangles given by formula (AT) will give the formula (ALC) as stated in the Circular Field Shu.

In comparing this with what Liu Hui had said in establishing the 2:1 Principle, we see that Liu Hui had a very clear picture of the limit concept and also the limit procedure.

The great ancient Chinese mathematician Zu Chongzhi

Let us come now to the case of curved solid figures: For solid figures the above Out-In Complementary Principle and the 2:1 Principle are clearly insufficient to determine the curved volumes. Thus, the determination of the volume of a sphere in terms of its diameter was a long-standing problem in the early days of our history. Liu Hui, in his annotations, suggested that the study of some peculiar solid, which is the intersection of two inscribed cylinders in different directions in a cube, may lead to the ultimate solution of the problem. However, it was only much later that Zu Geng, son of the great scholar Zu Chongzhi (+429, +500), in following the suggestion of Liu Hui, had solved this problem. In solving the problem, Zu Geng had formulated a Principle as stated below:

Zu Geng Principle: Since areas in equal, height are equal, the volumes cannot be unequal.

The Zu Geng Principle furnishes a general method of determining volumes of curved solids in principle. In particular, Zu Geng, in following some suggestions of Liu Hui in his Annotations, succeeded in determining the volume of a sphere in terms of its diameter, as in the following formula for a sphere:

$$Vol(Sphere) = \frac{4}{3} * \pi * (Radius)^3. \qquad \text{(VS)}$$

Note that his Zu Geng Principle, or more exactly the Liu-Zu Principle, was already applied without precise formulation to the determination of simple curved solids by Liu Hui. For example, the volume of a pyramid with an arbitrary base should be, by this Principle, (1/3)∗ Area (Base)∗ Altitude. Now consider a solid sphere to be dissected into an infinite number of infinitemal pyramids with vertices all at center of the sphere and based on the spherical surface. Then from the formula (VT) we shall get as in the case of circle area:

$$Vol(Sphere) = \frac{1}{3} * Radius(Sphere) * Area(SphereSurface). \qquad \text{(VAS)}$$

Combining this with the formula (VS) we get the following formula for the surface area of a sphere:

$$Area(SphereSurface) = 4 * \pi * (radius)^3.$$

Note that, as is well-known, the ZuGeng or Liu-Zu Principle was later rediscovered in 17c under the name of Cavalieri Principle, which was applied to the determination of various kinds of curved solids, and became one of the cornerstones leading to the discovery of infinitesimal calculus in 17c.

Note also that reasonings applying infinitesimal arguments prevailed in mathematical studies in the early period of invention of calculus, which bears the name of infinitesimal calculus or the like. It is only late in the latter half of the 19th century of the criticism period that such infinitesimal arguments had been condemned to being non-rigorous and annihilated then from mathematics. However, the work of A. Robinson on non-standard analysis in the 20th century showed that the infinitesimal concept is actually logically sound and may be applied the without falling into self-contradictions. In fact, the great differential geometer E. Cartan in the 20th century applied infinitesimal arguments almost throughout his writings. This shows that infinitesimal concept furnishes a tool so powerful that we should try to preserve it as much as possible instead of throwing it away. We note also that infinitesimal concept and arguments may be traced back to our ancestors, notably Liu Hui, as shown above.

Ancient Chinese made all computations in manipulation rods on counting boards. Based on the place-valued decimal system, rod arithmetic was well developed during the Warring States period (475-211 B.C.) at the latest. In recent archaeological excavations a number of ancient counting rods have been unearthed. Above shows the ivory counting rods of the Western Han Dynasty (206-24 B.C.) unearthed in Xunyang county of Shanxi province in 1983. The counting rod could also be made of bamboo, wood, jade or cast iron

We have exhibited three general Principles for geometry problem-solving, in particular the establishment of area- and volume- theory of planar and solid geometrical figures, viz.

I. The Out-In Complementary Principle.

II. The Liu Hui's 2:1 Principle.

III. The Zu Geng or Liu-Zu Principle.

In conclusion: Principle I is sufficient for establishment of a theory of polygonal areas. Principles I and II together will be sufficient to establish a satisfactory theory of polyhedral volumes. Principles I, II and III together give in principle an effective method of determining the volumes of arbitrary curved solids.

From the above we see a sharp contrast between ancient Greek mathematics represented by Euclid and his EC, the ancient Chinese mathematics represented by NC and Liu Hui's AN. Ancient Greek mathematics laid emphasis on the intrinsic interrelations between cause and effect which lead naturally to an axiomatic system with theorems and their proofs as the main concern. On the other hand, ancient

Chinese mathematicians were rather applications-oriented so that problem-solving with problems, geometric or not, mainly from reality or necessity, were their main concern.

In the following, we will briefly mention how geometry problem solving gradually leads to a general method of polynomial equation solving, which is considered by many to be the highest achievement of ancient Chinese mathematics. The geometry problems to be studied were turned naturally to the forms of polynomial equations to be solved. Thus, the whole Chap.8 of NC entitled Rectangular Arrays is devoted to the solving of simultaneous linear equations with manipulations of data put in some rectangular arrays likened to the present-day matrix manipulations. The method was an elimination one like the present-day Gaussian elimination. It is expressed in the form of Shu or algorithms like the RectangularArray Shu, PositiveNegative Shu, etc. Furthermore, the problems for measuration of plots of land and the mutual determination of sides in a GouGu Form as in the SunHeight studies led naturally to the extraction of square-root equivalent to the solving of quadratic equation $x^2 = A(> 0)$ in present-day notations. The geometric problem was then turned into some arithmetic form by the Out-In Complementary Principle. This arithmetic problem was then solved in terms of some algorithm under the name of Root-Extraction Shu which appeared in Problem 14 of Chap.4 entitled Short Width of NC. Similarly, the problem of measuration of capacity of containers and many earth works led naturally to the determination of the side of a cube of known volume which is equivalent to the solving of the cubic equation, $x^3 = A(> 0)$ in present-day notations. Again our ancient scholars turned the geometric problem into an arithmetic form by means of the Out-In Complementary Principle. The arithmetic problem was then solved by means of some algorithm like Cube-Root Extraction Shu appeared in Problem 21 and 22 of Chap.4 of NC.

It may happen that the root-extraction of an integer cannot be solved in terms of exact integers. In such cases NC and Liu Hui made two exceedingly important contributions. One is the introduction of decimal numbers as approximate solutions for the root. The second one is the introduction of the concept Mian for such non-extraction root which is equivalent to the notion of irrational numbers in the ancient Greek mathematics. Moreover, not merely the existence of such numbers but also some rules of computations about Mians were given in NC. In the 11th century of the Northern Song Dynasty, some scholar Jia Xian, had extended root-extraction to arbitrary higher degrees. The method had disregarded the geometric background in cases of quadratic or cube root-extraction. On the contrary it was based on some Root-Extraction Basic Diagram which extends the arithmetization of square and cubic root-extraction geometric procedure. Note that such diagrams are actually the same as the so-called Pascalian Triangle of 17th century.

As time goes on with the economy of China developing more and more, problems of a more and more complicated nature appear with the impetus of requiring the solving of more and more complicated equations. In this manner, equations-solving became the central theme of mathematics studies throughout the thousands of years of mathematics development in China's ancient history. However, in order not to make the present paper too lengthy, we shall leave this subject in giving a diagram which is copied from the paper [Wu3] shows the main achievements of ancient Chinese mathematics on polynomial equation solving. The interested readers may consult the book [Wu7] as well as relevant papers of the present author and others.

In conclusion, in contrast to the Greek axiomatic system of mathematics development, out ancient mathematics is highly quantitative, computational, constructive and algorithmetic in character. The results were usually expressed not in the form of theorems, but in the form of Shu or Algorithms in current terminology. It may be called an Algorithmic System in contrast to the Greek Axiomatic System. Of course these two systems, though along entirely different lines of thought and entirely different ways of treatment, had both rendered grandiose contributions to the development of civilization of mankind, so far as mathematics is concerned. The two systems are not conflicting, but complementary to each other. Clearly, they should be unified to give impetus to further development of mathematics in future times.

Finally, let us recall an idea of the great computer scientist D.E. Knuth, which amounts to saying that computer science is actually a science of algorithms. In view of the highly algorithmic character of ancient Chinese mathematics, we may say that ancient Chinese mathematics is some kind of computer mathematics, in a time with no computers, but with results readily adapted to computers in the present age of computers. Now computers have grown so rapid and became more and more indispensable to the whole society. Hence we believe that the line of thought and the way of treatment of our ancient mathematics will render great service to the solving of problems arising from science and technology and will be well-recognized by the mathematics society, sooner or later.

Diagram I

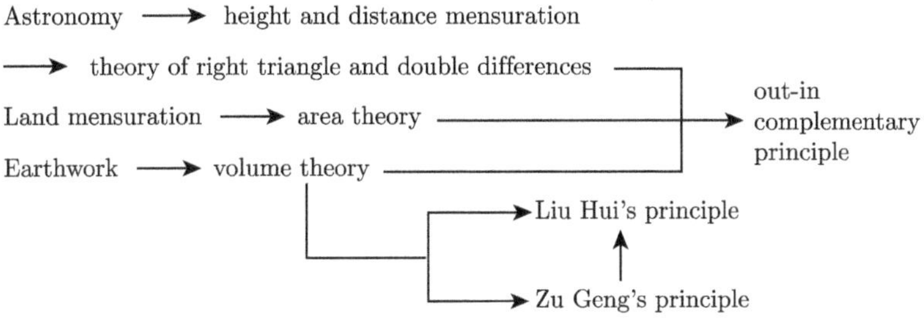

Diagram II

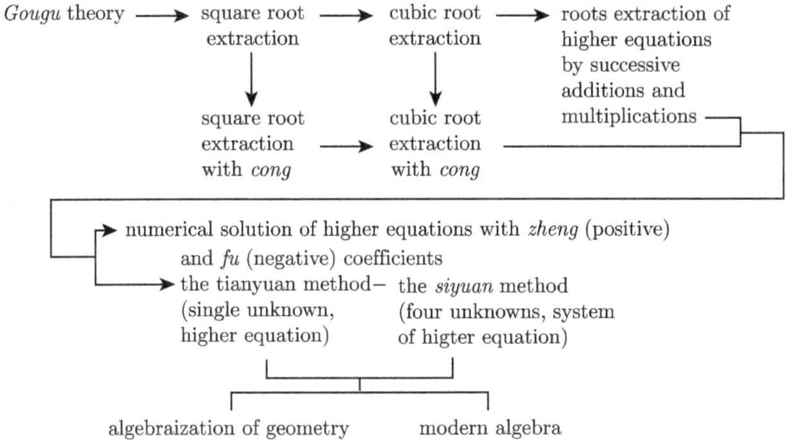

References

[ACTS] Ancient China's Technology and Science. Foreign Language Press, Beijing, 1983.

[CPHST] Collection of Papers on History of Science and Technology, No.8. Special Collection of Papers on History of Mathematics (in Chinese). Shanghai Science and Technology Press, 1982.

[De1] Dehn M. Ueber raumgleiche Polyeder. Nachr. Ges. Wiss Goettingen, 1900: 345–354.

[De2] Dehn M. Raumteilungen. Math. Annalen, 1900, Bd 55: 465–478. 345–354.

[Du] Du Shiran. Mathematical classics, in [ACTS]*, 50–56.

[Guo] Guo Shuchun. The numerical solution of higher equations and the Tianyuan method, in [ACTS]*, 111–123.

[Hil] Hilbert D. Mathematische Probleme. Nachr. Ges. Wiss. Goettingen, 1900: 253–297.

[LJM1] Li Jimin. Liu Hui's investigation on the right-angled triangles with integral sides, in [CPHST], 51–53.

[LJM2] Li Jimin. A study on the oriental classic Nine Chapters of Arithmetic and their annotations by Liu Hui (in Chinese). Shan Xi People's Education Press, 1990.

[LJM3] Li Jimin. Textual research on "Shang-Gao" Theorem. Studies in the History of Natural Sciences, 1933, 12: 29–41.

[Liu] Liu Jiemin. Annotations about "Commentary on Yang-Ma Formula", in [W-B-S-L] 244–252.

[QBZ] Qian Baozong. History of Chinese mathematics (in Chinese). Science Press, Beijing, 1962.

[Sh] Shen Kangshen et al. The Nine Chapters on the Mathematica Art with Companion & Commentary. Science Press/Oxford University Press, 2000.

[Str] Struik D J. A Concise History of Mathematics. Fourth Revised Edition. Dover Publications, 1987.

[Syd] Sydler J P. Conditions necessaries et suffisantes pour l'equivalence des polyedres de l'espace a trois dimensions. Comm.Helv., 1965, 40: 43–80.

[Wag] Wagner D B. An early Chinese derivation of the volume of a pyramid: Liu Hui, third century A.D.. Historia Math., 1979, 6: 169–188.

[W-B-S-L] Wu Wen-tsun, Bai Shangshu, Shen Kangshen, and Li Di (Eds). Studies on Liu Hui (in Chinese). Shan Xi People's Education Press and Jiu Zhang Press, 1993.

[Wu1] Wu Wen-tsun. On the theory of double differences basics to earth measurements and astronomical observations in ancient Chinese mathematics, criticism about the methodology of historical studies of mathematics, in [CPHST], 10–30.

[Wu2] Wu Wen-tsun. About the source of ancient proofs in Sea Island Mathematics Manuel, in [Wu5], 162–180, or in [Wu6], 151–169.

[Wu3] Wu Wen-tsun. The Out-In Complementary Principle (in Chinese), in [Wu6], 151–169. English translation in [ACTS], 66–89.

[Wu4] Wu Wen-tsun. Recent studies of the history of Chinese mathematics. Proc. Intern. Cong. Math., 1986: 1657–1667. Translation in Chinese in [Wu6], 83–95.

[Wu5] Wu Wen-tsun (Ed.). "Arithmetic in Nine Chapters" and its commentator Liu Hui (in Chinese). Beijing Normal University Press, Beijing, 1982.

[Wu6] Wu Wentsun. Wu Wentsun on Mathematics-Mechanization (in Chinese). Shandong Education Press, 1996.

[Wu7] Wu Wentsun. Mathematics Mechanization: Mechanical Geometry Theorem-Proving, Mechanical Geometry Problem-Solving and Polynomial Equations-Solving. Science Press/Kluwer Academic Publishers, 2000.

中国古算与实数系统 (一)*

实数概念与实数理论是现代数学的基石. 从古希腊发现无理数起, 西方 (主要是欧洲) 直到 19 世纪后期才真正建立起了实数系统理论. 但东方的情形则一般人颇为茫然. 事实上, 早在 1950 年代末, 华罗庚与关肇直在中国科技大学讲授微积分时, 就都以中国古代数学为基础讲授实数理论. 笔者在 1975 年时也曾明确指出:“中国的劳动人民, 在长期的实践过程中, 创造与发展了从计数、分数、小数、正负数以及无限逼近任一实数的方法, 实质上, 达到了整个实数系统的完成.”[1] 但是直到现在, 这一事实似乎仍未为广大数学家 (特别是中国的数学家) 所认识.

西方实数系统发展回顾

在以欧几里得《几何原本》(以下简称《原本》) 为代表的体系中, 形与数是割裂的. 虽然《原本》中也提到线段的“长度”、多角形或圆的“面积”、锥形或球的“体积”等, 但这些“长度”“面积”“体积”并没有赋予一种确定的数量, 而只是一种抽象定义的“量”(magnitude), 与人们通常理解的数值的“数”并无关系.

《原本》的做法是: 用一取定的线段作为单位来量某一甲线段, 假定恰有整数 m 倍, 又以同一单位线段来量另一乙线段, 假定恰有整数 n 倍. 则说甲乙两线段是“可公度的”, 且其“比”是 $m:n$. 一个小学里就受过算术训练的现代人, 会先入为主地认为这一比就是一个“分数”或“有理数”. 但对于形数脱节只有“形”而没有“数”的《原本》来说, 则 $m:n$ 只是一个“比”, 而不是什么“数”. 《原本》从“比”的抽象定义出发, 建立了“比例”理论, 但诚如克莱因 (M. Kline) 所说: 欧几里得在《原本》中并没有把这些“比”看作分数 [2].

欧几里得生活在公元前 300 年左右, 他的传世巨著《原本》的内容与方法则应由来已久. 例如以整数比表示那种可公度量的比例理论, 甚至可追溯到公元前 6 世纪的毕达哥拉斯学派.

“数同几何截然分开”[2] 的做法终于产生了恶果. 据传在公元前 5 世纪时, 毕达哥拉斯学派的希帕苏斯 (Hippasus) 发现正方形的对角线与边是不可公度的, 由此爆发了数学中的所谓第一次危机. 这一危机由于欧多克索斯 (Eudoxus) 引入比例理论与穷竭法而在逻辑上得以避免, 但仍回避了对几何量给予一定的数值, 也使无理数的概念无由产生. 在《原本》中, 关于长度、面积、体积之间的比例关系有大量

---

* 本文摘自《科学》, 2003 年 3 月 (55 卷 2 期).

命题, 但这些量本身却没有确定的数量等式, 即是古希腊形数脱节的处理方式留下的痕迹.

应该郑重说明:《原本》只是古希腊在数学上辉煌成就的某一方面的总结, 但远远不是全部. 亚历山大里亚的数学家就“毫不犹豫地使用无理数, 而且实际上就把数自由应用于长度、面积和体积”[2], 作为代表人物的阿基米德就曾计算过 π 的值.

按照现代形数合一的观点, 直线上的点在取定一点 O 与 0 对应, 又取 I 与 1 对应后, 直观上绵续无间的直线将与一个同样绵续无间的数系统相对应, 特别是 $\sqrt{2}$ 这样的无理数, 也将与直线上确定的点相对应. 《原本》避免了这种做法, 使纯几何的演绎推理与数的计算脱节, 实质上使直观上绵续无间的直线留下了无数的“窟窿”. 在可公度的概念下, 与 $\sqrt{2}$ 相当的“点”是不存在的, 成为直线上无数“窟窿”之一.

欧多克索斯的方法, 掩盖了形数脱节的隐患, 但这种掩盖只能弥补于一时, 在《原本》问世后两千多年, 隐患终于爆发, 出现了数学的第二次危机.

《九章算术》中引进负数的问题举例

《九章算术》第八章“方程”的第 18 题说, 有麻、麦、菽、荅、黍五种谷物, 各有不同的值钱, 以五种不同的斗数配合, 可得五种不同的钱数, 求每种谷物每斗的值钱.

刘徽的《九章算术注》(以下简称《刘注》) 中对原来已知的一种算法作了详细说明, 据此首先应有方阵 1. 方阵各位置的数原来都用算筹表示, 但为了容易看懂, 都改成了阿拉伯数字, 在位置是空白时, 意指相应的数是 0.

	左行	第四行	第三行	第二行	右行
麻	1	2	3	7	9
麦	3	5	5	6	7
菽	2	3	7	4	3
荅	8	9	6	5	2
黍	5	4	4	3	5
值钱	95	112	116	128	140

方阵 1

《刘注》接着说明如何自方阵 1 经 77 “算”(即计算步骤), 得出一个简化方阵

5, 并可以直接读出各种谷物的值钱数.

由于《九章算术》与《刘注》年代久远, 历代传抄, 原文多有缺失误抄, 因而各种传本中此题的文字有不少出入, 并有明显缺漏之处, 近代各数学史家曾有增删修补, 但文字上仍有差异, 甚难统一. 李继闵在《〈九章算术〉导读与译注》一书中对此题文字的修改校正, 可以认为与《刘注》失传原文应无实质上的出入. 修改后的文字如下 (步数 (1)—(14) 是笔者所加):

以旧术为之, 凡应置五行, 今欲要约:

(1) 先置第三行, 以第四行反减第三行;

(2) 以第三行去其头位;

(3) 次以第二行减右行;

(4) 次置右行去其头位, 余可半;

	左行	第四行	第三行	第二行	右行
麻	1	2	1	7	9
麦	3	5		6	7
菽	2	3	4	4	3
荅	8	9	−3	5	2
黍	5	4		3	5
值钱	95	112	4	128	140

方阵 2

(5) 次以第四行减左行;

(6) 次以左行去第四行及第二行头位;

(7) 次以第二行去第四行头位;

(8) 余、约之为法实;

(9) 如法而一, 得六, 即黍价;

(10) 以法减第二行得荅价;

(11) 左行得菽价;

(12) 右行得麦价;

(13) 第三行麻价;

(14) 如此凡用七十七筹.

现据步 (1) 将第三行中各数减以第四行中各相应数, 为此与荅的横行相应的第三行中的 6 须减以第四行中的 9, 由于在正整数范围内这一减法无从进行,《九章算术》

中引进了一种新型的“数”，称为“负数”．对此《刘注》的说明是“今两算得失相反，要令正负以名之”，把新数与旧数分别定义成“负数”与“正数”．《刘注》更进一步说明：“正算赤，负算黑，否则以邪正为异.”即在计算过程中算筹用红黑两色区别正负，或以截面为正方形或三角形的算筹来区别正负，近代的发掘证实了这种算筹的存在．

	左行	第四行	第三行	第二行	右行
麻			1		
麦					1
菽	5		4		−9
荅	2		−3	−4	3
黍	2	1		−21	2
值钱	37	6	4	−146	4

方阵 3

步 (1) 后得到方阵 2.

在以后各步的约化计算中，不可能不出现正负数之间的加、减、乘、除，例如经第 (8), (9) 步后，得到方阵 3.

第 (10) 步叙述比较简略，其中“法”是指上两步所得第四行与黍横行相应处的 1 来简化第二行．为此须将第二行中与黍横行相应的 −21 遍乘第四行中的各数，使第四行诸数依次成为：“0, 0, 0, 0, −21, −126”．然后以此从第二行各数减去，使第二行成为“0, 0, 0, −4, 0, −20”．再用 −4 遍除此行各数，使新的第二行成为“0, 0, 0, 1, 0, 5”．此时的新方阵成为方阵 4.

在上述计算中出现了以 −21 乘诸数以及以 −4 除诸数等运算．

	左行	第四行	第三行	第二行	右行
麻			1		
麦					1
菽	5		4		−9
荅	2		−3	1	3
黍	2	1			2
值钱	37	6	4	5	4

方阵 4

以下第 (11) 至 (13) 步同法依次简化左行、右行与第三行, 最后得出简化方阵 5.

在方阵 5 中, 空格处相应的数为 0, 因之右行相当于现代形式的

麦 1(斗)= 值 4 钱.

麻、菽、荅、黍同此.

据考证,《九章算术》的成书年代最迟应当在西汉初期, 由上例可知, 中国古代数学家早在公元前 1 世纪就已经在实际计算中把“负数”引进了数系统.

	左行	第四行	第三行	第二行	右行
麻			1		
麦					1
菽	1				
荅				1	
黍		1			
值钱	3	6	7	5	4

方阵 5

欧洲有过一千多年数学上几乎一片空白的黑暗时期, 直到 11、12 世纪, 由于古希腊与东方数学通过阿拉伯传入而开始兴旺起来, 到 17 世纪时, 数学上更出现了两项重大发明: 坐标几何与微积分.

1637 年, 笛卡儿刊行《几何学》一书, 奠定了坐标几何的基础. 坐标几何的大意是: 在平面上取两相交的直线, 交点是 O, 在两直线上各取不同于 O 的点 I_1 与 I_2, 于是两直线上的点各与数相对应, 各称为横坐标与纵坐标, 平面上的点则与坐标的数偶相对应, O, I_1, I_2 各对应于数偶 (0, 0), (1, 0) 与 (0, 1).

对于一个“良好”的函数如多项式函数, 可用一平面上的曲线来表示, 在直观上, 两个坐标轴都是绵续无间的直线, 代表函数的曲线也是绵续无间的. 但是, 由于《原本》传统遗留下来的形数脱节并未完全消除, 数的引入直到 19 世纪还不完全, 因此这些坐标轴以及代表函数的曲线实际上到处都是“窟窿”而未被觉察, 这种下了以后的祸根.

17 世纪下半叶, 牛顿与莱布尼茨发明了微积分, 使运动与变化有了定量描述并使数学本身的发展获得强大的推动力, 因此该发明被恩格斯誉为“人类精神的最高胜利”. 但是, 从一开始微积分的基础问题就受到质疑. 在它蓬勃发展的过程中, 经常出现一些难以理解甚至颇为荒谬的悖论. 虽然后来一些伟大数学家如柯西等为此

试图对“连续”“极限”等概念给出严格定义, 使微积分有一个牢固基础, 但隐患仍未消除.

举例来说, 微积分有一条基本定理 —— 罗尔定理, 为证明它需要知道: 若一连续函数在自变量 a, $b(a<b)$ 处取值一正一负, 则必在 a, b 间的某处取值为 0. 在直观上, 代表函数的曲线在 a, b 处的点将处在自变量轴的上下两方, 因而曲线与数轴相交是显而易见的, 而在相交处函数将取值为 0, 但是由于曲线与数轴到处都是“窟窿”, 因此这样的“交点”是否存在是成问题的.

不仅微积分的某些基本定理的证明有上面所说的严密性问题, 就在前微积分时期的某些经典著作, 也有类似的问题. 试以所谓代数基本定理为例, 一般公认是在高斯 1799 年的博士论文中, 第一次给出了这一基本定理的严格证明, 但在证明中有这样一段话:

“容易明白, 第一曲面部分位于平面上方, 部分在平面下方 …… 因此固定平面必定与第一曲面相交.”[7]

在几何直观上看, 曲面与平面都是绵续无间的, 因此这种交点必然存在. 但是当时实数概念尚未被充分认识, 实数系统要到 19 世纪下半叶才真正确立. 因此严格说来, 所谓第一曲面与固定曲面都到处是“窟窿”. 高斯称两者必有交点只是几何直观上理应如此, 而在逻辑上并无严格保证, 高斯此后的一些其他证明也有类似问题. 虽然这近于有意“挑剔”, 但是在崇尚逻辑严密性的今天, 指出这一点似乎是无可非议的.

微积分与分析学一方面取得巨大成功, 另一方面又谬论迭出, 形成了所谓数学的第二次危机. 到 19 世纪时, 数学家愈来愈认识到, 危机的出现是源于古希腊的“形数脱节”. 在看似绵续无间的数轴上, 必须有某种与有理数不同的新颖的“数”来填充处处存在的那些“窟窿”, 才能使微积分 (实际上也是整个数学) 有一个严格的基础.

经过数学家们的顽强拼搏, 终于在 19 世纪下半叶, 出现了主要是三种不同的“实数”理论, 填满了数轴上与有理数相当的那些点之外的所有“窟窿”, 使得直线真正变成绵续无间, 也使形数得到统一, 由此渡过了第二次数学危机.

这三种引进“实数”的不同方式, 出自于三位伟大的数学家之手: 其一是魏尔斯特拉斯, 定义“实数”为一有界单调增或减的有理数序列; 其二是戴德金, 定义“实数”为一所有有理数集合的某种“分割”; 其三是康托尔, 定义“实数”为一有理数的“正则”序列.

数学达到了严密性的要求, 以后顺利发展并出现了公理化的思想与运动, 似乎数学将沿着这一严密的途径无限制地发展下去.

然而事实并不那么顺当, 由于过分强调公理化与可能是对公理化处理失当的原因, 出现了新的各种悖论, 爆发了第三次数学危机.

非负整数十进位位值制

语言、文字与计算可以说是人类进入文明时代的三大标志. 人类通过语言、文字学会了互相沟通并将学到的经验知识记录下来传之他人以至后代, 随着生产的进步、生活的提高与斗争的需要, 计数与计算越来越显得必要, 而且计数与计算能力之高下, 往往成为衡量一个民族或地区文明程度的一个最重要标志.

文明的进一步发展需要计数越来越大的整数, 由此出现了大整数的进位制. 古代各民族, 如古埃及、古巴比伦、古希腊、古印度与古玛雅, 都各有各的进位制, 十进制、六十进制、二十进制等等, 但是所有这些进位制都是不完整的. 在上古时期, 唯一完整无缺的进位制, 只有出现在中华大地上的十进位制, 不仅如此, 中国上古还有着举世独一无二具有位值的位值制十进位制, 可以说是人类进化史上最伟大最重要的发明之一. 中国古代以竹为筹, 以筹表数并进行计算. 国内已多处有地下发掘, 依据地下文物与传世经典, 可以相信至迟在春秋战国时, 便已经产生了十进制的算筹记数法, 且可以十分熟练地运用算筹来进行计算.

据传世文献所载, 位值制的算筹记数法, 用筹表示一至九的九个数字的方式有纵式与横式两种. 相当于零与 0 的算筹数码, 则以空位来表示.

纵式: 𝍠 𝍡 𝍢 𝍣 𝍤 𝍥 𝍦 𝍧 𝍨

横式: 𝍩 𝍪 𝍫 𝍬 𝍭

中国数字: 一 二 三 四 五 𝍮 六 𝍯 七 𝍰 八 九 𝍱 零

阿拉伯数码: 1 2 3 4 5 6 7 8 9 0

一个任意大的正整数, 可按位数的高下, 将各位数字的筹式自左至右依次排列, 例如《易系辞》中的“万有一千五百二十”, 将排成如下形式

𝍠	𝍩	𝍤	𝍪	
万位	千位	百位	十位	单位

其中十位与千位的“二”与“一”都用横式, 而百位的“五”与万位的“一”则都用纵式. 这种各位数字纵横相间的形式, 显然是一种避免计算中出现错误的权宜之计, 至于个位数字的“零”则用空位表示, 自然在计算中应充分注意其所处的实在位置. 所谓位值制, 是指如上排列的一个任意大的整数, 每个数字除本身具有的数值, 还有一个不同位置的“位值”. 例如上面的数字自左至右各数字依次有位值“万”“千”“百”“十”与“一”, 依现代阿拉伯数码表示即有位值 10^4, 10^3, 10^2, 10^1 和 $10^0=1$. 同样数值的两个“一”, 由于一处“万”位而一处“千”位, 因之所具有的“值”分别是“一万”和“一千”. 由于采用一定的位置排列, 原数中“万”“千”等字眼即可省略, 写成现代阿拉伯数字应有:

|　－　||||　＝

单位

$$\xlongequal[\text{等于}]{} 1 \times 10^4 + 1 \times 10^3 + 5 \times 10^2 + 2 \times 10^1 + 0 \times 10^0$$

$$\xlongequal[\text{等于}]{} 11520$$

用这种位值制的十进制表示方法, 可以用算筹表示任意大的整数. 对于整数间的加、减、乘、除等运算, 可以将代表各数的算筹按一定的格式将算筹进行变易或易位, 极为方便.

这种位值制计数与计算方法, 12、13 世纪后通过阿拉伯传到欧洲, 为此后欧洲数学的兴起提供了有效的手段, 为欧洲一些大数学家所惊叹与推崇. 综合来说, 他们所推崇的有以下几点:

(1) 这种计数方法使计算变得非常容易.

(2) 这在所有有用的发明中是属于第一流的.

(3) 这种发明是非常不容易的, 因为它逃过了古代伟大人物如阿基米德等的思考.

《九章算术 • 少广》中涉及的分数的运算法则

术 (法则)	问题	内容
约分术	5,6	分数的简化
合分术	7,8,9	分数的加法
减分术	10,11	分数的减法
课分术	12,13,14	分数的比较
平分术	15,16	分数的算术平均
经分术	17,18	分数的除法
乘分术	19,20,21	分数的乘法

顺便一提, 西方往往把来自东方的发明创新都归于印度, 对上述发明也是如此, 这自然是不正确的. "(中国) 自古就有了完美的十进位位值制的记数法, 这是中国的独特创造, 是世界其他古代民族都没有的. 这一创造对世界文化贡献之大, 如果不能与火的发明相比, 也是可以与火药、指南针、印刷术一类发明相媲美的."[1]

在位值制十进位计数法的基础上, 不仅完成了简易方便的算术计算, 产生了完美的实数系统, 还发展了一种具有计算性、构造性、程序性为特色的中国机械化算法体系, 而且成为 13、14 世纪以前两千多年数学发展的主流. 这种中国式的数学在中世纪以某种方式传至欧洲, 成为微积分创造发明的推动力, 而且成为欧洲此后发展现代数学的火车头.

从除法、减法到分数与有理数系统

中国保存至今最重要的数学经典著作无疑是前汉的《九章算术》以及三国的刘徽在公元 263 年所作的《九章算术注》(以下分别简称为《九章》和《刘注》).

在《刘注》的序言中, 刘徽说:“记称隶首作数 …… 按周公制礼而有九数, 九数之源, 则《九章》是矣.” 又说:“汉北平侯张苍, 大司农中丞耿寿昌 …… 因旧文之遗残, 各称删补.” 此外又引“《周官大司徒》职”的以表测日高之术.

按张苍历仕秦汉两代, 主管经建工作, 卒于公元前 152 年; 耿寿昌是西汉宣帝时代人, 于公元前 48 年封侯. 因之据《刘注》序言, 现在所见的《九章》成书年代, 至迟在公元前 1 世纪.

序言所谓“隶首作数”自然是一种传说, 但说《九章》源于“九数”, 而“九数”源于“周公制礼”, 以及“周官 ……”以表测日高, 应是事实. 至于《九章》内容, 应远在秦汉之前, 在战国年代, 甚至春秋或周公时期, 即已大致具备并逐步完成, 依据地下文物与文献资料, 如近年出土的《算数书》等, 应该也是可信的.

中国上古就有的位值十进制计数法与算筹, 足以表达任意大的正整数并进行四则运算, 为数学的繁荣奠定了坚实基础. 由于生产力发展、商业活动出现及各种管理与建设上的需要, 整数范围内的计算已远远不足以应付形形色色的实际问题, 为此自然需要扩大整数的范围, 引进新颖的“数”, 以解决各种新颖问题.

因之, 由于为使“除法”成为可能而引进“分数”, 使“减法”成为可能而引进“负数”, 使开方成为可能而引进“(根式) 无理数”, 为了各种复杂计算而引进“十进位小数”, 进一步为达到必须的精确度而逐步增加小数的进位数以至无穷, 由此引进“极限”概念以及相应的“无穷位小数”, 即现代所谓的“实数”.

这种由于完成各种计算的需要而将整数系统逐步扩大到实数系统的原理和方法, 在《九章》与《刘注》中都有详细说明. 以下将对如何由于除法与减法的完成而引进“分数”与“负数”以至现代所说的“有理数系统”作详细的介绍.

《九章》第一章《方田》考虑田畴界域一类问题, 共 36 题, 其中 4 至 21 题涉及除法与分数概念的引进与计算方法, 第 5、6 题则是问如何将“十八分之十二”与“九十一分之四十九”约分为“三分之二”与“十三分之七”, 所用方法为“约分术”. 对此《刘注》解释说:“约分者, 物之数量, 不可悉全, 必以分言之.” 又说:“分之为数, 繁则难用 …… 虽则异辞, 至于为数, 亦同归尔.”

这里刘徽明确指出, 在进行除法运算时, 不能总以整数来表达 (“不可悉全”), 因此必须引进或定义一种新的概念, 叫做分数来表达 (“以分言之”), 这种分数是一种新颖的数 (“分之为数”). 由于“繁则难用”, 故需加以简化, 虽然繁简形式不同 (“异辞”), 但作为新颖的“数”, 则实质上是相同的 (“亦同归尔”).

值得注意的是, 为简化分数, 引进了分母与分子的“等数”概念 (相当于现代的最大公约数) 和“以少减多更相减损”的求法 (“术”), 这相当于《原本》中的辗转相除法, 但未用到素数概念与整数的素因子分解方法.

在引进“分数”概念与其简化方法以后, “少广”章在以次诸题中, 引进了分数的各种运算法则, 详细叙述了如何引进“分数”概念以完成除法运算以及扩充后的数系统如何运算的方式方法.

《九章》第八章名为“方程”, 其意为“方阵”, 实质上相当于现代的解线性方程组, 方法是将原始数据排列成方阵形式, 依一定法则在其行列间进行运算简化, 最后从简化的方阵直接得出所求答案, 其过程类似于现代的高斯消去法. 在简化过程中经常需要从较小的数中减去较大的数, 因而引进“负数”, 并称原来那种数为“正数”, 在继续运算中, 不可避免地要对“正数”与“负数”进行各种运算, 因此又产生“正负数”运算法则.

该章的第 18 题是说, 有五种谷物, 各自的单价不知, 现以五种不同的斗数配合, 得五种不同的钱数, 求每种谷物每斗的价格.

《刘注》对此题作了一个特别长的评论, 提出多种不同的计算方法并论其得失, 又对过去已知的一种算法作了详细说明. 《刘注》说:“以旧术为之, 凡应置五行.”书中因而将此问题列了一个方阵, 也就是现在的线性方程组的系数矩阵. 《刘注》中说明经 77 次运算, 得一个新的方阵, 它可以直接表示每种粮食的单价.

在此题的整个运算中, 以及类似问题的运算中, 正负数之间的加、减、乘、除显然是无法避免的, 中国古算家自然也是完全掌握并熟悉其运算规律的.

“方程”章第 3 题的正负术给出了正负数的减法法则为:“同名相除, 异名相益, 正无入负之, 负无入正之.”加法法则为:“异名相除, 同名相益, 正无入正之, 负无入负之.”第 2 题的术文还说:“如方程, 损之曰益, 益之曰损”. 从题意可知这相当于方程的移项法则.

“方程”章或《刘注》没有给出正负数的乘除法则, 这不足为奇, 或者是法则已为算家熟知, 不必再列条例, 或者因著作失传而未能留之后世. 试以数的运算遵守交换、分配、合并等定律来说, 早为中外算家所知并运用自如, 但真正列举出来作为规律, 则在欧洲是 19 世纪后期的事, 这与正负数乘除法则之未明白列出而数学家运用自如, 是不无类似的.

《九章》通过除法与减法运算而定义新型的数“分数”与“负数”, 以及相应的各种运算规律, 早已完成了“有理数系统”.

参 考 文 献

[1] 顾今用. 中国古代数学对世界文化的伟大贡献. 数学学报, 1975, 18(1): 18.

[2] 莫里斯·克莱因. 古今数学思想. 张理京等译. 上海：上海科学技术出版社, 1979.
[3] 李俨. 中国算学史. 上海：商务印书馆, 1937.
[4] 李继闵.《九章算术》及其刘徽注研究. 西安：陕西人民教育出版社, 1990.
[5] 李继闵.《九章算术》导读与译注. 西安：陕西科学技术出版社, 1998.
[6] 李文林. 数学史概论, 第二版. 北京：高等教育出版社, 2002.
[7] 李文林. 数学珍宝 —— 历史文献精选. 北京：科学出版社, 1998.
[8] 钱宝琮. 中国数学史. 北京：科学出版社, 1964.

(本文为作者据 2002 年北京国际数学家大会上的公众报告整理, 本刊分两期刊登.)

中国古算与实数系统 (二)*

与古希腊欧几里得系统的形数脱节者不同, 中国古代数学中形与数是从来形影不离的. 线段总是赋有长度, 平面与立体都赋有面积与体积. 正是由于长度与其他各种量度所需进行的计算产生了有理数、小数以及实数系统.

从开方到无理数

《九章算术》(以下简称为《九章》) 的第四章《少广》处理积幂方圆一类的问题, 共 24 题. 其中第 12 至 16 题是已知正方形的面积, 求边长, 相当于现代的开平方. 第 19 至 22 题是已知正立方体的体积, 求边长, 相当于现代的开立方. 其中开方的方法是 "开方术", 术文如下: "开方术曰: 置积为实, 借一算, 步之, 超一等. 议所得, 以一乘所借一算为法, 而以除. 除已, 倍法为定法. 其复除, 折法而下. 复置借算, 步之如初, 以复议一乘之, 所得副, 以加定法, 以除. 以所得副从定法. 复除折下如前. 若开之不尽者为不可开, 当以面命之."

术文中的 "法" "实" "借" "步" "等" "除" 等都是当时用的专门名词, 术文中的 "除" 在古时相当于现代的 "减法", 而非现代的 "除法".

在刘徽的《九章算术注》(以下简称为《刘注》) 中, 开 (平) 方的算法有着明确的几何背景. 《刘注》不仅有法, 而且有图, 图中各区块还分别绘以朱、黄、青等不同彩色, 并标注甲、乙等以示区别, 如黄甲、黄乙、青幂等. 这些图都已遗失不存, 但根据《刘注》, 还可以推断出彩图的大致情况.

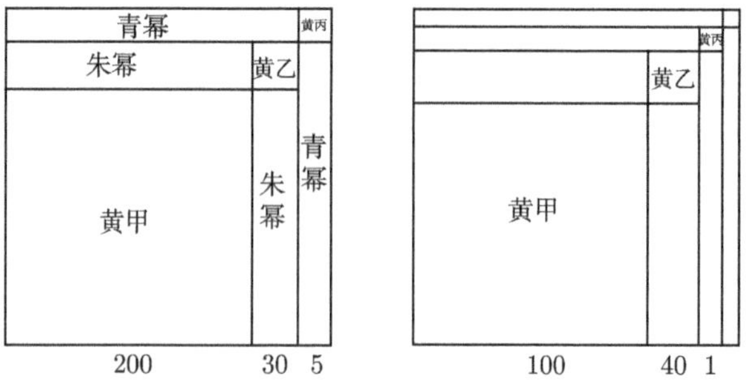

用 "开方术" 求 $\sqrt{55225}$ 和 $\sqrt{20000}$ 的示意图

---

* 本文摘自《科学》, 2003 年 5 月 (55 卷 3 期).

《九章·少广》题 12 中求 $\sqrt{55225}=235$, 就是求面积为 55225 的正方形的边长. 方法是依照十进位位值制, 尽量从左下角割取最大的小正方形. 首先边长应以百计, "百" 相当于术文中的 "等", 经过尝试 ("议"), 可以割取边长为 200 的正方形, 但边长不能取为 300, 于是在左下方割取边长 200 的正方形黄甲; 再次以 10 计 ("等" 为 10), 再作尝试, 于是黄甲扩大为由黄甲 +2 朱幂 + 黄乙所成的正方形, 其边长为 230; 再取 "等" 为 1 并经尝试, 知若取 235 为边作正方形则原正方形适取尽. 由此知黄甲、朱幂、青幂的边长为 200, 30, 5, 而所求边长即平方根为 200+30+5=235.

上例中 $\sqrt{55225}=235$ 开方适尽, 一般说来自然并非如此, 但计算的原理是相同的. 试以 $\sqrt{20000}$ 为例, 从面积为 20000 的正方形左下角依次割取逐步增大的正方形, 其边长依次为 100, 100+40=140 与 100+40+1= 141, 但此时仍有一余下的曲边形, 其面积为 $20000-141^2=119$.

对于整数开方不尽的情形,《刘注》说: "术或有以借算加定法而命分者, 虽粗相近, 不可用也. 凡开积为方, 方之自乘当还原其积分, 今不加借算而命分, 则常微少, 其加借算而命分, 则又微多. 其数不可得而定, 故惟以面命之, 为不失耳."

《九章算术》中的"圆田术"

《九章算术》的第一章"方田"中的题 31、题 32 是已知圆田的周长求圆田的面积, 其依据是"圆田术". 刘徽的《九章算术注》介绍了"圆田术", 原注有附图但已遗失, 不过从注文可以推断出所附图的大致情况.

图中 O 为圆心, PQ 是圆内接正 n 边形的一边, PR, QR 是内接正 $2n$ 边形的边. 记圆的半径为 $r(=1$ 尺$)$, 又记内接正 n 边形的边长为 a_n, 面积为 A_n.

直角三角形 OQS 中, $OQ=r$, $SQ=a_n/2$, 与 $OS=d_n$ 各为弦、勾与股. 由勾股定理得

$$d_n^2=r^2-(a_n/2)^2, d_n=\sqrt{r^2-(a_n/2)^2}.$$

在直角三角形 PRS 中称 RS(记为 c_n)、$PS(=a_n/2)$、$PR(=a_{2n})$ 为小勾、小股、小弦, 即得

$$c_n=r-d_n,$$

$$a_{2n}=\sqrt{(r-d_n)^2+(a_n/2)^2}.$$

又筝形 $OPRQ$ 面积为 $OR\cdot PQ/2=r\cdot a_n/2$, 而内接正 $2n$ 边形的面积显为筝形面积的 n 倍, 即 $A_{2n}=nr\cdot a_n/2$.

长度单位为尺, 十进制尺下依次为寸、分、厘、毫、秒、忽, 即尺的 $1/10, 1/10^2$, $1/10^3, 1/10^4, 1/10^5$ 与 $1/10^6$. 以下的计算将至忽或忽 ^{2}.

计算从内接正六边形开始, 其边长等于半径, 即 $a_6=1$(尺).

《九章算术注》依诸术依次算得诸近似值精确至忽或忽 ^{2}:

$$
\begin{aligned}
&a_{12} \approx 267949193445(忽^2),\\
&(a_{24})^2 \approx 68148349466(忽^2),\\
&a_{48} \approx 130806(忽),\\
&a_{96} \approx 65438(忽),\\
&A_{96}^2 \approx 313(584/625)(寸^2),\\
&A_{192} \approx 3141024000000(忽^2),\\
&\qquad \approx 314(64/625)(寸^2).
\end{aligned}
$$

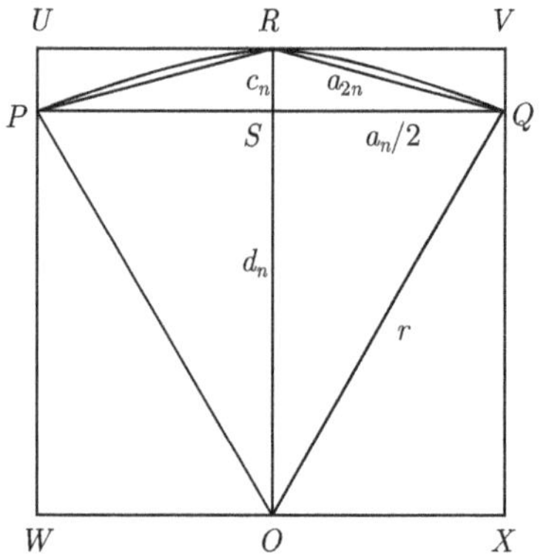

这一计算过程随着边数逐次加倍可以无限制地进行下去, 最终得到 A_n 的极限值为圆面积.

《刘注》指出: 旧法 (即 "术") 在开方不尽的情形, 往往加上一分数 ("命分") 作为平方根, 用现代形式即为取 $a+r/(2a)$ 或 $a+r/(2a+1)$ 作为 $\sqrt{a^2+r}$ 的值. 此值虽与真值近似 ("粗相近"), 但并不正确 ("不可用也"), 其原因是平方根平方后应还原为原来的数值, 而上述加分数后的值平方后不是偏多就是偏少, 因而只能作为近似值. 正因为如此, 只能引进一种新类型的数, 把真正的平方根定义为新型的数, 称为 "面" ("以面命之"). 《刘注》还以分数为例, 说 "譬犹以三除十, 以其余为三分之一, 而复其数可举", 这说明因开方需要而引进新类型的数叫 "面", 和由于除法的完成而引进新类型的数 "分数", 道理是一样的.

《九章》与《刘注》依据已知正方形面积求边长的几何问题, 通过几何背景得出求边长的算法, 称为 "开 (平) 方术". 由此引进了一种与有理数不同的新型数 "面", 相当于现代的一种 (根式) 无理数. 这种引进既简单又自然, 由于数与形的结合, 根本上排除了数学危机出现的可能, 这种东西方处理问题的不同思维方式与所起的后果, 颇为耐人寻味, 值得深思.

《刘注》所说“凡开积为方, 方之自乘当还复其积分”, 实质上相当于“面”这种新型无理数的定义, 也相当于下面的公式

$$(\sqrt{A})^2 = A,$$

其中 A 是非负整数, 但也可以是非负有理数. 事实上, “开 (平) 方术”文中说: “若实有分者, 通分内子为定实. 及开之, 讫, 开其母报除.” 又说: “若母不可开者, 又以母乘定实, 乃开之, 讫, 令如母而一.” 这相当于公式

$$\sqrt{\frac{A}{B}} = \frac{\sqrt{A}}{\sqrt{B}}(B\text{可开尽}),$$

$$\sqrt{\frac{A}{B}} = \frac{\sqrt{AB}}{\sqrt{B}}(B\text{不可开尽}).$$

在《刘注》其他部分, 还有一些类似的公式.

开立方的情形与开平方相似. 《九章》中相应的开立方术与开 (平) 方术类似, 也是从求已知体积的正立方体的一边的问题出发, 通过几何考虑而形成算法, 但这种从几何到算法的过程并不简单.

问题是开四次方、五次方等等该怎么办, 这时几何背景完全消失, 如果说古代就有多维空间的概念是不可思议的, 也决不可能是事实. 但是在中国到了宋代, 北宋贾宪 (约 11 世纪) 作出的开方作法本原图, 与后代关于二项式系数的帕斯卡三角形实质上相同. 贾宪据此给出了开高次方的算法, 显然他不是从几何考虑得出这种算法, 而是从开平方术与开立方术的算法得出, 其过程不得而知, 但其思维之深邃与技巧之精微又不能不令人心折.

无穷小数的引进

对开平立方而言, 刘徽并未止步于引进“面”, 而进一步发展了一种意义重大的创新, 考虑另一种方法:“不以面命之, 加定法如前, 求其微数. 微数无名者以为分子, 其一退以十为母, 其再退以百为母. 退之弥下, 其分弥细, 则朱幂虽有所弃之数, 不足言之也.”

仍以 20000 开平方为例, $\sqrt{20000}$ =141+ 所余微数. 过去到此为止, 但刘徽进一步指出, 由中国的十进位位值制记数法, 也能将上述运算继续进行, 取“等”为 1/10, 1/100, 等等, 求得所割正方形边长将为 141+ 4/10, 141+4/10+1/100, 这一过程可无限制地进行下去, 而且所弃去的“微数”将愈来愈小, 以至于可以忽略不计 (“不足言之也”). 用现代语言来说, 这一新型的数“面”是某一数列的极限

$$\sqrt{20000} = \text{极限}\ (141, 141,4, 141,41, \cdots).$$

由此刘徽不仅引进了小数, 还通过极限过程引进了无穷小数, 并用于圆周率 π 的具体计算.《九章 • 方田》章涉及的是田亩面积的计算,《刘注》详细说明了其中应用的"圆田术"的原理与方法, 还包含了 π 的计算.

在已知圆半径的条件下, 刘徽从圆内接正六边形 ("六觚") 出发, 逐步求得内接正十二边形、正二十四边形至正一百九十二边形周长的小数近似值, 以及正九十六边形与正一百九十二边形的面积近似值. 在注文中的"割六觚以为十二觚术", 以至"割四十八觚以为九十六觚术"中有详细的计算说明.

在上述计算中应用了勾股定理, 而且这一计算过程随着边数逐次加倍可以无限制地进行下去. 刘徽特别指出:"割之弥细, 所失弥少, 割之又割, 以至于不可割, 则与圆合体, 而无所失矣." 换言之, 若以 A 表示圆的面积, 以 A_n 表示圆内接正 n 边形的面积, 则 $A-A_6, A-A_{12}, A-A_{24}, \cdots$ 将无限制地减少, 以至于可以略去不计 ("而无所失矣"). 用现代的语言来说, 即是 $A-A_{3\cdot 2^n}$ 随着 n 的增加其极限为 0, 或 $A_{3\cdot 2^n}$ 随着 n 的增加其极限为 A 即圆的面积 ("与圆合体").

这种极限概念与方法, 不仅见于开方及圆周率的计算, 还见于立体体积的计算. 在《九章 • 商功》的"阳马术"中, 即有:"半之弥少, 其余弥细, 至细曰微, 微则无形, 由是言之, 安取余者." 这也是一种极限过程. 由此刘徽建立了中算中极为突出的体积理论, 这是中国古算最为光辉的一页.

刘徽关于小数的引入, 得力于中国上古的位值制十进位记数法. 如果用现代的记法, 则他所定义的实数是一种无穷小数

$$\pm d_n \cdots d_1 d_0 d_{-1} d_{-2} \cdots d_{-m} \cdots,$$

其中 $d_{\pm i}=1, 2, \cdots, 9$ 或 0, 位值则为 $10^{\pm i}$. 它是单调增或减序列 $\pm d_n \cdots d_1 d_0 d_{-1}$, $\pm d_n \cdots d_1 d_0 d_{-1} d_{-2}, \cdots, \pm d_n \cdots d_1 d_0 d_{-1} d_{-2} \cdots d_{-m} \cdots$ 的极限值.

魏尔斯特拉斯用有理数的单调增或减的序列来定义实数, 与刘徽的方法颇为类似. 但两者比较, 前者的定义是一般的、抽象的, 而刘徽的定义方法则是特殊的、具体的. 因此, 实数的种种法则: 实数的等价或等值、实数运算规律、实数的完备性等, 在魏尔斯特拉斯意义下的证明不无烦琐, 但在刘徽意义下 (包括有理数相当于循环小数) 证明起来要直截了当得多. 顺便一提, 刘徽这种实数的具体表示方法, 曾被康托尔用以证明实数集不能与可数集等价, 仅此一端, 即可知该方法蕴藏着其他方法难以比拟的威力.

根据以上所述, 可以得出结论: 早在公元 263 年时, 刘徽即已通过十进制小数以及极限过程完成了现代意义下的实数系统.

最后必须指出, 最早了解《九章》中所谓"以面命之"意指定义某种无理数并称之为"面"的是李继闵, 他并指出了《九章》与《刘注》中有着许多这种无理数"面"的计算方法与一般法则.

参考文献

[1] 顾今用. 中国古代数学对世界文化的伟大贡献. 数学学报, 1975, 18(1): 18.

[2] 莫里斯 • 克莱因. 古今数学思想. 张理京等译. 上海: 上海科学技术出版社, 1979.

[3] 李俨. 中国算学史. 上海: 商务印书馆, 1937.

[4] 李继闵.《九章算术》及其刘徽注研究. 西安: 陕西人民教育出版社, 1990.

[5] 李继闵.《九章算术》导读与译注. 西安: 陕西科学技术出版社, 1998.

[6] 李文林. 数学史概论 (第二版). 北京: 高等教育出版社, 2002.

[7] 李文林. 数学珍宝 —— 历史文献精选. 北京: 科学出版社, 1998.

[8] 钱宝琮. 中国数学史. 北京: 科学出版社, 1964.

(本文为作者据 2002 年北京国际数学家大会上的公众报告整理, 本刊分两期刊登, 本文为第二部分.)